失落世界的幻象

VISIONS OF LOST WORLDS
THE PALEOART OF JAY MATTERNES

博物馆里的古生物复原艺术

[美] 约瑟·R.约翰逊 [美] 玛雅·T.卡普兰 著
[美] 杰伊·马特尼斯 绘
邢路达 胡 晗 王维毅 译

金城出版社
GOLD WALL PRESS
中国·北京

图书在版编目(CIP)数据

失落世界的幻境：博物馆里的古生物复原艺术 /（美）马修·T.卡里诺,（美）柯克·R.约翰逊著;（美）杰伊·马特内斯绘；徐翰, 胡妮, 潘思玉译. -- 北京：金城出版社有限公司, 2025.6
书名原文: Visions of Lost Worlds:The Paleoart of Jay Matternes
ISBN 978-7-5155-2556-3

Ⅰ.①失… Ⅱ.①马…②柯…③杰…④徐…⑤胡…⑥潘… Ⅲ.①古生物—图集 Ⅳ.①Q91-64

中国国家版本馆CIP数据核字(2024)第013134号

VISIONS OF LOST WORLDS: THE PALEOART OF JAY MATTERNES
by
MATTHEW T. CARRANO AND KIRK R. JOHNSON
Copyright:© 2019 BY SMITHSONIAN INSTITUTION
This edition arranged with SMITHSONIAN INSTITUTION PRESS
through Big Apple Agency, Inc., Labuan, Malaysia.
Simplified Chinese edition copyright:
2025 Gold Wall Press Co., Ltd
All rights reserved.

失落世界的幻境：博物馆里的古生物复原艺术
Shiluo Shijie de Huanjing: Bowuguan lide Gushengwu Fuyuan Yishu

著　　者	（美）马修·T.卡里诺　（美）柯克·R.约翰逊 著　（美）杰伊·马特内斯 绘
译　　者	徐　翰　胡　妮　潘思玉
责任编辑	李凯丽
责任校对	龙凤鸣
责任印制	李仕杰
文字编辑	岳　伟
开　　本	710毫米×1000毫米　1/16
印　　张	20.5
字　　数	322千
版　　次	2025年6月第1版
印　　次	2025年6月第1次印刷
印　　刷	鑫艺佳利（天津）印刷有限公司
书　　号	ISBN 978-7-5155-2556-3
定　　价	168.00元

出版发行	金城出版社有限公司　北京市朝阳区利泽东二路3号　邮编　100102
	西苑出版社有限公司
发 行 部	(010) 84254364
编 辑 部	(010) 64391966
总 编 室	(010) 64228516
网　　址	http://www.jccb.com.cn
电子邮箱	xiyuanpub@163.com
法律顾问	北京植德律师事务所　18911105819

目　录

1　序　言

001　**第一章**　阿拉斯加州猛犸象大草原：更新世晚期

035　**第二章**　爱达荷州河岸：上新世晚期

069　**第三章**　北美大草原：中新世中晚期

111　**第四章**　内布拉斯加州疏林草原：渐新世晚期—中新世早期

149　**第五章**　落基山脉泛滥平原：始新世晚期

199　**第六章**　怀俄明州雨林：始新世早中期

237　**第七章**　中生代透景画

290　后　记

292　致　谢

293　参考资料和扩展阅读

294　名词对照表

301　原版图片来源说明

在马特内斯绘制的这幅始新世早中期怀俄明州雨林壁画的局部（见前页）中，巨型食草动物尤因它兽占据着核心位置。

序 言

近 50 年来，参观史密森学会下设的国立自然历史博物馆（National Museum of Natural History，缩写为 NMNH，位于华盛顿）化石展厅的人，如果忽略杰伊·马特内斯用艺术化手段再现的失落世界的幻境，绝对是一种遗憾。在馆内的展陈品中，马特内斯创作的壁画、透景画[1]（dioramas）尤为独特，它们生动再现了我们脚下这片土地[2]的远古风貌。马特内斯的这些作品被数以万计的人参观，深刻影响了一代又一代的古生物学家和古生物复原艺术家，包括本书的几位作者。

马特内斯最著名的作品是一组六幅的巨型壁画，创作于 1957 年至 1975 年，描绘了哺乳动物在过去 5000 万年间的进化场景，涵盖新生代[3]的大部分时期。其中，马特内斯将不同的"世"设定在了不同的地域环境中：始新世早中期的怀俄明州、始新世晚期的南达科他州和内布拉斯加州、渐新世晚期至中新世早期的内布拉斯加州、中新世中晚期的内布拉斯加州、上新世晚期的爱达荷州、更新世晚期的阿拉斯加州。

此外，马特内斯还与雕塑家诺曼·尼尔·迪顿共同创作了三件透景画，展现了恐龙统治的中生代[4]（即爬行动物时代）各个时期的生态环境。它们体现了 2.05 亿年前至 6600 万年前，晚三叠世至早侏罗世的美国大西洋沿岸平原，晚侏罗世的犹他州和科罗拉多州，晚白垩世的蒙大拿州、怀俄明州和加拿大艾伯塔省的样貌。

2011 年，国立自然历史博物馆化石展厅开始全面翻新，项目规划者意识到那些由马特内斯绘制或参与制作的珍贵的壁画和透景画，无法适应新的展厅。主要原

---

1 透景画，也称透视图画、立体透视模型，由三维元素（如立体的动植物模型）和二维元素（如平面的背景画）共同构成的人造景观，呈现出物体在空间中的整体视觉效果。参见本书第七章内容。
2 指北美洲地区。
3 新生代，地质时代之一，辖古近纪（古新世、始新世、渐新世）、新近纪（中新世、上新世）、第四纪（更新世、全新世）。
4 中生代，地质时代之一，辖三叠纪（早三叠世、中三叠世、晚三叠世）、侏罗纪（早侏罗世、中侏罗世、晚侏罗世）、白垩纪（早白垩世、晚白垩世）。

因有三点：博物馆自马特内斯的作品展出以来，积累了大量的科学成果；新的展厅平面图中减少了预留给新生代哺乳动物的空间；参观空间的扩充和照明光线的提升意味着墙壁的减少，因此壁画展墙势必减少。于是，博物馆在2014年至2015年陆续撤掉马特内斯的壁画和他参与制作的透景画，将其存档并列为永久藏品。

对史密森学会而言，这些壁画和透景画是史上最具影响力的古生物艺术家之一马特内斯重要的艺术作品。它们不仅打开了一扇"窗"，帮助人们了解美国20世纪中期古生物学的成果，并且促进了古生物及其赖以生存的生态系统的相关研究、阐释。马特内斯的作品除了是重要的展览材料之外，还是能触动博物馆工作人员和参观者内心的艺术品。我们认为，马特内斯的这些作品与设计壁画时绘制的细节图和草图，值得造册成书、以飨读者。

馆内壁画和透景画简史

20世纪50年代末，国立自然历史博物馆开始大力改造古生物展厅，六幅巨型壁画便是这一成果的部分体现。博物馆自1910年开馆至50年代末的几十年间，直接积累了众多藏品，它们被按照诸如脊椎动物、植物、地质状况等的基本主题和化石类型进行着松散地陈列。这次改造试图以特定时空的化石为中心，打造更具凝聚力的展览。这样一来，博物馆的展品在陈列方式上将发生重大转变，调整后的展品不仅要注重其系统性，还要注重其陈列的整体性和叙事性。马特内斯创作的壁画是博物馆全新展览理念的重要组成部分。

博物馆起初决定请人创作四幅壁画，并计划依据1956年制定的一项总体规划来统筹安排这些壁画，其内容主要聚焦新生代早期的哺乳动物进化历程，这一时期大至从5000万年前到1000万年前，包括当时学者划定的始新世早期、渐新世早期、中新世早期、中新世晚期（或上新世早期）。每幅壁画描绘一个特定时期，配以馆藏相应该时期的化石，构成名为"北美哺乳动物时代"的全新展览。1957年3月，时任馆长刘易斯·盖曾详细制定了壁画的内容，打算邀请已经为博物馆工作过的杰伊·马特内斯绘制；此前，马特内斯为史密森学会下设的北美哺乳动物馆中的动物标本模型绘制透景画中的背景。盖曾不仅列出了壁画需要涵盖的物种清单，

2015年3月，更新世晚期壁画被封存保护的前夕，杰伊·马特内斯站在壁画前留影。

还为这位艺术家提供了参考资料：各种科学书籍、论文和真正的化石标本，并为他邀请了史密森学会及其他机构的相关专家。

马特内斯接受新的邀请开始绘制壁画时，正在美国陆军展览组工作（1958—1960），该组的任务是在弗吉尼亚州亚历山大市卡梅伦驻地筹建陆军发展史和事迹的展览。马特内斯利用晚上的时间回到位于沃尔夫街的公寓做一些壁画绘制的前期工作。他通常将多幅壁画放在一起琢磨，每幅壁画则需要11—18个月才能完成。马特内斯于1960年至1964年完成了前四幅壁画；它们被安置在博物馆长方形的大隔墙上，旁边陈列着相应时期的化石标本。

不久之后，国立自然历史博物馆计划翻新展厅并将推出第四纪脊椎动物展，包括增加四幅壁画。这一计划在1964年改为三幅，旨在描绘上新世晚期的爱达荷州黑格曼、更新世早中期的墨西哥的瓦尔斯齐洛盆地、更新世晚期的加利福尼亚州拉布雷亚牧场。然而，由于展厅创建初期复杂的历史背景（见正文003、004页），最终真正完成的只有两幅：完成于1969年表现上新世晚期爱达荷州黑格曼的壁画；完成于1975年表现更新世晚期阿拉斯加费尔班克斯的壁画。

1973年，屆臺的名拜博物展片廳新裝布分，入口兩側的三幅油畫是當並化石（對頁）和上新世晚期哺乳區（本頁）。

此外，国立自然历史博物馆历来注重科学中手绘蘑菇画，作为该主题展览的主要设计部分并列入蘑菇设计计划。博物馆仍沿用之前创作的蘑菇画，均有作者蘑菇画作为一件艺术品呈现出来，并将其与所绘制的蘑菇实物化石标本并排摆设。另一方面，博物馆还沿用贝尔纳·迪歇曼的蘑菇画，这位博物馆蘑菇画家之所以引人瞩目，是因为他的作品使我们耳目一新，且其细腻的画风，显示了他书写藏书草图大蘑菇画和菌族民画的重要艺术水平与具体呈现。（迪歇曼的蘑菇画根据博物馆收藏品于1963年和新近于历史放置展出。其蘑菇画绘于1966年和1967年。三件蘑菇画的体积大规模地并将变化石的种类长打开算展示略区近世界其他洲的海洋运动体的蘑菇画，当已经有的，初未推进和画完成。

20世纪80年代，由于对化石标本与蘑菇画、蘑菇画对应关系的考虑，国立自然历史博物馆对其所有的蘑菇进行重新布置，可前蘑菇画和蘑菇草图被画之图和艺图和能影响之大。1981年，匈歇曼的蘑菇接受着一些主要任务，这被成为"奉奉陆的随行动物"，无题是原来的蘑菇首蘑菇接受着一题新的三蘑菇画了"令人瞩目的蘑菇的人的使用"，就了。匈歇曼所创作的蘑菇画画思想在"求何世界代的蘑菇的仿动和人的使用"，就了。

然后，匈歇曼创作的蘑菇世界古典蘑菇画和蘑菇画了一个新的一层面画谱，路下名看入者蘑菇画为冷看目光色时，无视摩仿似值，且看迷惑光谱式者生考有机中的其他物种。便于1983年委托匈歇曼创作一蘑菇画，用于限克斯蘑菇大厅（水厅-水厅），匈歇谢谢了这笔任务，名为奉雷鸟迁群并多种民为新蘑菇画的创作者。据其需要匈歇曼创作的蘑菇画绘版所，并提供了研究因柳蛋洲提出与考多于标本博物馆的多个要点。其家，所有蘑菇画内涵从普种构度上来就需要反射细，因得用以大比例染色于蘑菇画的绘画画设在。

回围，他说："得，我所有义一切展白色——当时代的作品，出名生得为调节是一门艺术（自然表现的种类学。"

当代的蘑菇画，不仅它在博物馆内资发多的观象着多，还在极多观众认到向群的地向画画，曾在在代很表明近于1966年出版的《北美地区野生植物》和附国家国的等介1976年出版的《我们的大国》，北美目然市：等各中出用观。其中，在《我们的

1980年，即将翻新的国立自然历史博物馆化石馆。请注意，这三件透景画仍放置在博物馆墙原位（照片上方明亮的矩形）。

大陆》一书中出现的更新世壁画，其初稿早在1972年3月便以地图拉页的背面图案，刊登在《国家地理》杂志上。近几十年来，马特内斯的壁画和透景画不断出现在明信片、国家公园导游指南及其他书籍中。

馆内壁画和透景画的绘制

我们很难想象，马特内斯究竟为壁画和透景画耗费了多少心血。那时候，若想获得可靠的科学信息往往需要大量时间和精力，而他每次都会竭尽所能地利用一切资源。马特内斯收到博物馆列出的物种清单后，便去咨询馆长和各个学科的专家，为每幅壁画收集相关信息。他还会仔细阅读研究论文和其他书籍资料，甚至到史密森学会体系以外的博物馆实地考察一些重要的藏品，包括美国自然历史博物馆（American Museum of Natural History，缩写为AMNH，位于纽约）、内布拉斯加州立大学博物馆、阿拉斯加大学博物馆。此外，他还去爱达荷州和阿拉斯加州参观露头[1]，收集化石标本并查看地貌景观，其中一些景观还保留着远古时期的风貌。

准备工作期间，马特内斯依据真实的标本绘制了大量的草图，他要么参考真实的化石标本，要么参考关键的图片资料。盖曾会从国立自然历史博物馆的藏品中挑选相关化石供马特内斯使用；当时的马特内斯在结束陆军展览组的任务后，会在晚上从事草图的绘制工作。马特内斯参考的书籍主要有两本：其一是威廉·贝里曼·斯科特的《西半球陆生哺乳动物史》，里面有艺术家布鲁斯·霍斯福尔创作的100多幅插图；其二是亨利·费尔菲尔德·奥斯本的《欧洲、亚洲和北美洲的哺乳动物时代》，里面有一些复原图，出自查尔斯·罗伯特·奈特之手，描绘了一些早已灭绝的哺乳动物。

马特内斯将其绘制的标本草图与现代动物的信息结合起来，这样便能从骨骼向外复原每一种古生物的体形（期间他还偶尔发现博物馆标本组装方面的某些错误）。绘制完骨骼后，马特内斯接着绘制动物的深层肌肉组织和浅层肌肉组织，然后是表皮毛发，最后再涂上颜色。选择毛发颜色时，马特内斯通常会考虑动物的体形、栖息地或其现存近亲。此外，得益于从事野生动物绘画所积累的丰富经验，马特内斯还为这些动物设计了各种动作和姿态。

马特内斯还用更加宽泛的艺术手法提升壁画的视觉效果，如精巧的布局、明确的光影、和谐的配色。有时，他会移动、变换某些物种的位置，以使画面整体布局更加和谐生动、真实可信，从而优化整体效果；此外，他还会考虑一些关键问题，如壁画描绘的场景处于一天中的哪个时段又或是处于哪个季节。马特内斯深知，若想达到最优效果就要有所取舍。他回忆道："要想生动呈现所有动物，必须灵活调整观察视角，而不能只用一种观看者的平视视角……否则，画面上的动物可能会因距离观众太远而体现不出细节，或者动物之间相互重叠。"

所有壁画和透景画的绘制，都经历了小比例单幅草图、大幅草图、六分之一大的初稿图（也称底图）的过程。一旦确定好每幅壁画的最终形态，马特内斯便会在墙面大小的白色画布上绘出壁画的内容。马特内斯先用炭粉和线绳在画布上

---

[1] 露头，岩石和矿体露出地面的部分。

制作出网格辅助线，按照一定比例放大之前的草图，并将同样比例放大的动植物绘制到各自的位置上。绘制壁画时，马特内斯首先定好主色调，用单色颜料涂好底色，然后再用丙烯颜料薄涂。一幅全尺寸壁画往往耗时9个月到12个月。

制作透景画时，马特内斯也经历了类似的创作过程，特别在内容选定、展出思路、物种研究、绘制草图和设计姿态等方面。但是，因为每一件透景画首要是模型，所以马特内斯的创作程序有所不同。他先是画出每种古生物的复原图，然后按1∶3的比例创作出透景画所需的立体模型。接着，整个模型被寄往迪顿位于爱达荷州的工作室，由迪顿制作每种动植物的成品尺寸黏土模型。作为国立自然历史博物馆的项目负责人，霍顿负责审查这些模型（偶尔提出修改意见），并给予最终确认。之后，迪顿会用橡胶或塑料制作成品模型，并为其上色；这些模型被运往博物馆后进行组装，按照马特内斯的布局安置在雕塑景观台上。最后，马特内斯为迪顿建造的玻璃纤维外罩上色，使其与立体模型融为一体。

这些壁画和透景画大获成功，关键之一在于马特内斯对细节的把控。马特内斯不仅掌握了大量信息，而且深入研究了作品主题，对之了然于胸，从而能将细节处理得恰到好处。如此深厚的底蕴，大大增强了马特内斯作品的整体效果，吸引广大观众长时驻足、久久回味。

马特内斯的艺术生涯与古生物艺术的兴起

得益于在史密森学会的工作，马特内斯成为古生物艺术创作领域的佼佼者，同时他也是依靠科学信息绘制古生物壁画和透景画的早期实践者；他后来陆续为美国自然历史博物馆、日本群马县立历史博物馆和克利夫兰自然历史博物馆创作的壁画和画像，也广受好评。马特内斯为时代生活出版社和国家地理学会绘制的表现人类进化的插图，同样大获成功。此外，他的那些以北美野生动物、历史人物事件、现存灵长类动物为题材的作品，与那些古生物艺术杰作一起，成就了其辉煌的职业生涯。

20世纪60年代末，科学界兴起了一股"恐龙复兴"热潮。此后，史前动物，尤其是恐龙，在博物馆和电影中人气空前，古生物艺术也由此遍地开花。不过，马

1969年，杰伊·马特内斯在国立自然历史博物馆展厅中绘制上新世壁画时的场景。他借助网格辅助线和丁字尺，将六分之一大的初稿图和单个物种的细节草图转绘至墙面。

特内斯刚开始为史密森学会绘制壁画时，"古生物艺术"一词尚未问世，极少有艺术家专门绘制古生物插图。不仅如此，大多数艺术家都只画现生动物，极少涉足早已灭绝的物种。尽管专注于古生物艺术创作的人不多，但仍有几位艺术家堪称大师，如查尔斯·罗伯特·奈特（1874—1953）、兹德涅克·布里安（1905—1981）和鲁道夫·扎林格（1919—1995），他们的作品自20世纪初以来影响深远。

查尔斯·罗伯特·奈特绘制了大量的博物馆壁画和杂志插图，均为业内标杆；兹德涅克·布里安描绘史前场景的作品则极具启发性，成为众多书籍的主题。1947年，扎林格完成了为耶鲁大学皮博迪自然历史博物馆绘制的大型壁画《爬行动物时代》，该壁画描绘了不同地质时期的一系列景观风貌及栖息其间的生物，可视作马特内斯的哺乳动物壁画之先河。在古生物艺术的发展史上，马特内斯完全可以比肩这三位艺术家。

然而，就诸多事实来看，马特内斯几乎是一名独立成长的古生物艺术家。早年间，他主要进行野生动物的绘画创作。马特内斯在费城长大，就读于西费城高中，他会在自习室里练习动物素描，而不是学习法语变格；空闲时，他便去费城动物园和自然科学院。1946年，马特内斯去纽约参观了布朗克斯动物园、中央公园动物园和美国自然历史博物馆，留下了深刻印象。举家搬迁到科罗拉多州后，马特内斯又参观了科罗拉多大学自然历史博物馆的透景画。

有三件事对马特内斯产生了极大的影响：其一，詹姆斯·佩里·威尔逊为美国自然历史博物馆的非洲和北美洲哺乳动物展厅创作的哺乳动物透景画；其二，他为卡内基自

马特内斯绘制的早期人类图像同样精彩，当始祖地猿被宣布发现时，马特内斯便受托为一部电视纪录片绘制其图像。在他2009年的画作中，两只雌性始祖地猿正在埃塞俄比亚森林中的林冠开阔处穿行。

然历史博物馆工作时，奥特玛·冯·弗勒对其的艺术指导；其三，他结合动物标本为史密森学会制作古生物透景画的经历。马特内斯回忆道："为什么不能把光影和艺术表现用到古哺乳动物的壁画上？带着这种动机，我立志要让每一幅壁画都呈现出不同的色调和感觉。"事实上，马特内斯的作品无不表露他作为现生动物和风景画家的最初经历。

从主题来看，马特内斯的画作完全符合哺乳动物古生物学的研究传统：聚焦动物群落，即同时生存在某一时期和地点的物种群。恐龙古生物学通常更侧重于某一种恐龙的骨骼分析和进化情况，因此有关恐龙的插图也往往聚焦于单体恐龙。相

马特内斯在弗吉尼亚州费尔法克斯县树林里写生的场景,拍摄于 20 世纪 70 年代末。

比之下,有关古哺乳动物的画作中,往往是一个"场景"中同时出现多个物种。这表明,哺乳动物古生物学更注重对古生物所处生态和生态系统的科学研究。国立自然历史博物馆的壁画可谓脱胎于哺乳动物古生物学的研究思路,但又不同于同时代的其他画作,因为这些壁画呈现了更多的物种、更细致的肢体构造、更生动的动物行为以及更真实的生态环境。

马特内斯尤其关注哺乳动物的齿、肢、足,因为这些部位反映出的特征具有重要的科学意义。他常常设法突出这些要素,例如让地表植被相对稀疏以展露动物的足(观察马特内斯的壁画时,数一数动物抬起的蹄或爪,绝对是一件非常有趣的事)。马特内斯还意识到要将壁画彼此之间区分开来,他指出:"让每一幅壁画显得与众不同,这是一个巨大的挑战……观众一路走过去时,能体会到不同的情绪,感受到一天中的特定时间和光线的变化。"有趣的是,国立自然历史博物馆的化石管理员富兰克林·皮尔斯和约翰·奥特曾对马特内斯表示,他所画的哺乳动物全都没有生殖器官,并开玩笑地将其解释为这些动物最终走向灭亡的原因。马特内斯回应道:"并不是我保守,只是从未想过这个问题而已。"

认识壁画和透景画的新视角

半个世纪以来，马特内斯的壁画和透景画激发了数代人的灵感，但其创作细节和制作过程却并不为人所知。本书在展示马特内斯创作的壁画和透景画的同时，还将展示其绘制前期创作的精彩的草图、素描和样稿。我们希望借此鼓励读者，重新发现马特内斯作品的深刻内涵及其艺术美感。这些画作值得反复欣赏，而我们每看一遍，都会有新的发现。如同国立自然历史博物馆的展览"深度时光"一样，本书将带你穿越时空，从一个距今并不遥远的时代开始，最终停留在距今两亿多年前的世界。接下来，就让我们一起探索马特内斯那一幅幅深受人们喜爱的珍贵作品吧！

关于学名和俗称的说明

20世纪六七十年代，在马特内斯绘制本书即将讲述的壁画和透景画后，许多资料都进行了修订。因此，马特内斯作品中某些动物的学名发生了变化。例如，外形似猪的豨科动物恐颌豨（见正文138—141页），现在被确称为凶齿豨。当两位科学家所描述的动物后来被确定为同一物种时，对该物种的称谓往往需要调整；最先提出的那个称谓将被保留下来。在本书中，每幅壁画全景页之后会紧跟一个说明页，标出壁画中所绘动物以及一些植物的名称。每个物种以当前公认的学名进行标注，其旧称以及俗称则用括号标注（参见名词对照表）。

虽然称谓会发生改变，但动物的属类通常不会改变，如凶齿豨仍属于豨科动物。所以，马特内斯的壁画仍旧实现了他的绘制初衷：展示各类哺乳动物群体的演变。例如通过观察蹄类原角鹿科动物从原角鹿进化到四角鹿再到奇角鹿，你可以发现鹿角从小巧到精致的变化。你还可以探索马的进化：先是小型的山马，然后进化到三趾的渐新马，再到体形更大的上新马和新三趾马，最后是现代的单趾马。

让我们一起走进本书，欣赏马特内斯的壁画及其创作前期的草图，共同研读不同动物的进化故事吧！

地质年代表

杰伊·马特内斯为国立自然历史博物馆绘制的壁画和透景画，跨越超过 2.25 亿年的地球史，从更新世晚期的冰河时代直到晚三叠世 — 早侏罗世即将开启的恐龙时代。每件作品都致力于展示某个地质年代，具体见下面的地质年代表。

每件壁画和透景画究竟选择展示哪个地质年代的哪个地方，必须遵循几个重要标准：首先，必须能代表气候、环境或进化方面的一个重要"时刻"；其次，相关化石已得到充分研究，能让艺术家准确绘出相应的古生物；最后，史密森学会能展出相应的物种化石标本。

所有条件都满足之后，才有了马特内斯这些伟大的壁画和透景画，博物馆才得以展示各种栩栩如生的古生物及其生存其间的远古景观，并讲述哺乳动物进化和恐龙崛起的传奇故事。

东海岸湿地（透景画）晚三叠世 — 早侏罗世

犹他州和科罗拉多州灌木带（透景画）晚侏罗世

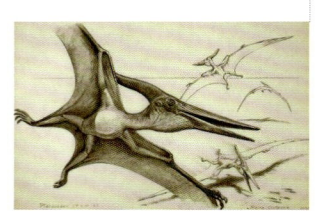
堪萨斯州海道（透景画，未完成）晚白垩世

西部内陆海岸线（透景画）晚白垩世

怀俄明州雨林（壁画）始新世早中期

落基山脉泛滥平原（壁画）始新世晚期

内布拉斯加州疏林草原（壁画）
渐新世晚期 — 中新世早期

晚白垩世	新生代						第四纪	始于1.17万年前 全新世
	古近纪				新近纪		更新世	
	古新世	始新世	渐新世	中新世	上新世			

北美大平原（壁画）
中新世中晚期

爱达荷州河岸（壁画）
上新世晚期

阿拉斯加州猛犸象大草原（壁画）
更新世晚期

15

第一章
阿拉斯加州猛犸象大草原：更新世晚期

距今 1.4 万年

  1.4 万年前，阿拉斯加内陆极为特殊。时值末次盛冰期，冰层覆盖面达到峰值。海平面比今天低 90 多米，宽阔的白令陆桥直通东亚。当时，北纬 47° 以上的北美大部分地区覆盖着约 3 千米厚的冰层，但塔纳纳山谷却绿意盎然。山谷位于今日的费尔班克斯附近，北临怀特山脉，南接阿拉斯加山脉。相比今日，当时的塔纳纳山谷更为寒冷、干燥，树木也更少。

  共享这片家园的有美洲拟狮、真猛犸象和其他一些现已灭绝的物种，还有狼、灰熊、兔子、野牛和第一批从白令陆桥到达美洲的亚洲移民。以今天的眼光来看，当时的一些哺乳动物似乎更适合生活在非洲而不是北美洲，但这恰恰反映了一种相对较新的变化。直到末次冰期即将结束之时，即 1.17 万年左右，美洲地区仍广泛分布着骆驼、马、狮子甚至大象，特

真猛犸象（左）和美洲乳齿象（右）骨架化石，矗立在国立自然历史博物馆圆形大厅，拍摄于20世纪60年代初古生物馆翻修期间。

别是猛犸象和乳齿象（见010—013页），以及现在已经灭绝的短面熊、体形与熊相差无几的地懒、剑齿虎和驼鹿。美洲，这片智人最后踏上的大陆，数千年间养育了包括人类在内的诸多物种族群，尽管有些已经灭绝。马、野牛和猛犸象这些食草动物的存在表明，阿拉斯加地区曾有一片肥美的草原，即如今为人熟知的猛犸象大草原。如今，费尔班克斯周边的植被是云杉落叶混交林，生活其间的哺乳动物种类远不及更新世那么多。

这幅壁画左侧的远景中有一个小小的插曲，一群猎人正围攻一只巨大的地懒。这些猎人的祖先在亚洲，而地懒的祖先则在南美洲。新的证据表明，亚洲人和南美洲哺乳动物的后裔很可能于1.4万年前在阿拉斯加首次相逢。

远古世界的遗迹

冰河期哺乳动物化石是科学家最早研究的脊椎动物化石之一。这些哺乳动物体形庞大，且常被埋在近地表的疏松沉积层，因而多在农耕或施工时发现。欧洲发现的大象、河马和犀牛化石，引发了科学家关于物种灭绝的早期推论。这些推论跨过大西洋波及美洲，使得美国第一位古生物学家托马斯·杰斐逊也参与其中，他想弄明白美洲西部是否生活过猛犸象和美洲拟狮。（他当初认定为美洲拟狮的化石，后来被证实属于巨爪地懒。）

如今，人们可通过发现于整个北美大陆的数万块化石了解冰河期动物，但阿拉斯加中部发现的化石仍然具有特殊的重要性。在阿拉斯加，化石大多埋在冰冻的风尘沉积物中。这些从遥远的冰川边缘吹来的风尘（黄土）层层堆积，被地下水浸泡后冻结形成了永冻层。当冻土融化时，会形成泥炭沼泽地，当地人称之为"淤泥地"。许多重要的化石就是在这些冻结淤泥地中发现的，因为其下就是含金的砾石层。即便今日，依然有淘金者来淤泥地淘金，他们用巨大的水管冲刷淤泥地，使冻土融化。随着黄土解冻，冰河期动物的骨架和尸体显露出来；泥泞的金矿里往往散落着各类动物的化石。冰河期动物的冰冻遗骸大多保存完好，既有单块肢体，也有皮肤、毛发、肌肉甚至器官都保存下来的近乎完整的躯体。这些远古动物胃里的残渣往往可以提供其最后一餐的信息。诸多情况的出现，使得动物的DNA得以保存。猛犸象大草原上生动细致的生命图景，便是从冻土这种特殊的保存环境中浮现出来。

从马特内斯的壁画来看，这些动物似乎生活在同一时期。然而，近几十年来，科学家们更正了这些化石所处的年代。数据表明，这些动物生活于不同时期。比如，地懒和乳齿象生活在更古老、更温暖的间冰期，而漫游在塔纳纳山谷间的猛犸象和麝牛等物种则生活在几千年后更为寒冷的冰川期。

更新世晚期壁画

第四纪脊椎动物展厅原本计划使用以拉布雷亚沥青坑为主题的更新世晚期壁画。1967年，该展厅开放了部分区域，但随后馆长和展览工作人员之间出现分歧，展厅被迫关闭。1974 年，博物馆进行第二次整修，推出"冰河时代的哺乳动物和人类的出现"主题展厅。1969 年，在馆长克莱顿·雷的指导下，以阿拉斯加费尔班克斯为主题的壁画框架得以确定。1970 年，马特内斯在完成上新世壁画（见 040—041 页）之后，着手绘制这幅更新世壁画。为此，他不仅去往多个博物馆研究相关化石，还实地考察了阿拉斯加冻原。

在马特内斯创作的所有壁画中，这一幅尤为独特，画中地点清晰可辨：远景是阿拉斯加山脉及流淌其间的塔纳纳河（为了凸显艺术效果，马特内斯并未画出小切纳河）。马特内斯将壁画所展现的时间设定为冰雪消融、动物开始换毛之前的春季。1972 年，马特内斯完成了壁画的初稿，该图随后以拉页的形式刊登在《国家地理》杂志上。1975 年，马特内斯最终完成了这幅壁画。

20 世纪 60 年代末，陈列设计师卢·洛马克斯和时任馆长克莱顿·雷站在博物馆第四纪展厅中，旁边的骨骼标本是两只来自巴拿马的巨爪地懒。请注意，图中间是定做的采光井和竖式钢琴线屏风。背景中间墙上的空白处，原本打算放置为拉布雷亚绘制的壁画，最终放置了马特内斯为阿拉斯加绘制的壁画。

1912年至1916年，国立自然历史博物馆时任馆长詹姆斯·吉德利（右前）领导了马里兰州西部阿巴拉契亚山脉坎伯兰洞穴的挖掘工作。他在众多化石中发现了冰河时代狼獾和熊的化石。这些化石最终被国立自然历史博物馆放在马特内斯的壁画前展出。

在国立自然历史博物馆，与马特内斯的壁画一同展出的化石中，有一部分是美国自然历史博物馆捐赠的，比如从费尔班克斯淤泥沼泽地发掘的野牛干尸和真猛犸象骨骼化石。其他一些更新世晚期的展品，则是国立自然历史博物馆在过去几十年间收集而来。其中包括来自阿拉斯加的野牛头骨化石（查尔斯·吉尔摩馆长于1907年发现）、马里兰州坎伯兰洞穴的熊和狼獾骨架化石（詹姆斯·吉德利馆长于1914年发现）。这是该馆首次结合古生物学、考古学和地质学所办的展览，目的是按时间顺序讲述冰河时代的大事件，重点展示阿拉斯加哺乳动物群的多样性，并将其置入冰原边缘的真实景观当中。

灭绝物种和现存物种共存是这幅壁画的又一特征。科学家们仍在努力尝试确定某些物种从亚洲迁至北美洲的具体时间，以及在北美洲灭绝的时间。这项研究首要问题是第一批人类何时来到美洲，以及他们对所遇动物种群造成的影响。

阿拉斯加州猛犸象大草原 更新世晚期
1.4万年前

阿拉斯加中部，费尔班克斯地区，含金砾石层
绘于 1975 年
布面丙烯；378.46cm 高 ×609.6cm 宽

1. 矛隼
2. 河狸（巢穴）
3. 巨爪地懒
4. 智人
5. 驼鹿
6. 牦牛
7. 真猛犸象
8. 麝牛
9. 马鹿
10. 宽额罕角驼鹿
11. 晚锯齿虎
12. 拟驼
13. 美洲乳齿象
14. 林地麝牛
15. 西伯利亚野牛
16. 貂熊

17. 巨型短面熊　21. 灰狼　　　25. 高鼻羚羊　29. 美洲獾
18. 棕熊　　　22. 阿拉斯加兔　26. 黑足鼬　　30. 北极柳
19. 美洲拟狮　23. 北极狐　　　27. 马属动物　31. 西伯利亚旅鼠
20. 加拿大猞猁　24. 戴氏盘羊　　28. 赤狐　　　32. 驯鹿　33. 地松鼠

冰川景观中的庞然大物

　　马特内斯绘制的这幅壁画，亮点在于大量的冰山景观细节，其中许多建议来自亚利桑那大学地质学家特洛伊·路易斯·佩韦。如上图所示，被风吹起的黄土，飘到半空，再飘落下来，覆盖到动物尸体上，将其掩埋。融化的冰川汇入冰川湖前，在地表冲刷出满是泥浆的网状河道；而永久冻土表层的几何图形，成因则是地表土壤年复一年的融化再冻结（见对页图）。

　　在画面前景中，一头真猛犸象幼崽正遭到两只晚锯齿虎的协同攻击；真猛犸象妈妈正转过身，试图加以阻止。再往远看，是一头美洲乳齿象（现在已知其应生活在更早的时代），不同于真猛犸象，美洲乳齿象身躯更庞大，背部更平坦。

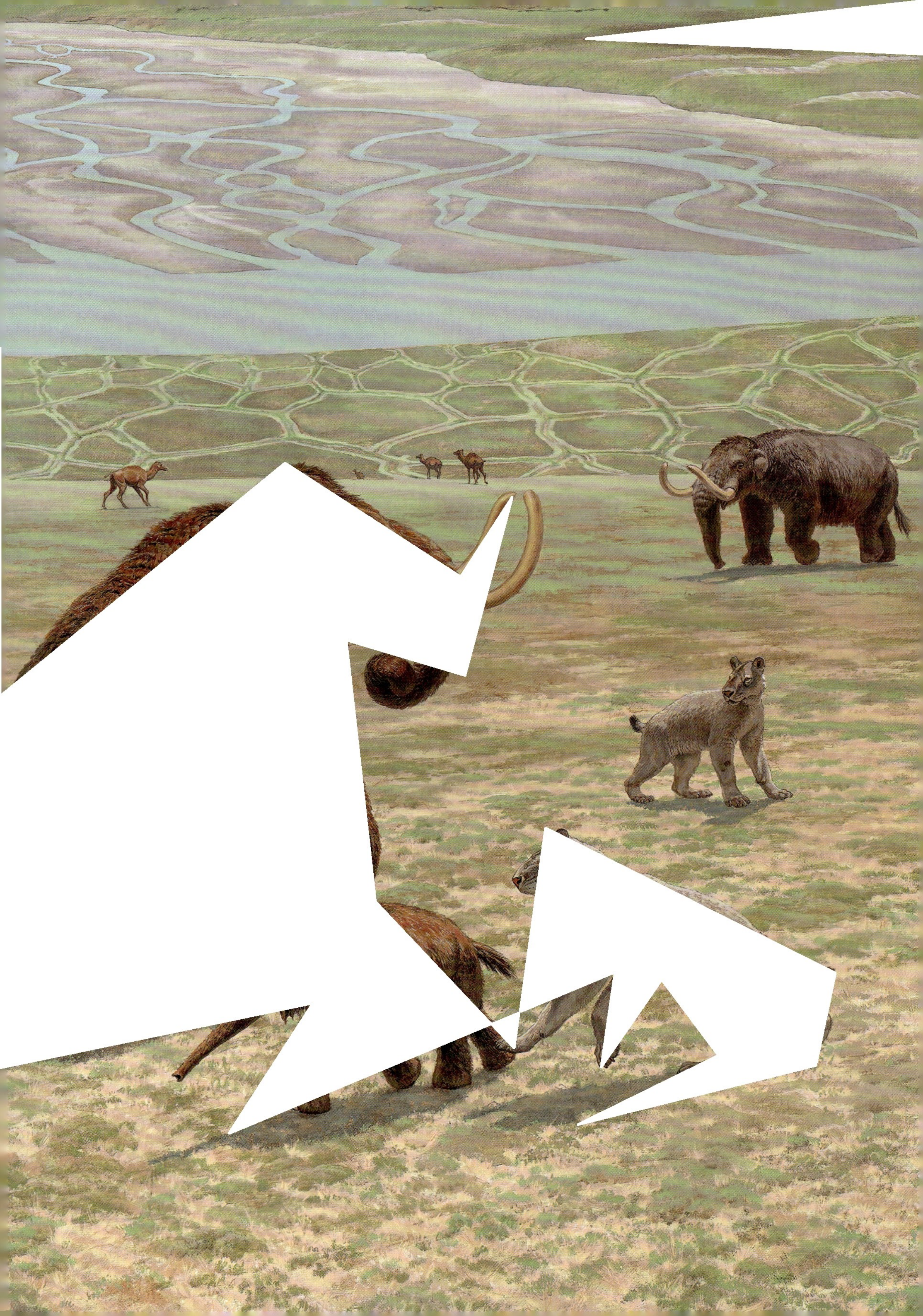

马特内斯以史密森学会的真猛犸象骨架化石标本（对页上图）为依据，先绘制出骨骼，接着画出表层肌肉组织（下图），最终绘出壁画中的活体形象。国立自然历史博物馆近期重新组装了这头真猛犸象的化石标本，展示出它的另一种姿态。

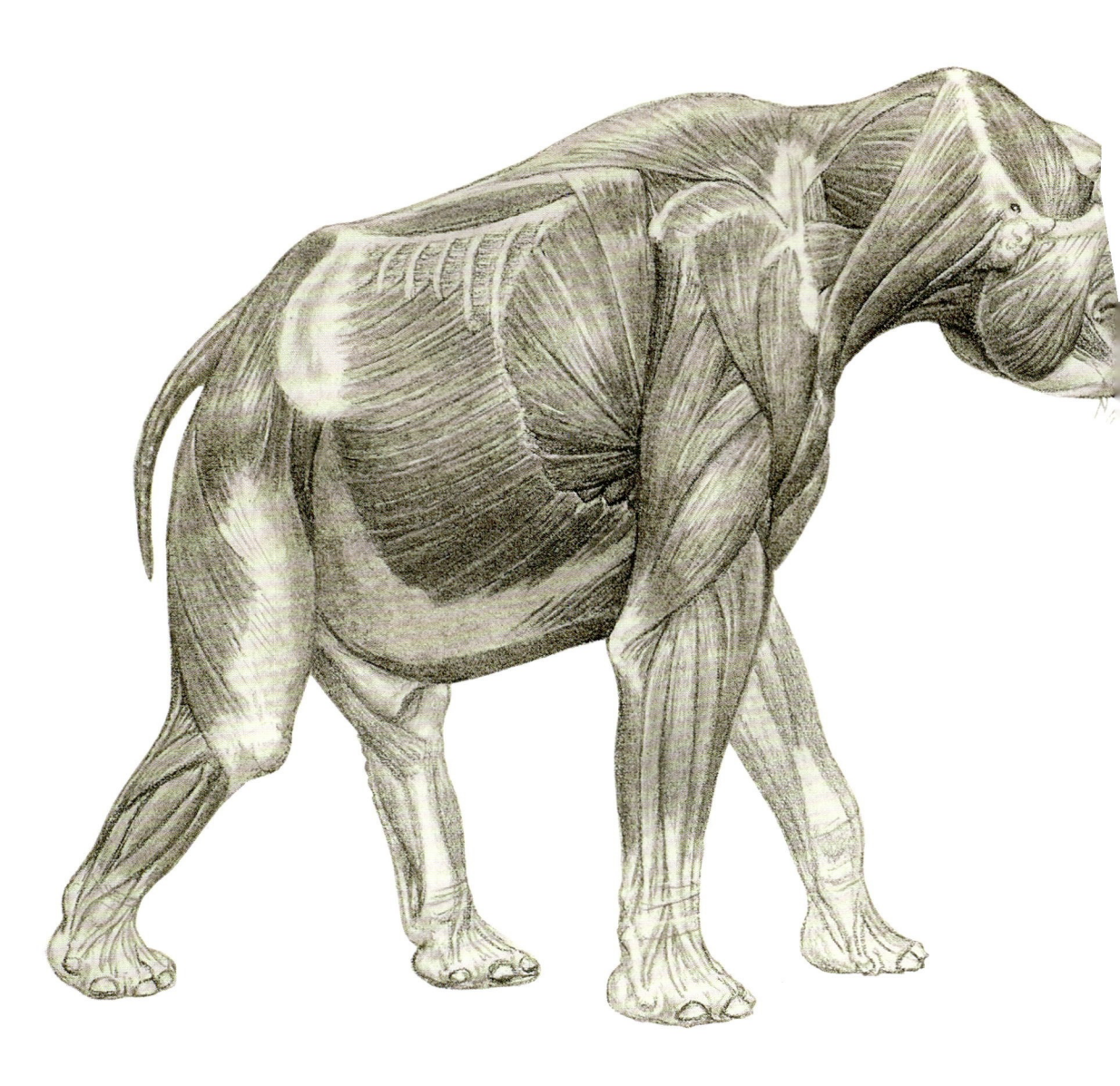

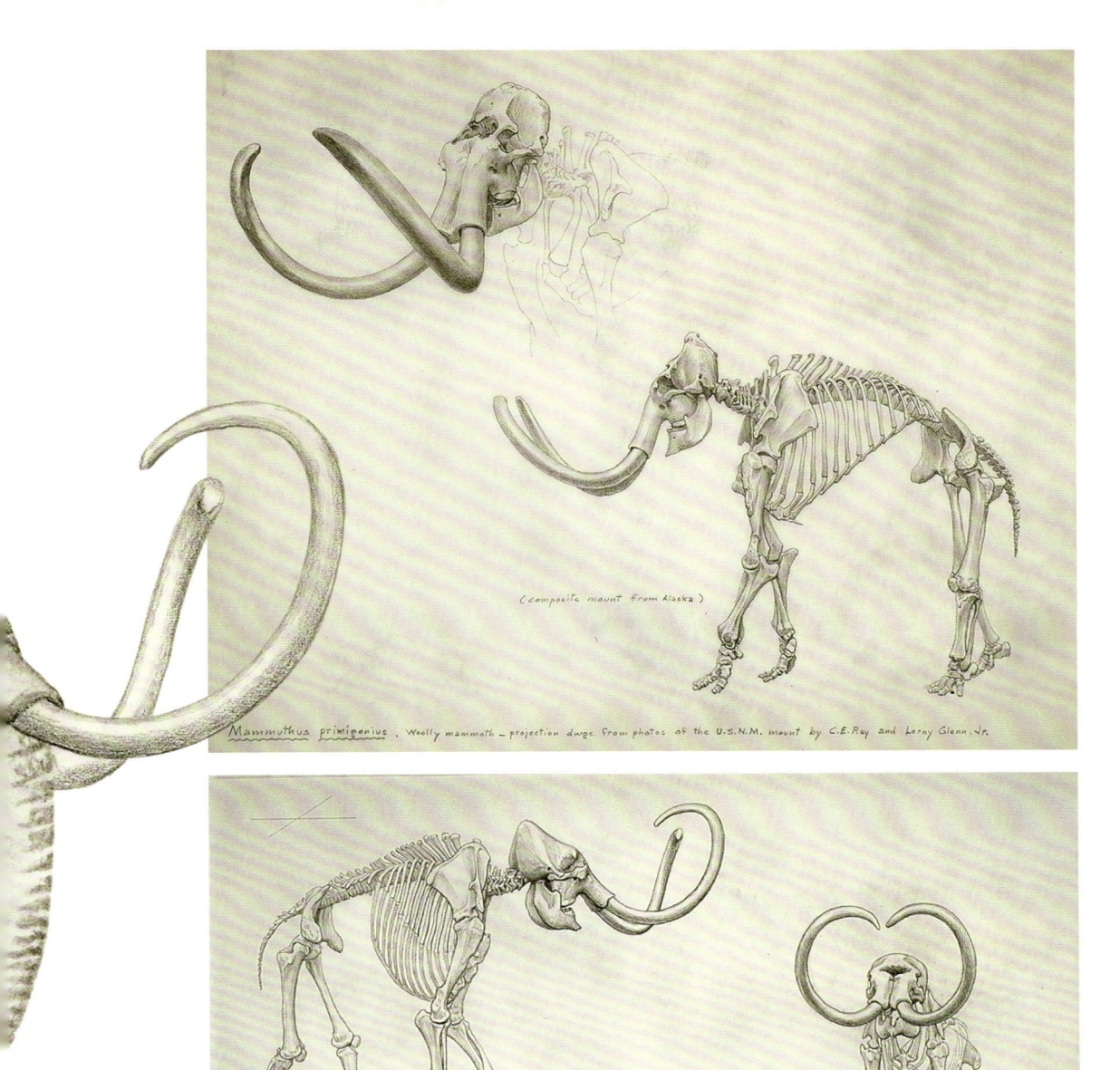

(composite mount from Alaska)

Mammuthus primigenius. Woolly mammoth — projection dwgs. from photos of the U.S.N.M. mount by C.E. Ray and Leroy Glenn, Jr.

013

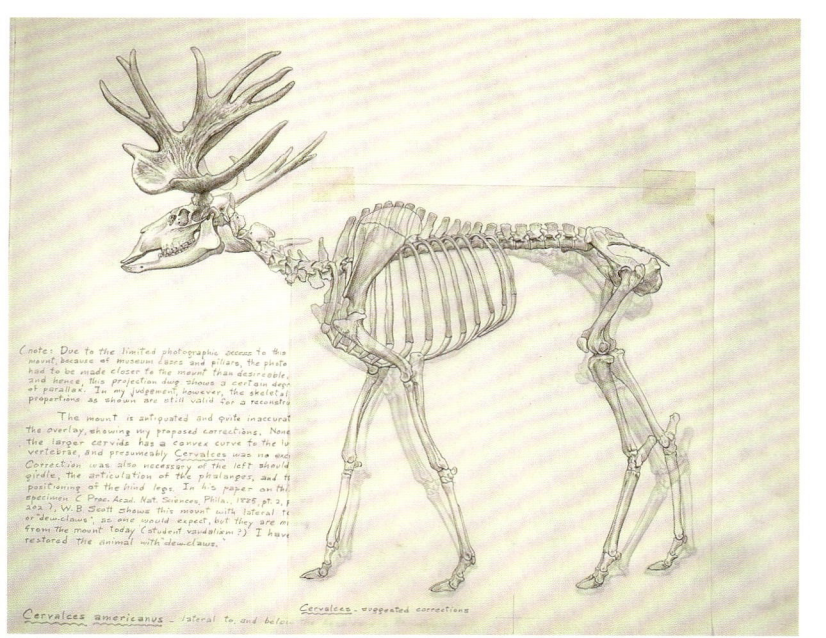

与其现存近亲相比，这头更新世晚期硕大的宽额罕角驼鹿拥有令人惊叹的鹿角。马特内斯从骨骼开始复原（本页上左图），以初始图作为参考（对页上右图），为这个已灭绝的物种绘制了不同视角下的各种姿态。为了绘制这头驼鹿的毛发，他还参考了美国自然历史博物馆的立体模型，绘制了现代驼鹿的草图（本页与对页中间图）。

note – In conformity with Scott's views, I have shown the animal with a *Cervus*-like thinarium, rather than a modified *Alces*-like snout, as have Horsefall, C.R. Knight, and O. Falkenbach (but in A.M.N.H. paleontology offices). Scott thinks that some of the tines of the rack are blunt because the growth of the antlers was incomplete in this specimen; accordingly, in these two views, I have slightly elongated and sharpened the tines.

r. – True lateral view of heads in winter pelage

Cervalces americanus

Cervalces restoration by Otis Falkenbach

这些精美的草图展示了阿拉斯加冰河时代壁画中的各类动物，从体形小巧的田鼠、西伯利亚旅鼠到身形庞大的象等。它们被分为四组：长鼻目、有蹄类、兔形目和啮齿目、食肉类动物。红色方框表示此类动物化石为国立自然历史博物馆馆藏，马特内斯绘制壁画时以之为参考。请注意，这里的巨型短面熊与其在最终壁画版本中的样貌（见026页）有着巨大的差异。

Cervalces sp.
Princeton, N.J.

moose
es alces

saiga
Saiga sp.

bighorn
Ovis dalli

Carnivora

sabre-tooth
Dinotherium

fossil lion
Felis atrox
Galusha, A.M.N.H.

short-faced bear
Arctodus
Field Museum, Chicago.

brown bear
Ursus arctos

badger
Taxidea

wolverine
Gulo

wolf
Canis sp.
Galusha, A.M.N.H.

Canis familiaris
domestic dog(?)

red fox
Vulpes

arctic fox
Alopex

对人类冲击的暗示

有记载以来，成群结队的野牛一直是北美自然景观中的特色。冰河时期的野牛与我们今天所知野牛之间的细微差异，在马特内斯的壁画中得到了反映。马特内斯耗费巨大心血，研究了野牛的骨骼、肌肉组织以及外形（见019—020页）。在画面远景中，最早迁移到美洲的人类正在围猎一头巨爪地懒。

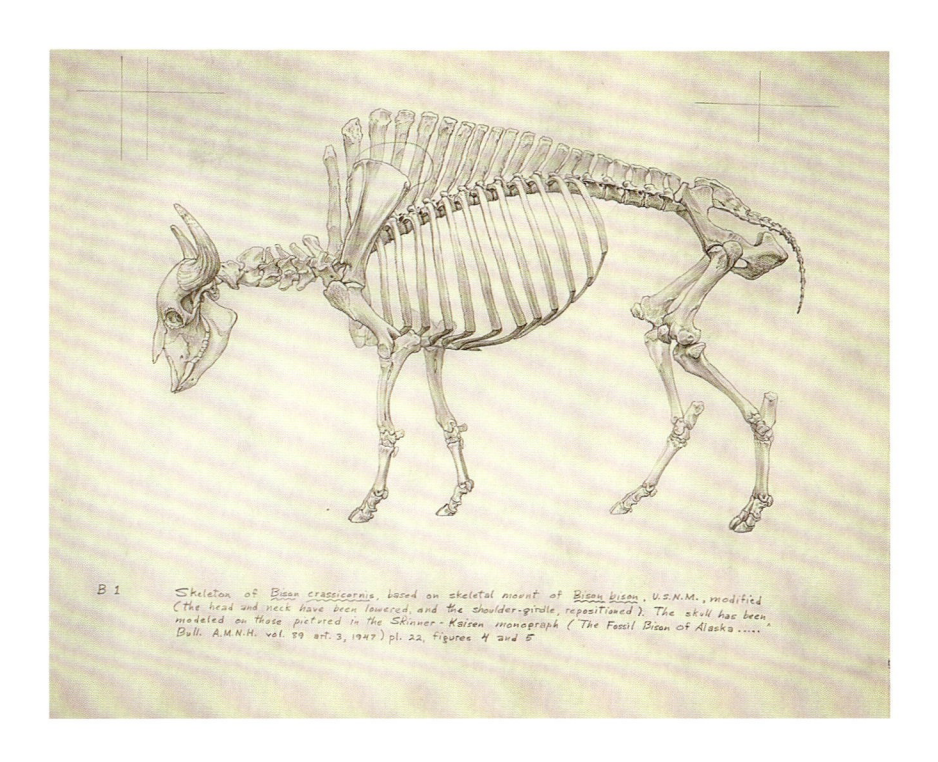

B 1   Skeleton of *Bison crassicornis*, based on skeletal mount of *Bison bison*, U.S.N.M., modified (the head and neck have been lowered, and the shoulder-girdle, repositioned). The skull has been modeled on those pictured in the Skinner-Kaisen monograph (The Fossil Bison of Alaska..... Bull. A.M.N.H. vol. 89 art. 3, 1947) pl. 22, figures 4 and 5

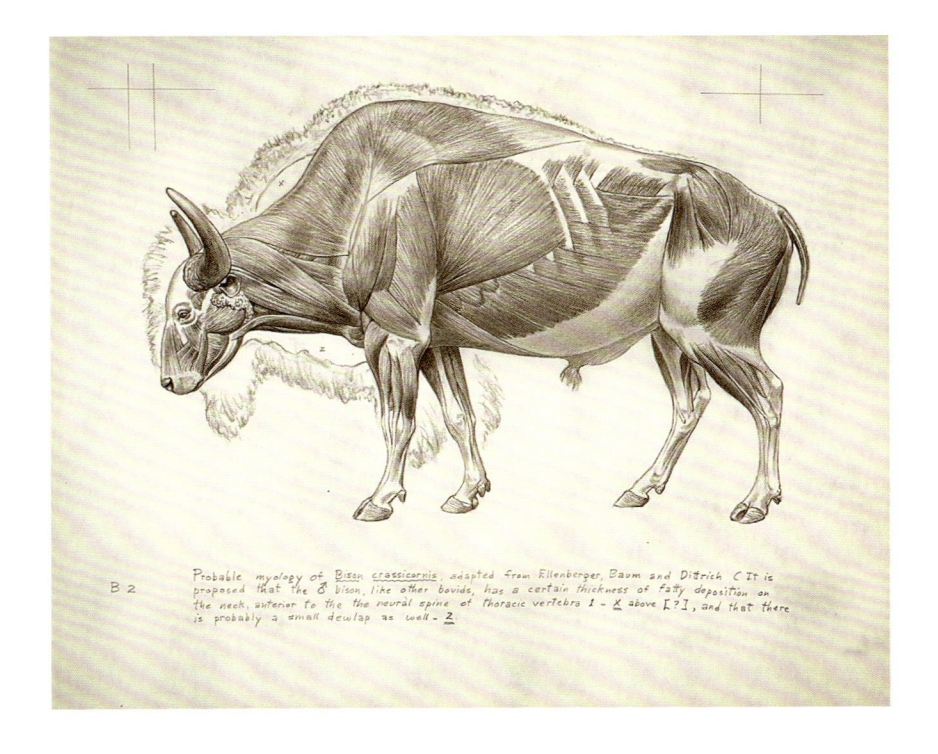

B 2   Probable myology of *Bison crassicornis*, adapted from Ellenberger, Baum and Dittrich [It is proposed that the ♂ bison, like other bovids, has a certain thickness of fatty deposition on the neck, anterior to the the neural spine of thoracic vertebra 1 – X above [?], and that there is probably a small dewlap as well – Z

B 3   Probable living appearance of *B. crassicornis*. — see correction overlay, B4

5/5/70 – Ok for *B. crassicornis*, except horns would be smaller

头骨和角

在这里，我们可以看到壁画中不同种类麝牛之间存在的鲜明差异。与其近亲——驼背、矮壮的现生麝牛（022页下图）相比，林地麝牛（本页）身形更轻盈、背部更平坦、角的位置也更高。第三种麝牛——西姆博斯麝牛（022页上图），依其体征现在被认为是雌性林地麝牛。

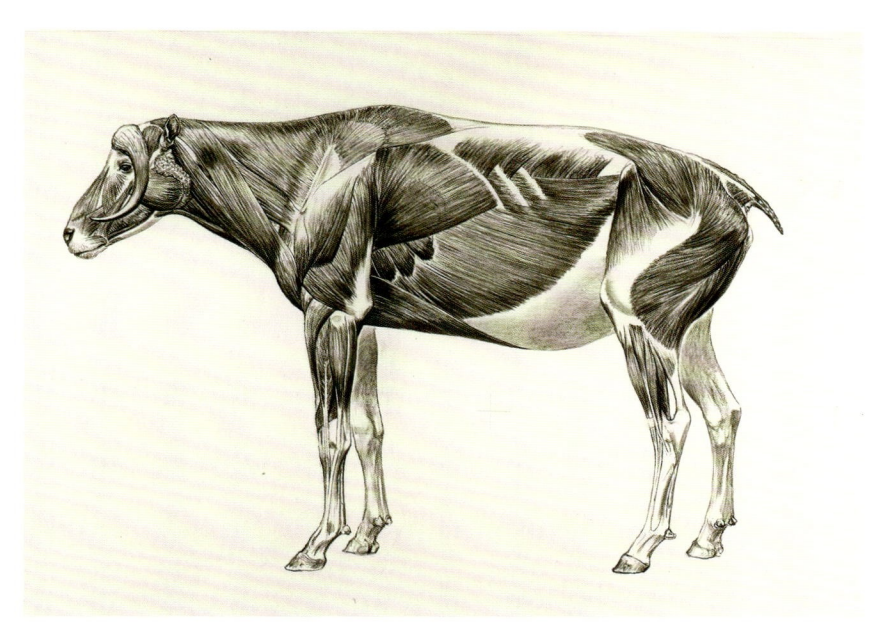

Ovibos

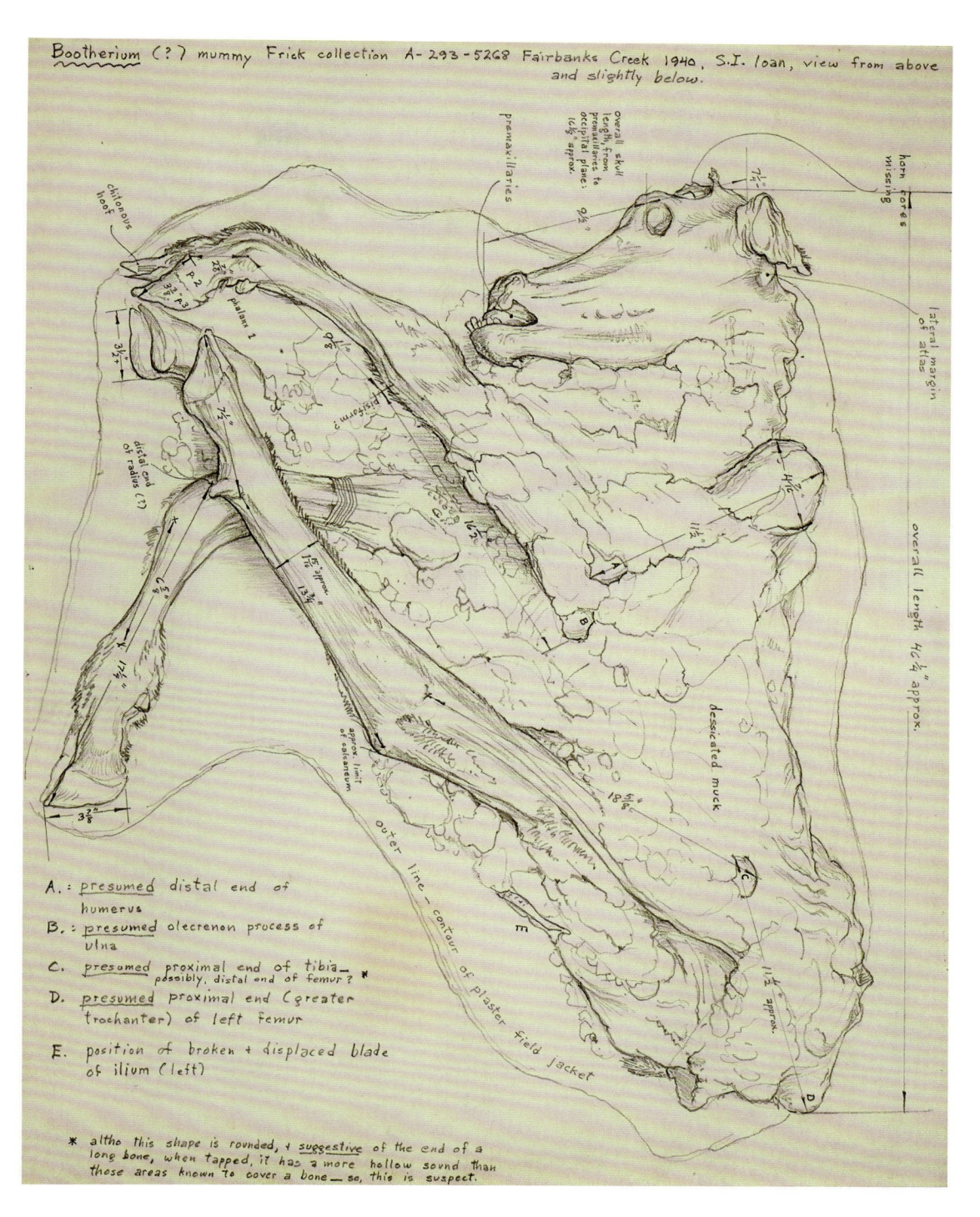

这具林地麝牛（现已被确认）的干尸，是美国自然历史博物馆"弗里克藏品"中的一件，为马特内斯提供了包括该物种的身体比例、形态和毛色等大量细节。

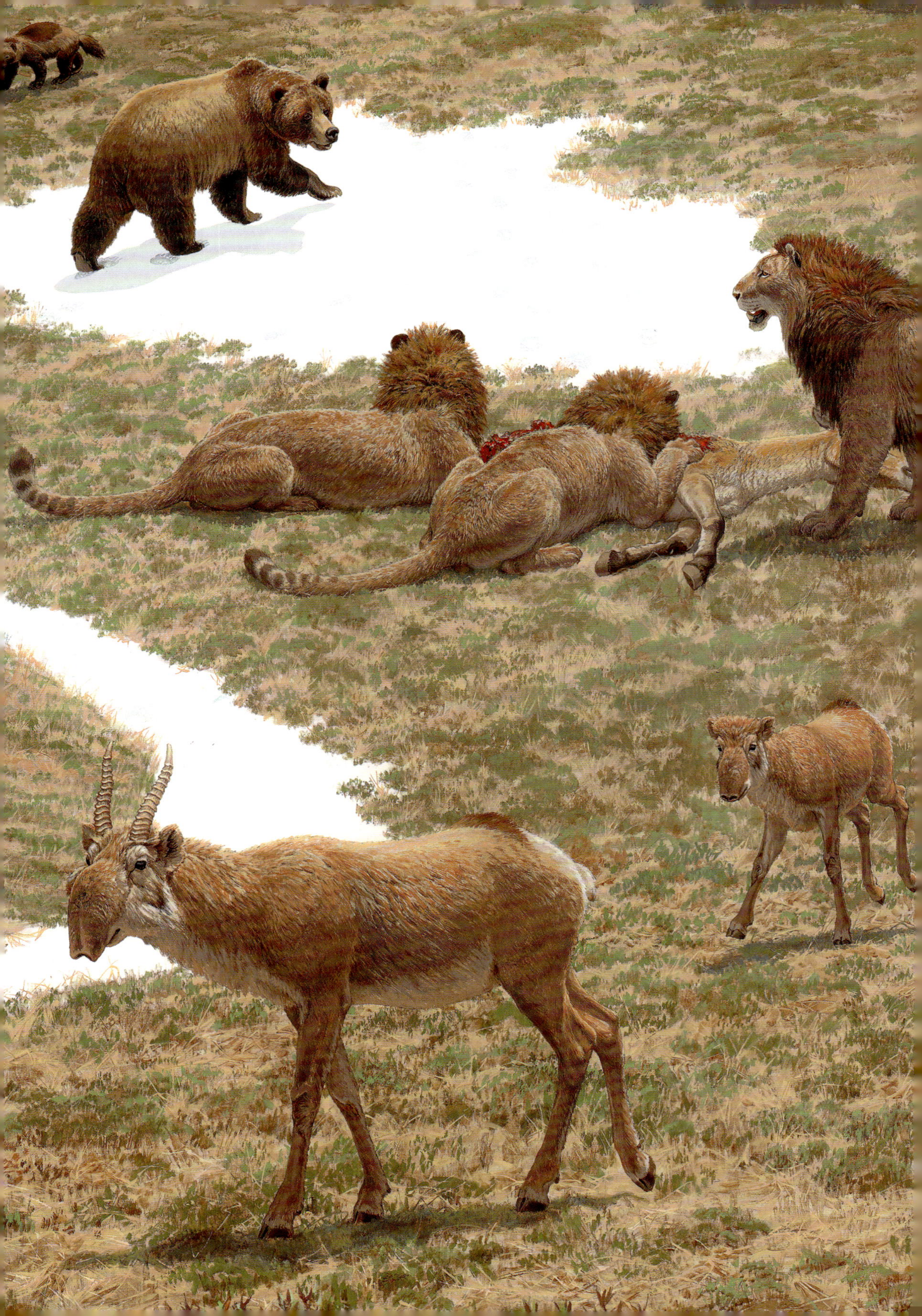

漫步于美洲的狮子

马特内斯在绘制壁画时，特别注重每只动物的位置、习性和姿势，从而赋予其独特个性。在这幅图中，一只体形小巧的雌性高鼻羚羊正朝一只壮硕的雄性高鼻羚羊走去，以躲避危险；通过草图（本页下左图）可以看到，马特内斯以简洁的线条表现出这只雌性羚羊的基本特质。

马特内斯在绘制图中最右侧的美洲拟狮时，先是重建了一个完整的骨骼结构（本页下右图），再以此为基础，复原了这只栩栩如生的狮子（本页上图）。最后在绘制壁画时，马特内斯又做了细微改动。

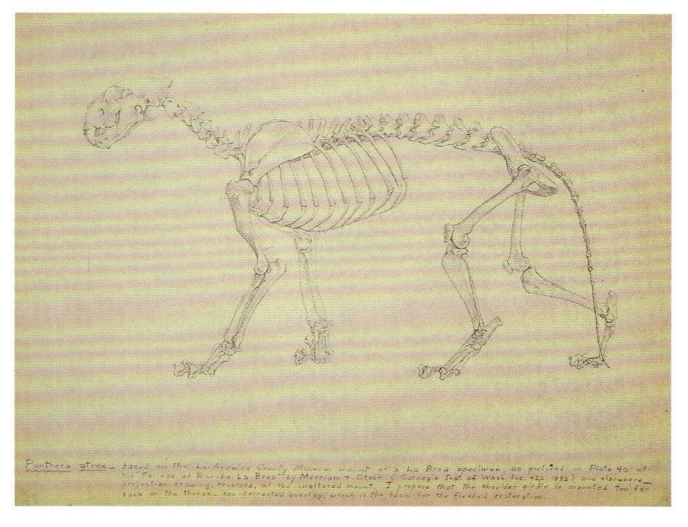

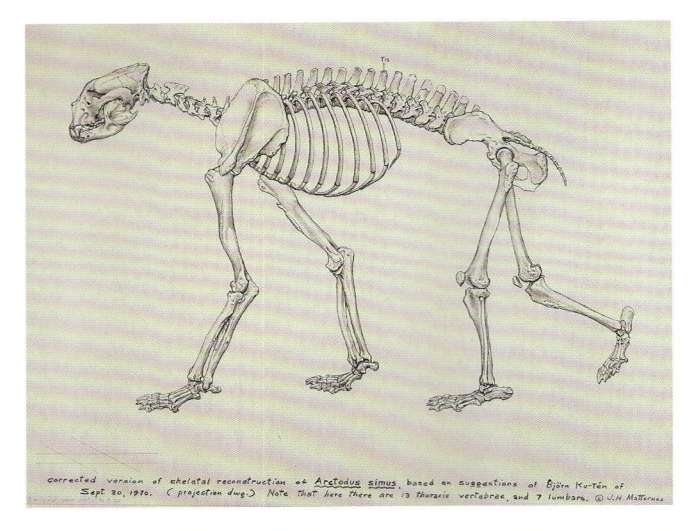

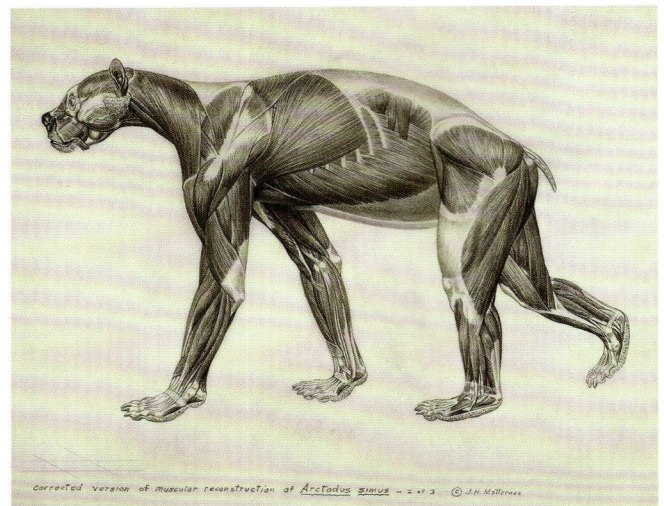

Corrected version of skeletal reconstruction of Arctodus simus, based on suggestions of Björn Kurtén of Sept 30, 1970. (projection dwg.) Note that here there are 13 thoracic vertebrae, and 7 lumbars. © J.H. Matternes

Corrected version of muscular reconstruction of Arctodus simus - 2 of 3 © J.H. Matternes

Corrected external proportions of Arctodus simus, based on Kurtén's suggestion (projection dwg.) © J.H. Matternes

组装短面熊

绘制复原图时，马特内斯注重该物种的每一个细节。他参考美国菲尔德自然史博物馆的短面熊标本，仔细测量其每一根骨骼，绘制出一幅短面熊骨架（上图）。然后，他为短面熊绘制了深层肌肉组织和浅层肌肉组织（中图），最后再为其画上细腻柔软的皮毛（下图）。芬兰古生物学家比约恩·库尔特当时正在哈佛大学讲课，他指出原素描图中多画了一块腰椎骨，马特内斯对此予以修正。实际上，马特内斯经常向库尔特等科学家征求建议。例如，他在复原当时被称为美洲似剑齿虎的猫科动物锯齿虎的骨骼结构时，曾给比约恩·库尔特致信请教相关问题（见对页）。

026

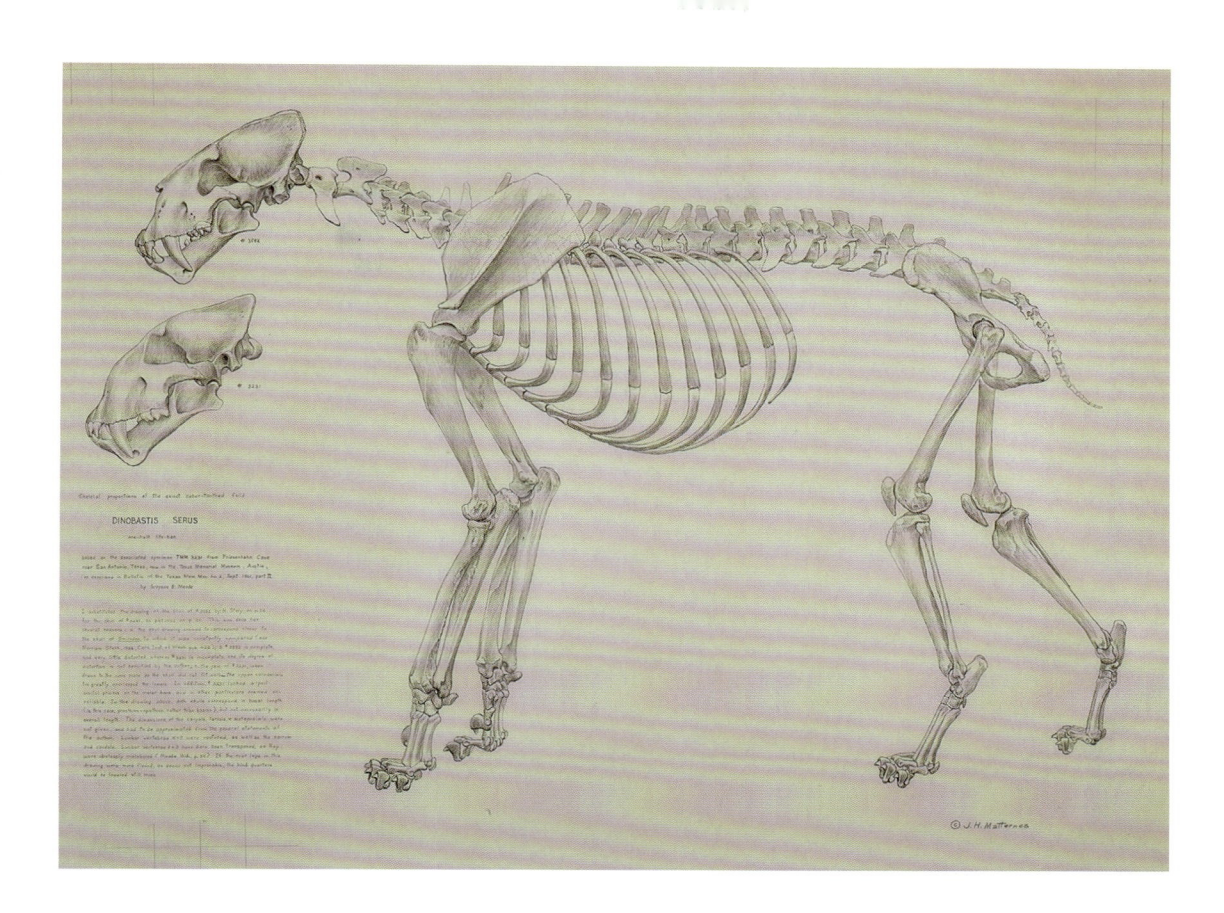

Letter from Jay H. Matternes, 5th January 1971

JAY H. MATTERNES
ARTIST · NATURALIST

6418 KROY DRIVE
SPRINGFIELD, VIRGINIA 22150
AREA CODE (703) 971-6057

5th January 1971

Dr. Björn Kurtén
Museum of Comparative Zoology
Harvard University
Cambridge, Massachusetts, 02138

Dear Dr. Kurtén:

Thank you for your letter of November 25th, 1970, and for your incisive comments, particularly on my efforts to restore *Dinobastis*. I regret that it has not been possible to return to this matter until now.

Needless to say, I was most distressed to learn that my restoration of *Dinobastis* was so far off, particularly in the feet. My restoration was based entirely upon the Grayson E. Meade 1961 paper: all the proportions of various skeletal elements I very carefully scaled to a one-half life size, using his measurements. Although both the manus and pes were pictured in the dorsal view of this paper, no measurements were given for any foot elements except the scapholunar, the astragalus, and the calcaneum, but these measurements alone would give little clue to a bear-like plantigrade stance. Merriam & Stock in their 1932 monograph mention *Dinobastis*, but there was no discussion of the feet.

Upon her return from the vert. paleo meetings in Montreal, Dr. Elaine Anderson relayed to me your comments about my drawings. In addition, she very kindly wrote to the Texas Memorial Museum on my behalf for photos of the *Dinobastis* mount, and on December 11th, 1970, she sent me six polaroid shots she had received from Mr. Newcomb. Unfortunately, Mr. Newcomb sent no measurements of the feet, and there was no photo of the entire skeleton. You are quite correct: the scapholunar is most extraordinary in shape. It looks like a cat digit pointing backward from the manus, complete with a retractile sheathed claw! I have never seen anything like this.* Moreover, the pisiform is either missing in the mount, or quite reduced — it is unclear in the photos.

* Could this be a joke? (see p. 3)

Letter from Museum of Comparative Zoology, 25.11.1970

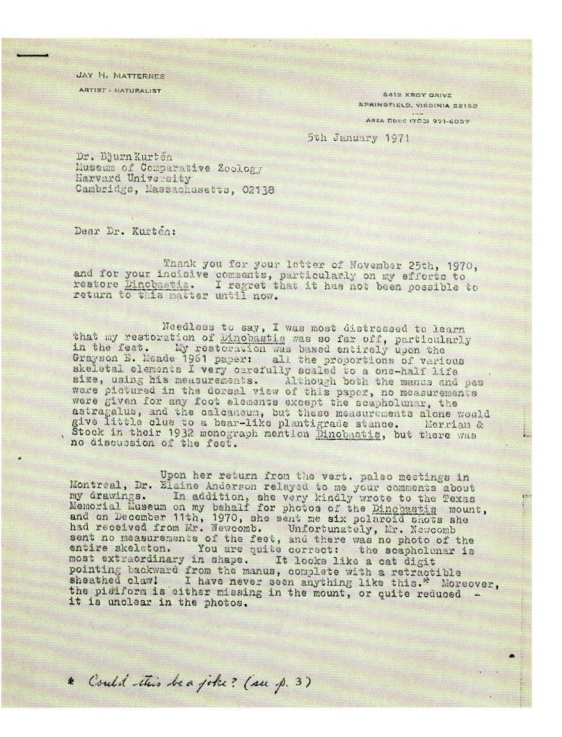

MUSEUM OF COMPARATIVE ZOOLOGY
The Agassiz Museum

HARVARD UNIVERSITY · CAMBRIDGE, MASSACHUSETTS 02138 · TEL. 617 868-7600

25.11.1970

Mr. J. Matternes
c/o Dr Anderson
Department of Paleobiology
U.S. National Museum
Washington, D.C. 20560

Dear Mr. Matternes,

Many thanks for the restorations. The *Panthera atrox* I think is excellent. The lion-like exterior is in accordance with recent research on its probable affinities.

As far as "*Dinobastis*" (recte: *Homotherium*) is concerned I feel more doubtful. I have made a thorough study of the very complete skeletal material from Friesenhahn Cave (several complete skeletons) and I cannot accept the limb proportions. In the real beast the metacarpals are actually longer than the metatarsals, and even the carpal elements are extremely elongated in the proximodistal direction (e.g. the scapho-lunar has a most peculiar appearance). In contrast the distal segments of the hind limb are very short. The calcaneum is very short and broad and somewhat bear-like, as in the earlier Tertiary sabretooths which were probably plantigrade. This peculiar elongation of the front limb and the characters of the hind limb led me to the conclusion that *Homotherium serum* may have had a squatting stance, semi-erect with a very high carriage of the head.

Even if portrayed in the orthodox position, as you have done, I think the limb proportions should be fashioned according to the mounted skeleton in the Texas Memorial Museum, Austin, where Mr. C. L. Newcomb is the person to approach and ask for a photograph. (Unfortunately all my photographs are back home, else I would have sent you my own.) The skeleton is badly mounted and the stance has to be changed in any case (the backbone is too stiff and too low-slung in front relative to the scapulae) but at any rate it would give the correct limb proportions. The skeleton is certainly one individual. There are also two cub skeletons.

The head I think looks good, although I somewhat doubt whether the sabre would be visible with a closed mouth.

With kindest regards,
Yours sincerely,

小却重要的生命

即便是最小的动物,马特内斯也用精湛细腻的笔触,生动鲜活地体现其习性。例如,一只旅鼠正在啃食驯鹿的骨头(对页上图),一只地松鼠则在附近奔跑(本页上图)。一只黑足鼬正驻足四望,十分警觉(本页中图)。一小片北极柳附近,一只獾正在洞穴前站岗(本页下图)。一只北极兔正从一只饥饿的狐狸身边跳开(对页下左图)。这只兔子的原型是一具精致的冰期古兔干尸(对页下右图),现藏于美国自然历史博物馆。

029

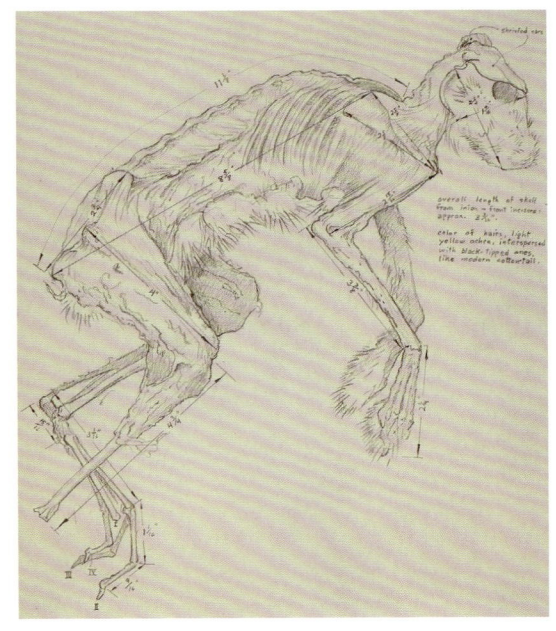

全景图出炉

绘制壁画涉及几个阶段，其中之一是绘制出完整的全景草图（本页图），马特内斯将动物、植物和地理景观汇集在一起，以便评估壁画的整体效果。在这之后，他还会对其进行多次修改润色（见 032—033 页），直至满意后再转绘至壁布之上。

031

在另一幅更新版的全景草图中（下图），马特内斯添加了更多的细节和精致的光影，为全彩渲染壁画做准备。有时候，他会用叠加小纸片的方式修改画面。例如在上部的远景中，他添加了被风吹动的黄土和有纹路的地面。请注意，此时的草图中还未出现人类的身影。

033

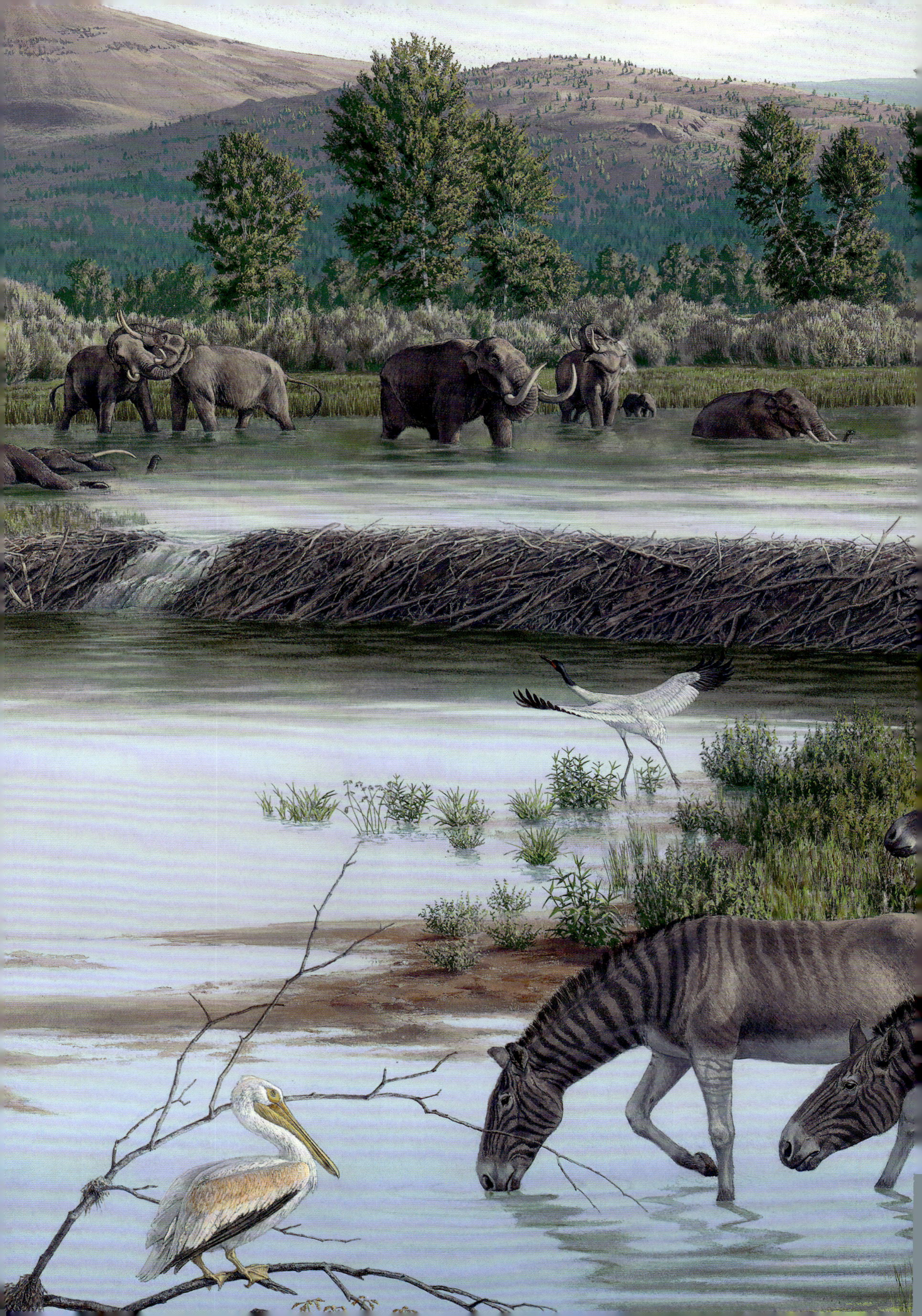

第二章
爱达荷州河岸：上新世晚期

布兰卡陆生哺乳动物时期，距今 350 万年

在北美洲，上新世晚期是一个过渡时期。此时，冰河时代早期的动物群仍广泛分布在北美大陆，而许多现存物种陆续亮相，可谓远古动物与现代动物共存的神奇时代。当时的北美动物群，很多物种对于现在的我们来说并不陌生，而那些远古动物仍自由漫步在北美大陆。

大部分人能轻易辨认出这幅壁画中的动物，如鱼类、两栖类和鸟类，它们大多自上新世起就生活在爱达荷州南部，另外一些现代物种如河狸、麝鼠、熊、美洲狮、鼬、水獭和猁等，如今多已离开此地。画中还有一些现代物种的近亲，比如马、叉角羚和兔子。但是，画中诸如大象、骆驼、地懒、剑齿虎等动物，如今已在北美大陆绝迹甚至灭绝。

1929年或1930年，时任馆长詹姆斯·W.吉德利带领史密森学会的研究人员，在黑格曼马采石场挖掘马类骨骼化石，拖运化石的主力则是现代马。

尽管马特内斯壁画中复原的上新世爱达荷州比今天更为潮湿，但整个落基山北部地区和今天一样，处处可见林木覆盖的广阔山谷和山谷间时隐时现的河狸水坝。北美大部分地区都是如此，除了因当地气候引起的一些变化之外，上新世的大部分生态系统和地貌，在现代人眼中并不陌生。

远古世界的遗迹

爱达荷州南部的黑格曼小镇附近悬崖上有一片裸露的岩层，即格伦斯费里组，是北美地区最丰富的上新世晚期化石矿层。1928年，这里发现了黑格曼马采石场，又名吉德利采石场。负责此次挖掘工作的，是史密森学会的詹姆斯·W.吉德利和刘易斯·盖曾。经过数年辛苦发掘，采石场出土了数十具马的化石标本，这种新发现的马即美洲斑马，现在称作克文马。从化石来看，马群中雌雄皆有，年龄不一。

不仅如此，采石场及其附近露头还富含大量其他动物化石，如啮齿类、食肉类、象类、龟类和鸟类等。这些化石组合在一起，为人们提供了一幅上新世晚期陆地生命的完整画卷，其完整性远胜同时代地球上其他地方。这里出土的植物化石表明，当时这片土地基本上是一片开阔的大草原，大型哺乳动物群在此觅食和繁衍。此地的湖泊和溪流不仅为两栖动物和鱼类提供栖息地，也为陆生动物提供淡水资源。

1963年左右，国立自然历史博物馆准备展出的克文马骨架化石（三具成年，一具幼年）。

1975年，黑格曼地区被认定为美国国家自然地标。1988年，黑格曼化石层国家保护区正式落成，以保护当地化石遗产。

壁画的诞生

早在1964年，"北美哺乳动物时代"展即将落幕时，国立自然历史博物馆就已开始酝酿上新世晚期壁画的创作。博物馆计划打造第四纪脊椎动物展厅，内容聚焦人类所处的这个世代，将展出新生代晚期的壁画，这幅上新世晚期爱达荷州河岸壁画正是其中之一。由于后来的一些变动（详见序言第6页），这幅壁画最终出现在"冰河时代的哺乳动物和人类的出现"展厅。壁画旨在展示距今350万年，上新世晚期落基山脉北部地区的一个场景。上新世晚期亦称布兰卡陆生哺乳动物时期，见证了新近纪的终结和第四纪的开启。

1966年，在时任馆长克莱顿·雷的指导下，马特内斯开始了这幅壁画的准备工作，并前往西部考察格伦斯费里组露头。马特内斯到达爱达荷州后才发现，当地租车需要信用卡。在缺少信用卡的情况下，他凭借随身携带的与国立自然历史博物馆之间的合约，成功租到了车。

从地质情况来看，当地曾有频繁的火山活动。然而，有关火山活动对地貌形成的影响，科学界说法不一。因此，马特内斯只在壁画的背景中描绘了锥形火山岩屑。此外，他将时间设定为傍晚时分，利用拉长的阴影制造戏剧性效果。

1967年，马特内斯先绘制好完整的全彩样图，再利用网格辅助线将其转移绘制到展厅的墙上（详见序言第8—9页）。在他工作期间，展厅并不对外开放，但参观者有时会不请自来。马特内斯偶尔会停下来跟他们讨论壁画的内容，或回答一些问题，然后再告诉这些迷路的参观者正确的方向。1969年7月，马特内斯完成了壁画的一大半，到年底时大功告成。

与其他壁画不同，这幅黑格曼景观壁画中还有许多非哺乳动物，比如鸟类、青蛙和鲶鱼。格伦斯费里组出土了大量的此类小动物化石，所以马特内斯能够在这幅壁画中展现更加丰富的动物群。而且，克莱顿·雷也喜欢物种更为丰富的组合，这无疑鼓励了马特内斯在壁画中对于更多种类动物的呈现。

与这幅壁画联袂展出的，还有吉德利和盖曾为史密森学会收集的化石标本。此次展览的一大亮点是一组四具克文马骨架化石，其中一具为小马驹。虽然大多数化石标本都是哺乳动物，但爱达荷伪龟化石也在展出之列。这些古老的化石与马特内斯壁画中丰富多彩的动物形象相映成趣，共同构建了北美洲上新世一幕梦幻般的场景。

爱达荷州河岸 上新世晚期

布兰卡陆生哺乳动物时期，距今 350 万年

爱达荷州南部，黑格曼，格伦斯费里组

绘于 1969 年

布面丙烯；373.38cm 高 ×576.58cm 宽

1. 杨树
2. 双冠鸬鹚
3. 灰鼬
4. 剑乳齿象
5. 柳树
6. 天鹅
7. 拉布雷亚鹳
8. 原驼
9. 短面熊
10. 湖猫
11. 巨爪地懒
12. 鹈鹕
13. 克文马
14. 叉角羚
15. 黑水鸡
16. 大雁
17. 平头猯
18. 北美兔
19. 绿头鸭
20. 睡莲

21. 鸊鷉
22. 豹蛙
23. 爱达荷伪龟
24. 美洲河狸
25. 巨颏虎
26. 巨型水獭
27. 鲶鱼
28. 麝鼠
29. 秧鸡
30. 鼩鼱
31. 鼬鼠
32. 田鼠
33. 繁缕
34. 蔺草
35. 浮萍

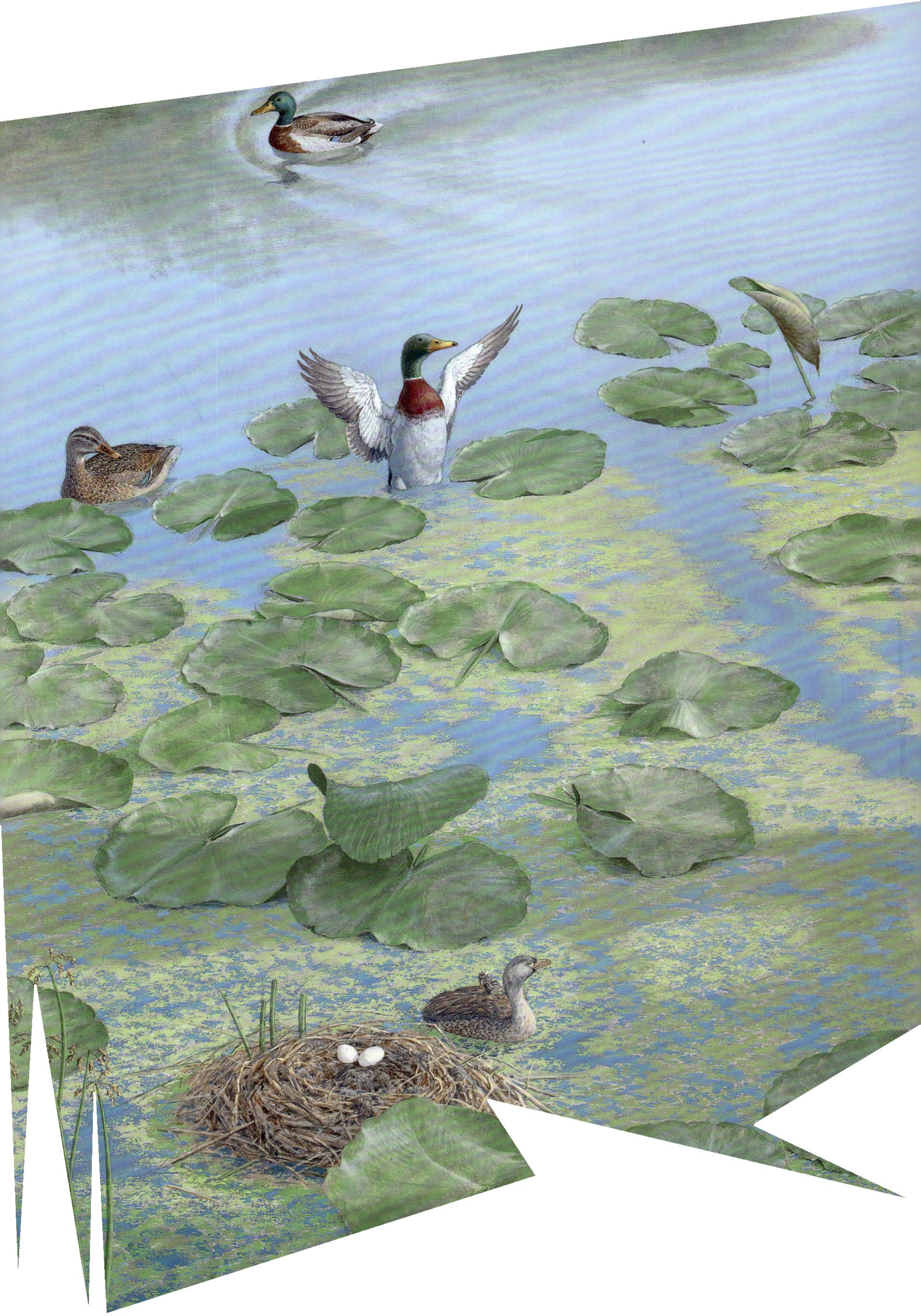

睡莲边的生物

黑格曼动物群中有大量鸟类，其中许多鸟类与其现代物种关系密切，现代鸟类的外貌为马特内斯的绘制提供了参考范本。在今日爱达荷州的池塘和湖泊中，睡莲、蔺草和浮萍仍是常见的植物。

鹈鹕（上左图）、双冠鸬鹚（下右图）和拉布雷亚鹤（下左图），均是我们熟知的鸟类。根据国立自然历史博物馆时任馆长约翰·怀特的建议，马特内斯在一片睡莲叶子上添加了一只青蛙（上右图）。

"复活"巨爪地懒

美国第三任总统托马斯·杰斐逊是研究巨爪地懒的第一人，由于此种地懒的脚爪巨大无比，杰斐逊曾错误地以为它是某类大型猫科动物。从图中两只地懒的姿势可以看出，马特内斯绘画时参考了两种地懒的化石（对页上左图）：巨爪地懒（右）及其远亲副磨齿兽（左），前者的化石收藏在内布拉斯加州立大学博物馆。画中的杨树林（上图）让人感觉无比熟悉。

047

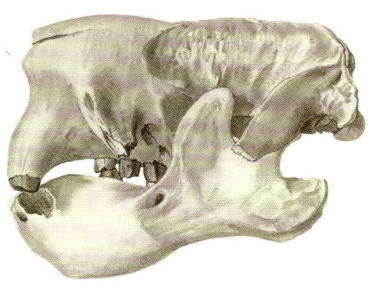

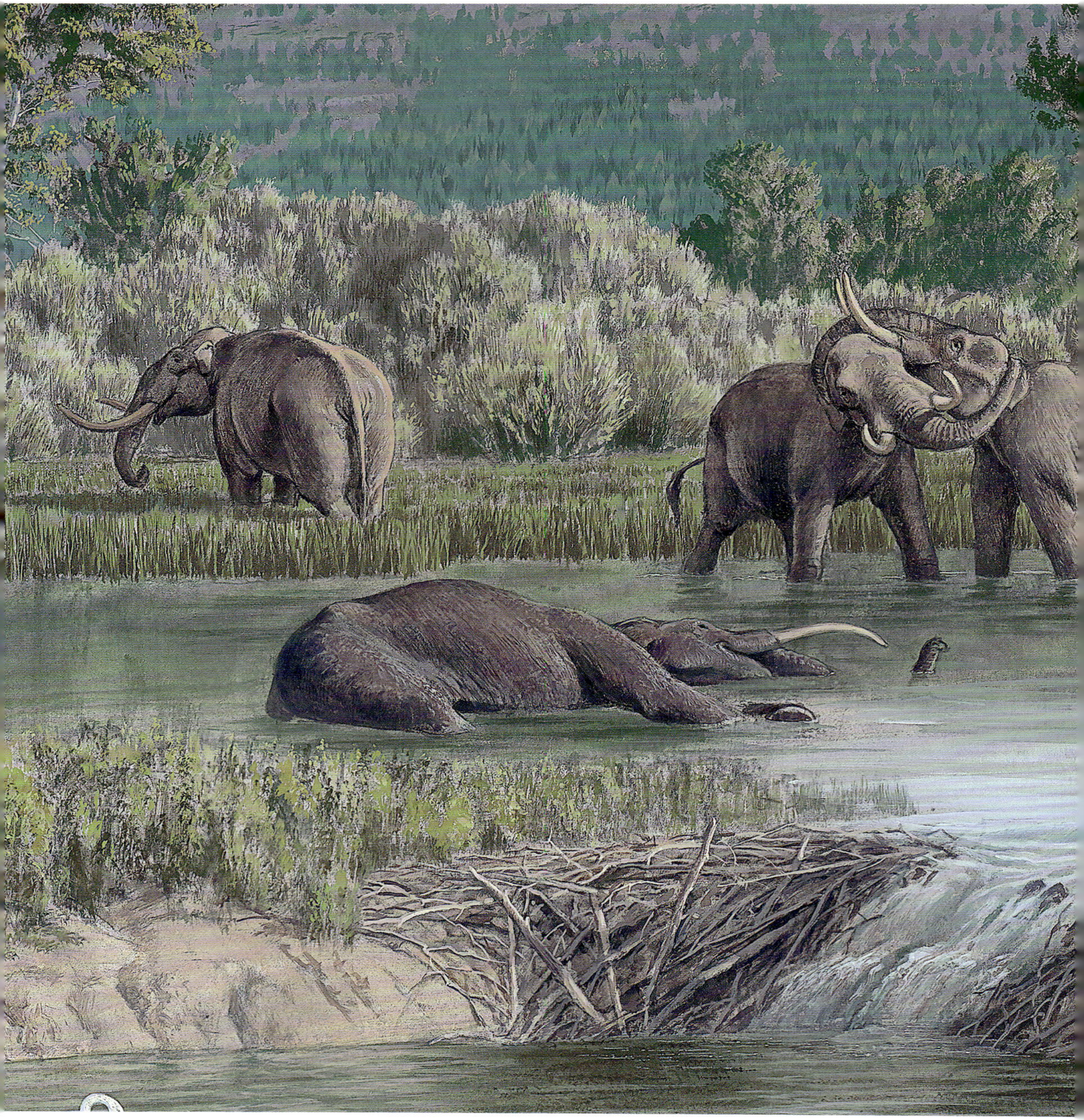

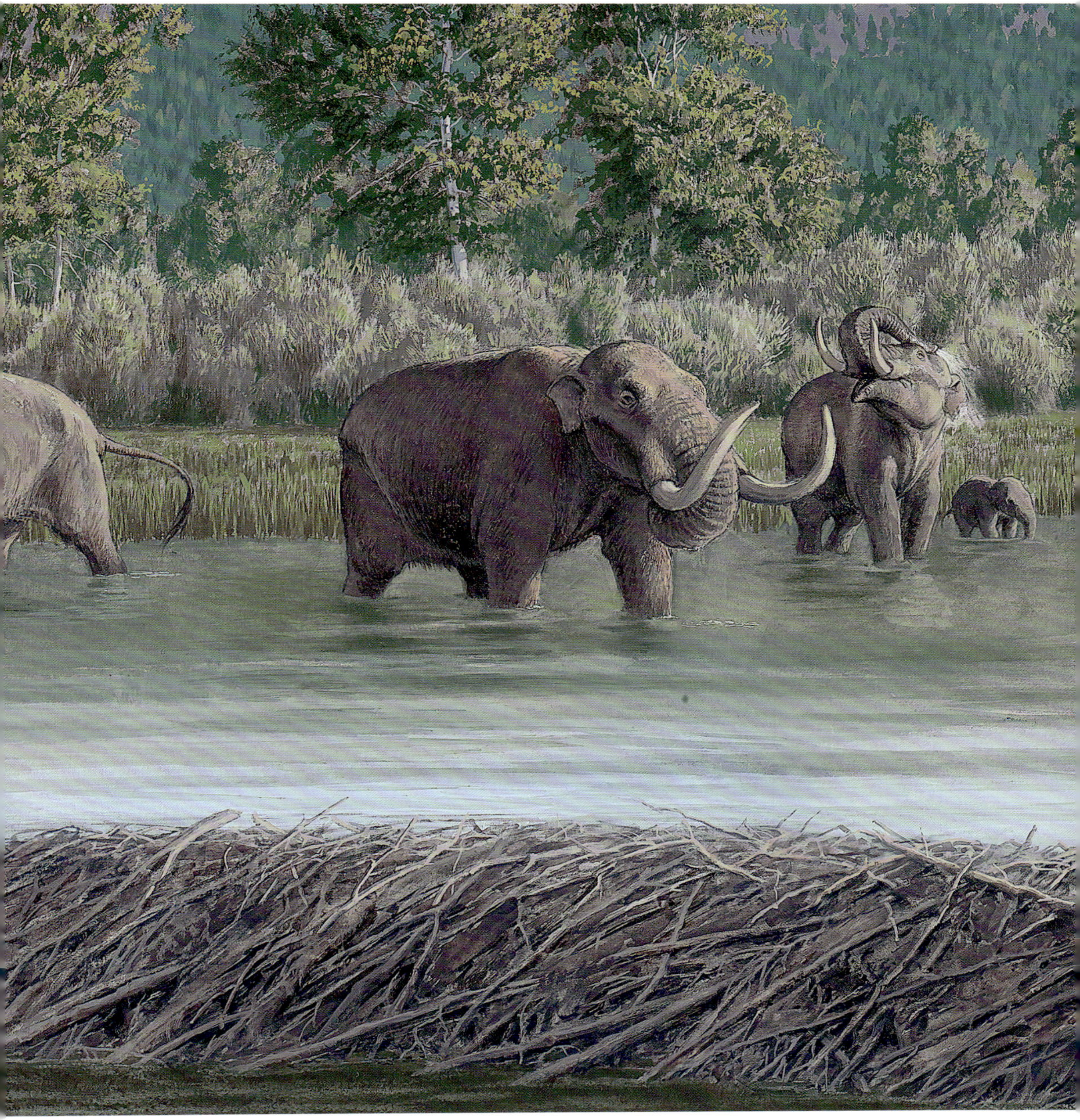

快乐的象群

在这幅壁画的背景中（见048—049页图），一群乳齿象正在河狸水坝后面的池塘里玩耍，打滚、喷水、推搡，姿态各异，"象性"十足。为此，马特内斯参考了两具组装的乳齿象骨架化石，重新绘制乳齿象的肌肉组织。不过，后来的科学家将生活在黑格曼地区的象种定名为剑乳齿象。

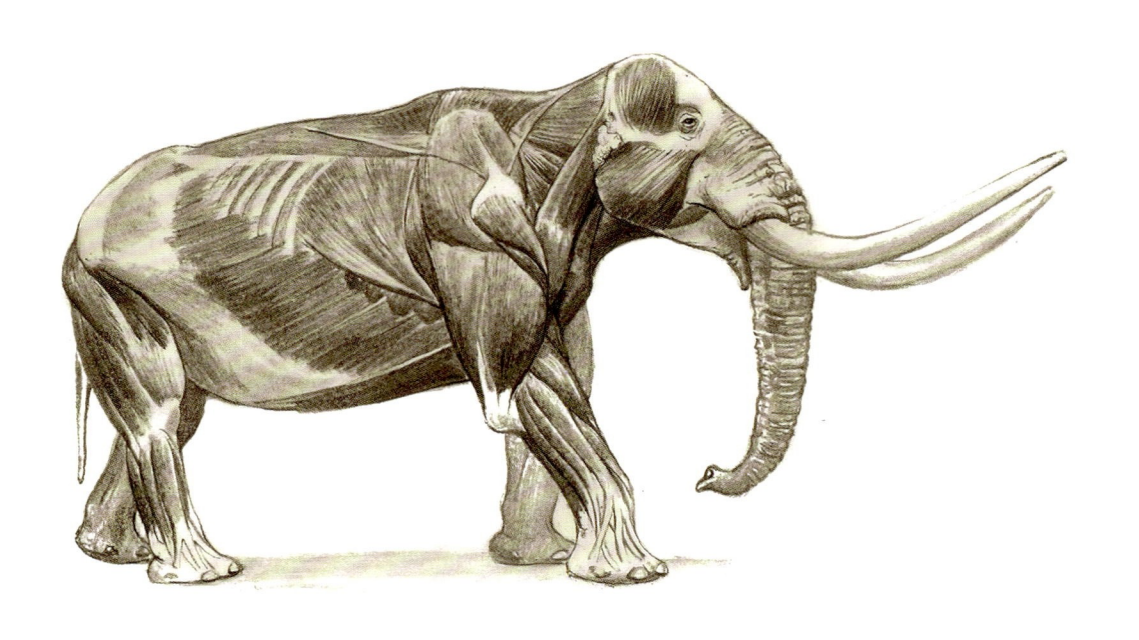

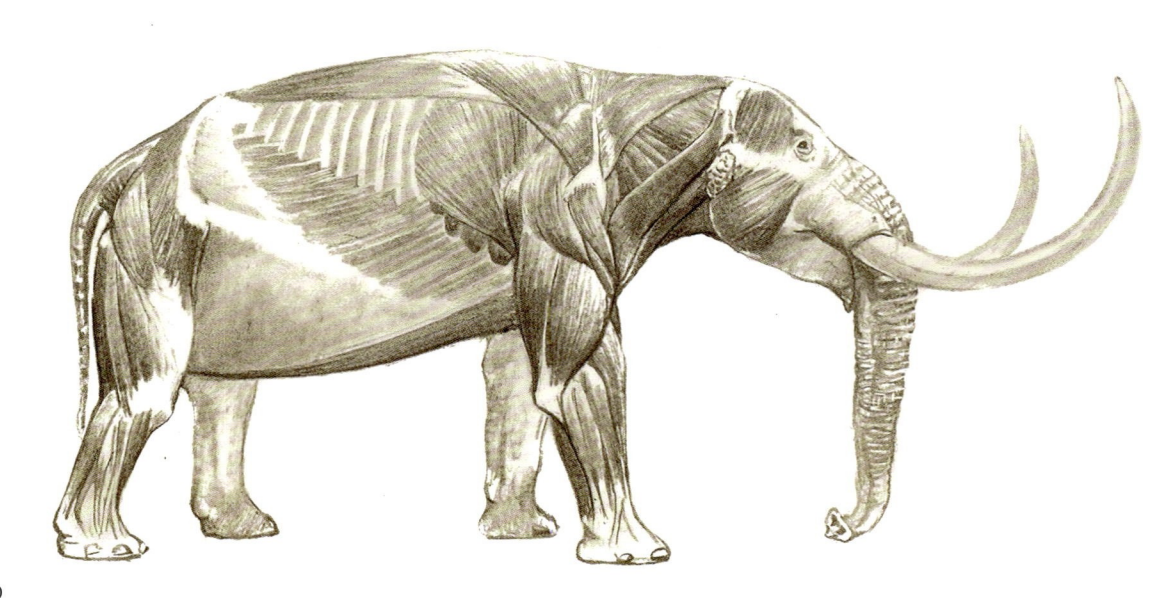

上新世的平头猯家族

　　这幅壁画的核心位置是一群平头猯，它们身上坚韧的鬃毛清晰可见。国立自然历史博物馆有一组完整的猯科动物家族化石，这组化石出土于黑格曼地区。马特内斯就是参考它们绘制了壁画上的平头猯。如今，我们还能在靠近北美洲更南部的地区看到其后代西猯的踪迹。

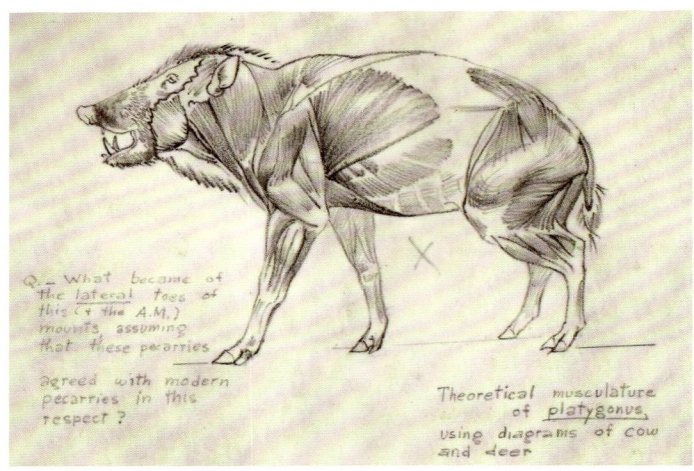

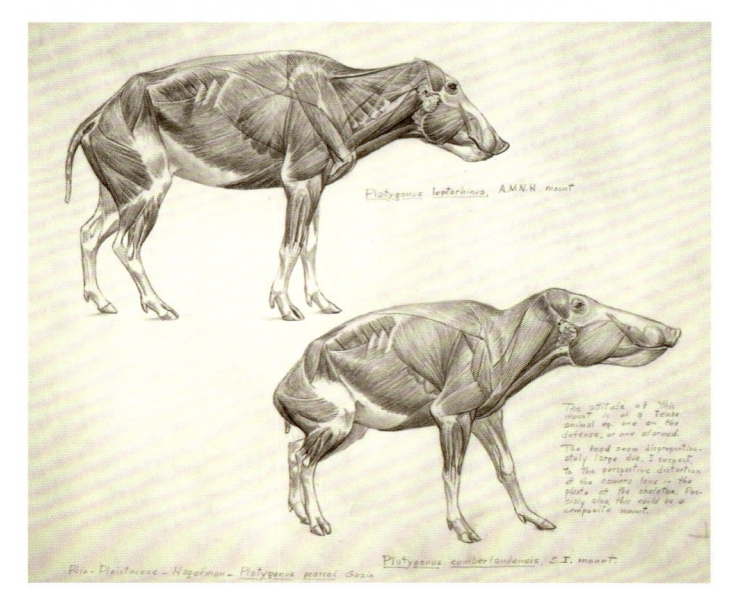

平头猪早已灭绝，马特内斯参考多件西猯科动物的骨骼标本，绘制出该物种的详细草图。他捕捉到各种西猯科动物在身体比例上的细微差别，以此来推测黑格曼平头猪的外形。

森林和池塘里的居民

　　这幅壁画充满了黑格曼的生态圈中各种动物生活的点滴细节。一只大河狸正试图将一根树枝拖回水坝里的巢穴（本页图及054页图）。一只水獭正叼着它的鲶鱼晚餐朝远处游去，路过两只晒太阳的伪龟（055页下左图）。此时，两只鼬鼠正为了争夺猎物田鼠而相持不下（055页下右图）。

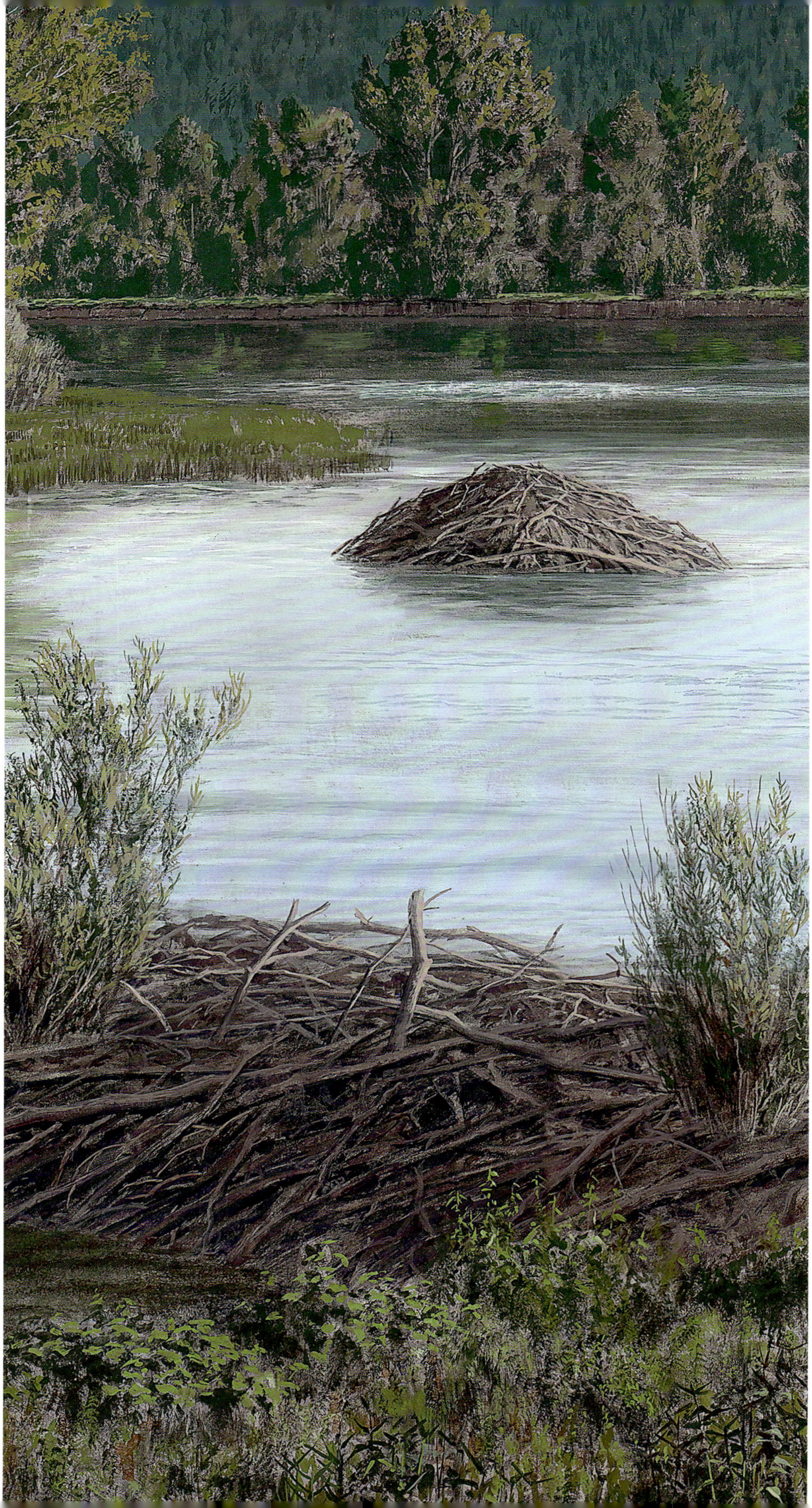

绘制更新世晚期的壁画时，马特内斯详细研究了短面熊的骨骼构造（见026页）。在此之前，他已绘制好上新世晚期的壁画，其中的短面熊（右图）看起来还有些像灰熊。后来，马特内斯打算修改这只短面熊，但因这幅壁画前已放置了组装好的骨骼化石，便只好不了了之。

055

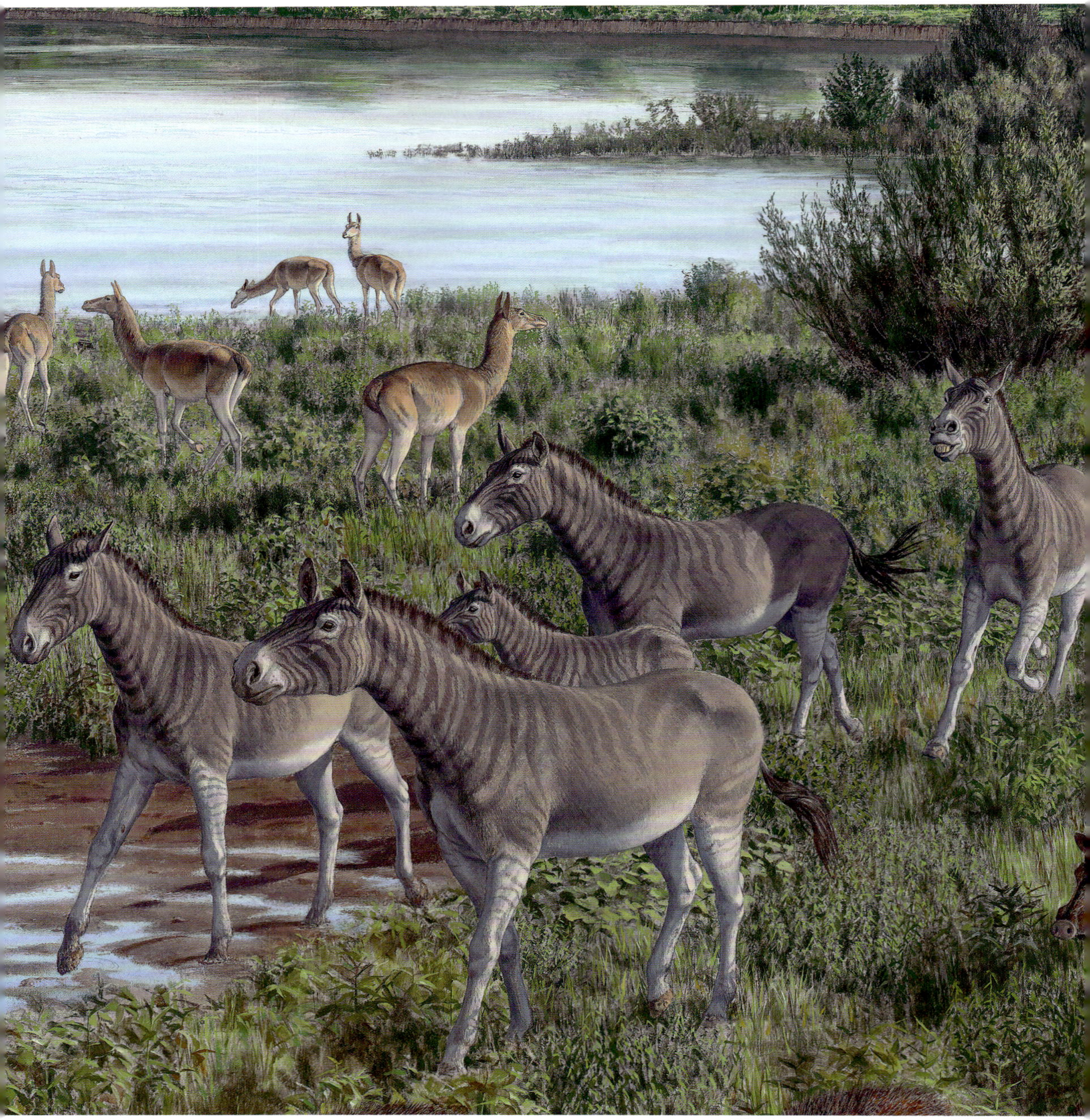

克文马

在国立自然历史博物馆展出的上新世化石中,处于中心位置的是克文马化石,其中几匹马似乎来自同一个族群(见序言第4页、正文038页)。在马特内斯的上新世晚期壁画中,克文马也是处于中心位置,它们身上还有一些条纹,以此显示它们可能与斑马有很近的亲缘关系。这些克文马骨架化石,正是马特内斯研究和绘制其骨骼和肌肉组织的基础(本页图)。

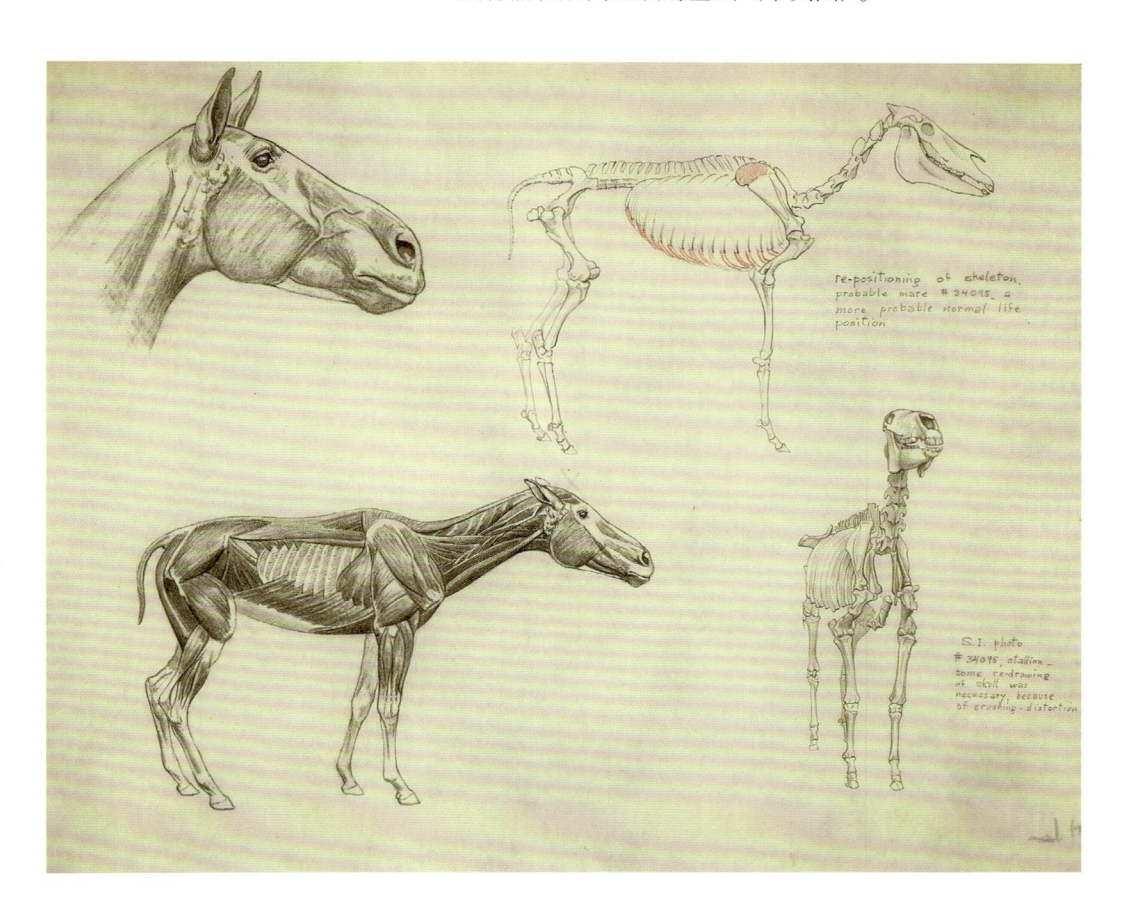

史前猫科动物和现代猫科动物共存

在壁画中央的前景中，一只河狸正在收集树枝用来筑巢，却遭到了攻击，对方是一只巨颏虎，过去称剑齿虎（本页）。这类剑齿猫科动物有时被称为"短剑剑齿虎"，因为它们的犬齿比冰川期的刃齿虎要短，但也足以令人印象深刻。巨颏虎四肢粗短，体形健壮，所以更擅长伏击，而非追捕。

马特内斯参考现代美洲狮绘制了这只湖猫（对页）。这两个物种可能都喜欢通过跟踪和伏击来捕食猎物。

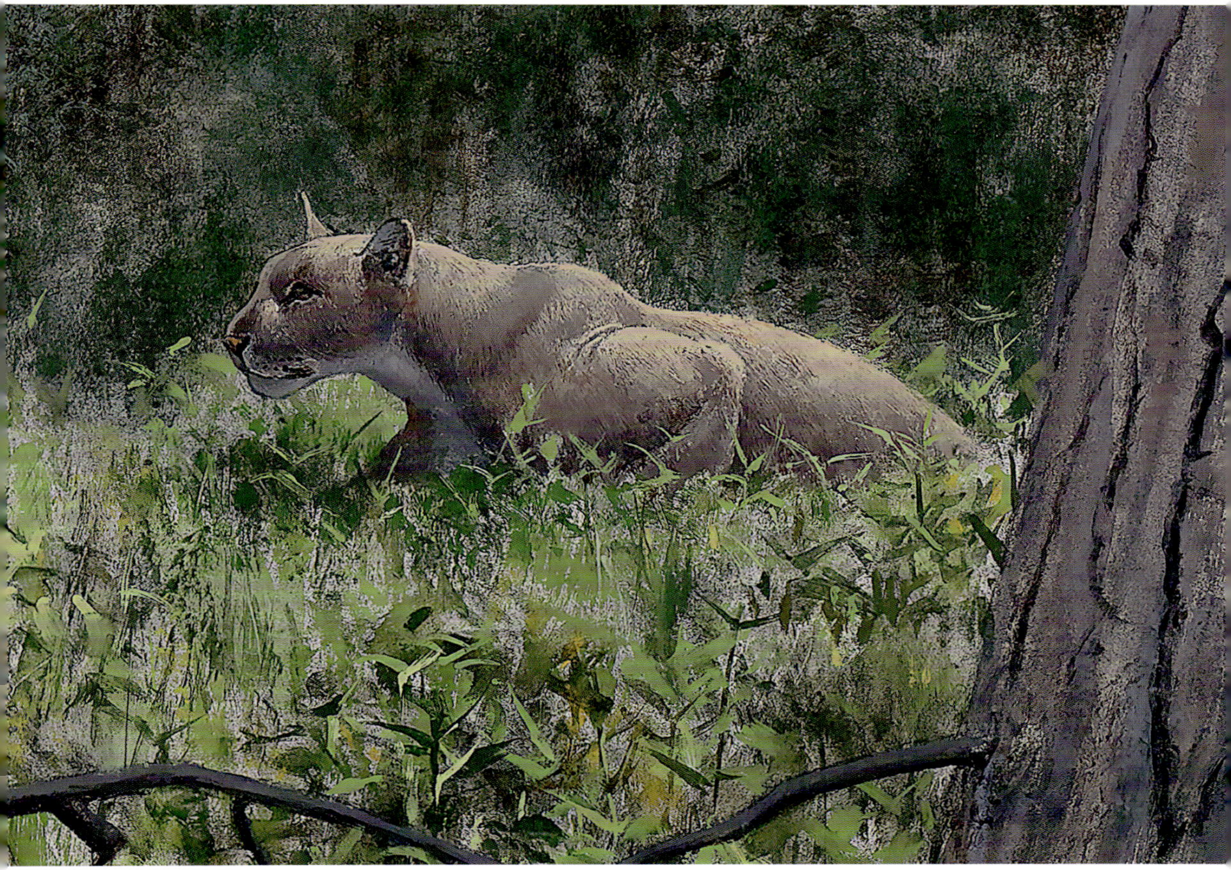

这些草图展示了马特内斯绘制大型哺乳动物时的一些细节，其中有两点特别值得注意。其一，本页草图右下角的框线内写着"三棱齿象（Trilophodon）""不是乳齿象"，这清楚地说明当时对大象的身份确认存在不确定性。对此，可以比较一下最终出现在壁画上的剑乳齿象群（见050页）。其二，在对页草图的右上角，马特内斯绘制了两种骆驼的草图，两者之间的区别之大，即使在远处也能清楚感觉出来。

Plesippus

Megalonyx

Procamelus
(see Pliocene material?)
Camelops arenarum

Platygonus

Ceratomeryx

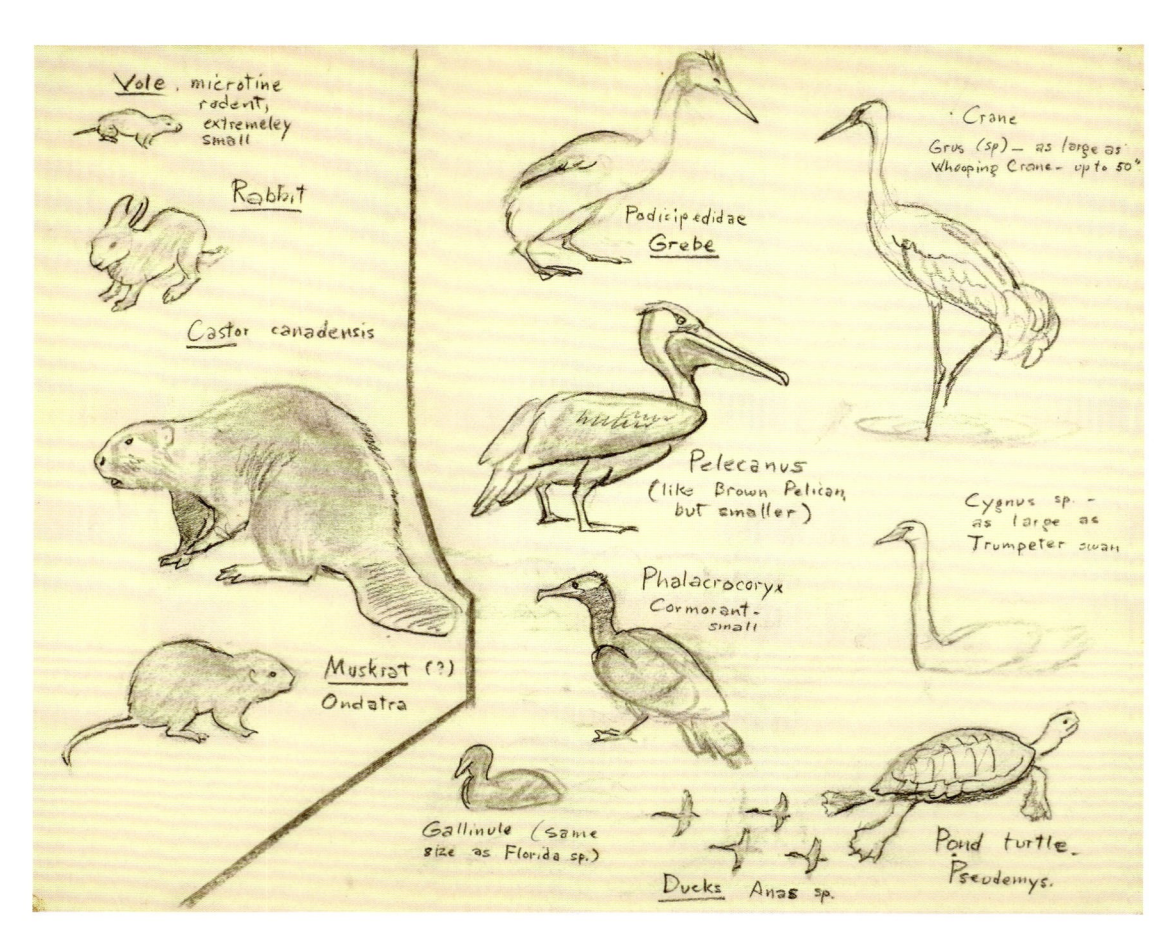

在国立自然历史博物馆的所有壁画中，上新世晚期这幅里的小型哺乳动物、鸟类和爬行动物是最多的。马特内斯绘制这些动物时，参考了大量的现代物种，因为很多化石往往只是碎片且残缺不全，比如，鸭子的化石就只有一根股骨。

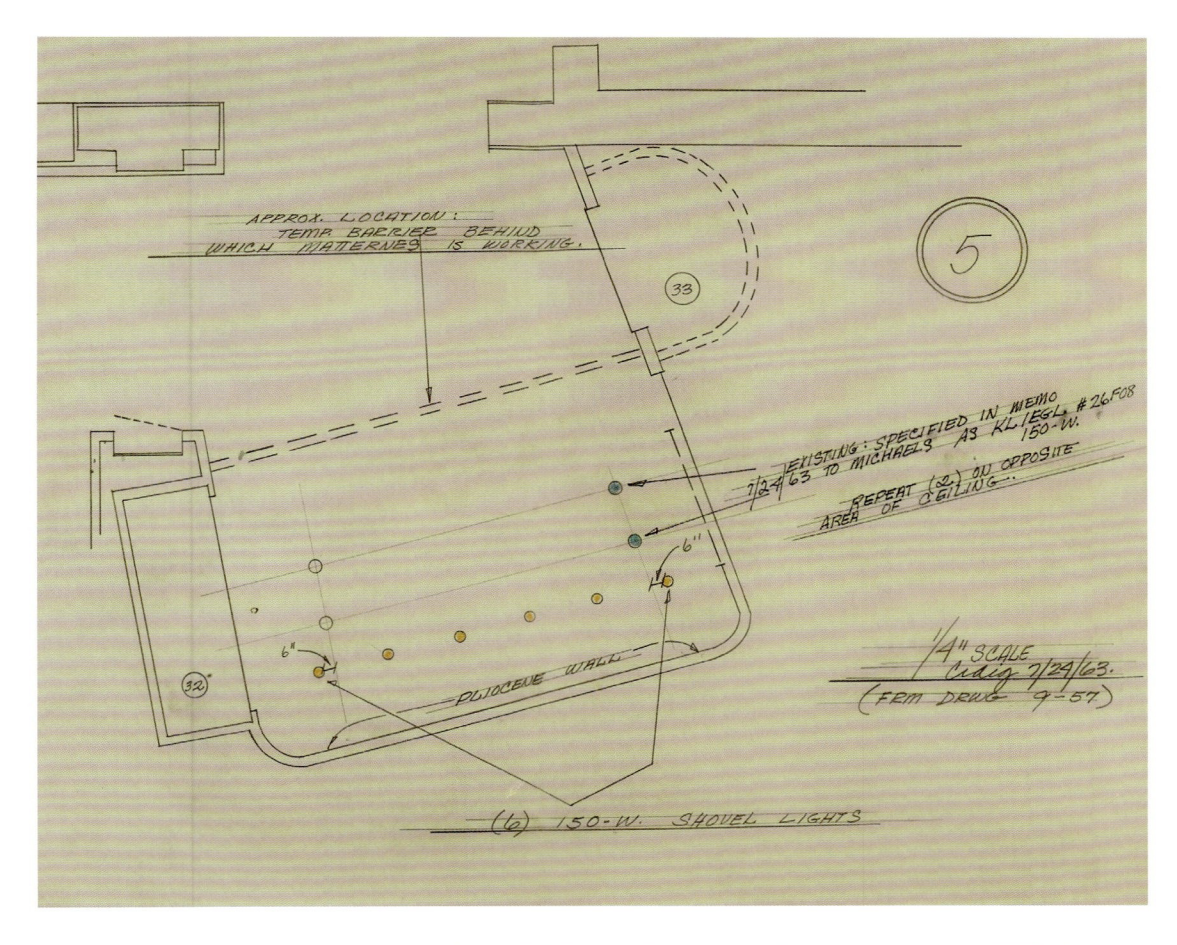

展厅的平面图标出了壁画、廊灯以及化石标本的位置。注意弧形标识线一侧写着"临时屏障，马特内斯正在工作"字样，而壁画就位于弧线内的展墙上。

这张铅笔素描包含壁画的所有要素，并以适当比例展现其完整构图。这里尤其值得注意的是，素描已经体现出马特内斯在成品中的光线与阴影角度的处理。

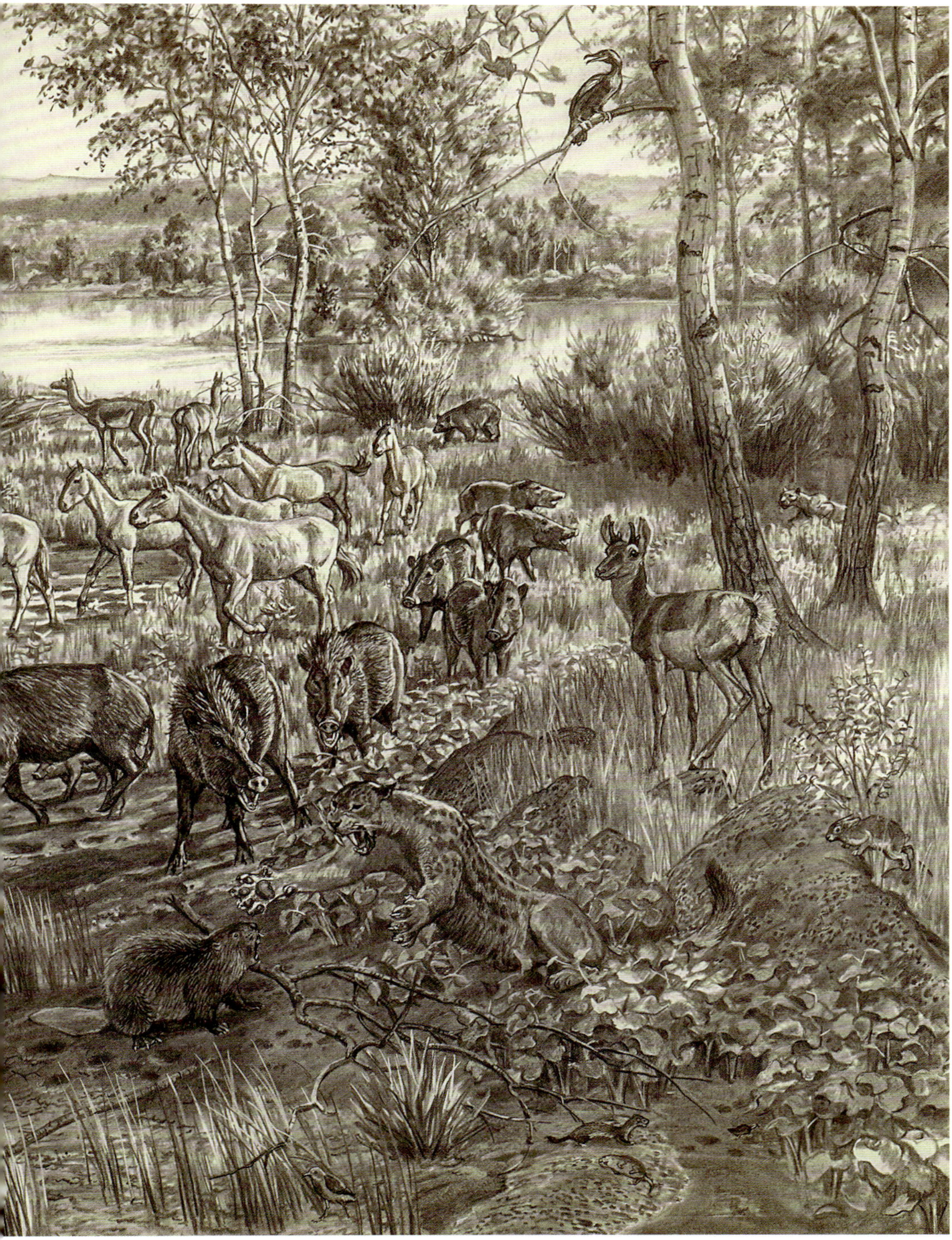

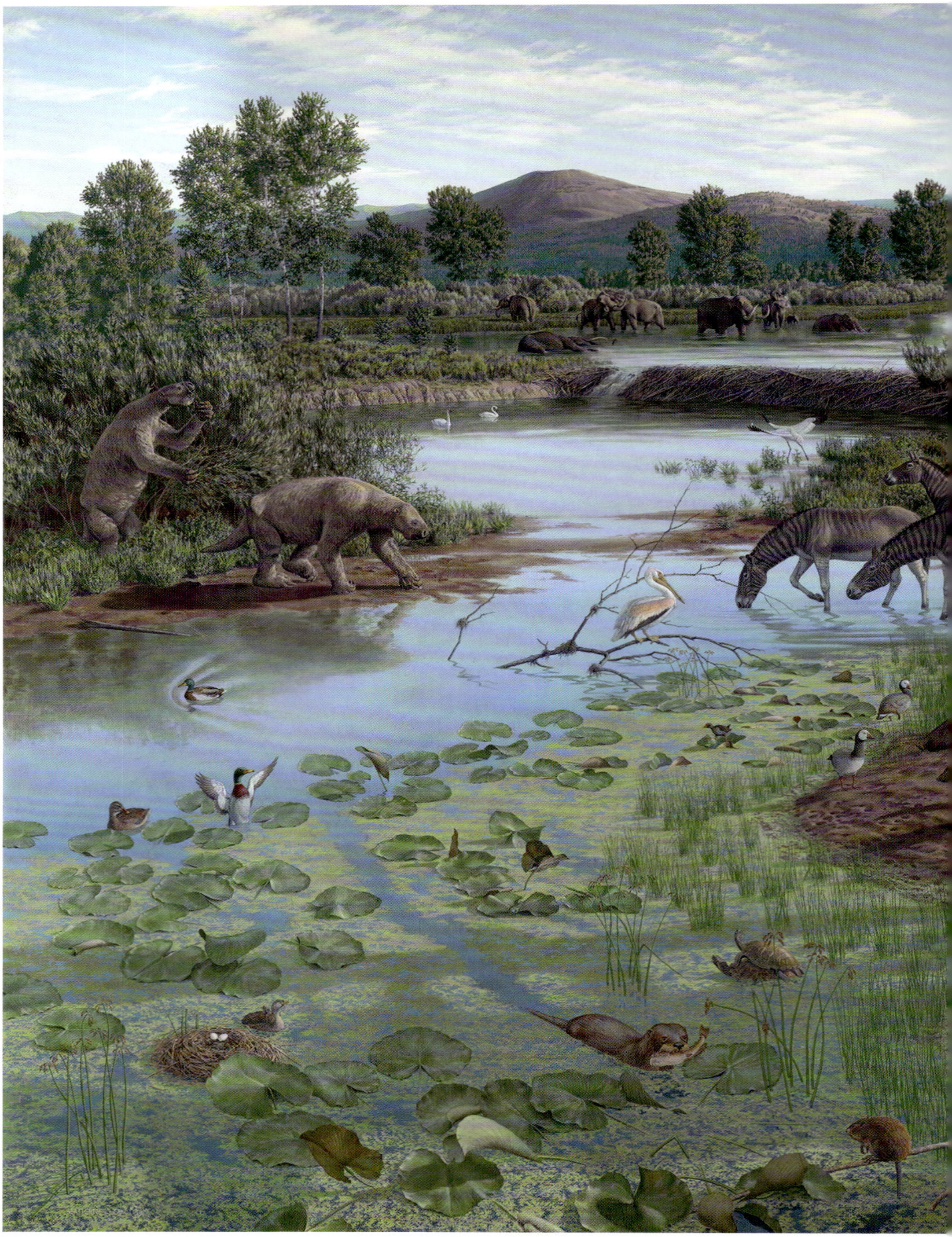

完成 064—065 页所示的铅笔素描之后，马特内斯创作了这幅小画，以研究和敲定动物的外形、位置以及壁画的整体色调。根据这幅画，他在画布上绘出了壁画的最终版本（见 040—041 页）。

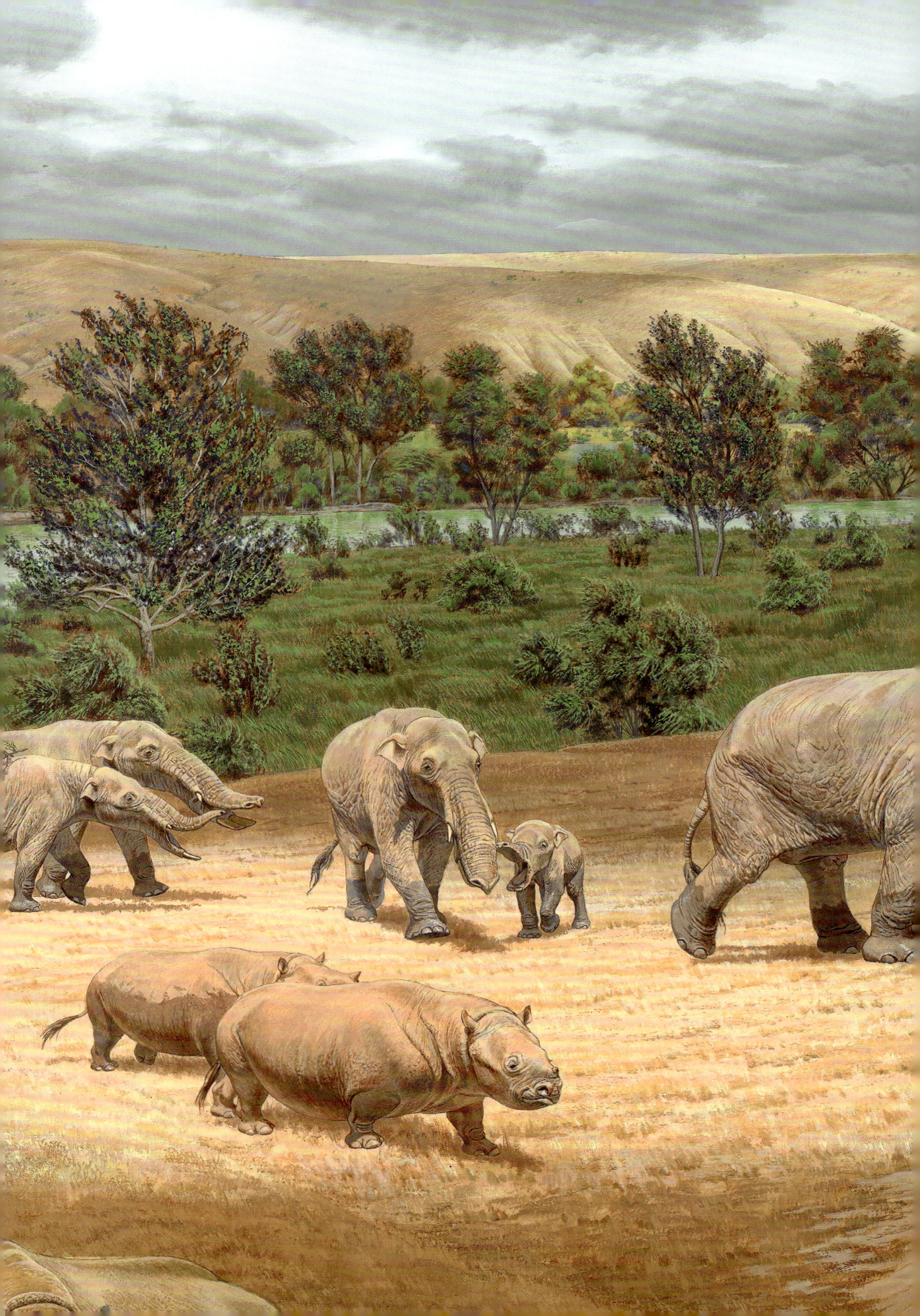

第三章
北美大草原：中新世中晚期

克拉伦登陆生哺乳动物时期
距今 1250 万年至 940 万年

中新世的中晚期，北美洲许多地区变得越来越干燥、开阔，北美大草原尤其如此。这些地区的生态环境颇似今天的矮草草原，因而有成群结队的大型哺乳动物在此繁衍生息。当时，由于海洋环流变化，地球气候变得更加寒冷、干燥，从森林到稀树草原再到草原的生态转变在全球范围内发生。但由此引起的植物和动物群落大转变，在各大陆出现的时期却不尽相同。

在北美洲，这种渐进性的变化发生在有蹄类哺乳动物或有蹄类动物群中。数千万年来，奇蹄类动物，如貘、马和犀牛，一直都比偶蹄类动物，如叉角羚、鹿、牛和骆驼，更具多样性。到中新世中期，情况开始逆转，偶蹄类动物的物种越来越丰富，这种趋势一直延续至今。今天，偶蹄类动物的物种数是其近亲奇蹄类动物的十倍。在物种数量长期减少的情况下，只有马类、犀牛类和貘类等少数奇蹄类动物存活至今。

069

20世纪60年代,这具远角犀骨架在"北美哺乳动物时代"展厅展出。后来,它被重新安置在"令人瞩目的哺乳动物"展厅。

中新世中晚期的北美洲是许多哺乳动物群的家园,而那些动物大多属于外来物种。远在中新世早期,象群就已跨过白令陆桥从亚洲迁徙而来;到了中新世晚期,它们已遍布整个北美大陆,且进化出了多个种群。其中极具代表性的是嵌齿象科的匙门齿象,与其同时生活在这片大陆的,还有诸多现代物种,比如骆驼类、犀牛类和马类。

远古世界的遗迹

中新世中晚期最有名的北美动物化石,发现于美国境内的北美大草原,还有得克萨斯州、加利福尼亚州和佛罗里达州。值得一提的是,内布拉斯加州的瓦伦丁组[1]和阿什霍洛组,保存了成千上万的哺乳动物遗骸。

---

1 组,是岩石地层单位的基本单位。岩石地层的单位主要包括:群、组、段、层。

20世纪60年代末，在"北美哺乳动物时代"展厅展出的有角类啮齿动物有角囊地鼠的骨架化石。硕大的爪子、足掌和突出的肘部都表明，这是一种擅长掘土的动物。

　　这两个组是更大的奥加拉拉群的一部分，奥加拉拉群是一条宽阔的沉积带。当落基山脉在爱达荷州火山活动加剧的情况下抬升时，奥加拉拉群沿着古代河流系统在北美大草原上沉积而成。

　　早在19世纪末，当地的化石采集者就在奥加拉拉群露头发现了化石。紧随其后的是来自东海岸的化石采集者，如著名的"化石猎手"约翰·贝尔·海彻尔，他受雇于耶鲁大学的奥思尼尔·马什，后者曾在堪萨斯州的长岛附近发现数以千计的远角犀遗骸。后来，美国自然历史博物馆的蔡尔兹·弗里克也雇人在这个地区进行勘探，其中包括后任美国自然历史博物馆馆长的莫里斯·斯金纳。在长达几十年的勘探中，他们收集了数以万计的哺乳动物化石。内布拉斯加大学州立博物馆和丹佛自然科学博物馆也收藏了许多重要化石。

　　在阿什霍洛组中，位于内布拉斯加州东北部的火山灰化石层最为著名，其化石产量也最为丰富。距今约1200万年，爱达荷州布鲁诺-贾布里奇位于黄石核心地区的火山喷发，为北美大草原覆上了数米厚的火山灰。此后数周，整个地区的动物纷纷中毒而亡，并葬身于火山灰之下。最终，数千具遗骸成为化石，得以保存下来。在毒藤采石场，除了各种骆驼、马、狗、乌龟和鸟类之外，还发现了数百具远角犀化石，其中还有怀孕的雌犀牛。这些动物遗骸保存完好，其中一些骨骼上的损伤表明这些动物曾饱受肺病的折磨，因为布鲁诺-贾布里奇火山爆发后，它们在火山灰云下度过了生命中的最后几周。

1971年，毒藤采石场经古生物学家迈克尔·沃希尔发现，此后在内布拉斯加大学州立博物馆的赞助下，开展了一系列挖掘工作。由于该采石场化石含量极为丰富，1991年建立了火山灰化石层州立国家公园。现在，这里成了美国国家自然地标。1924年，在爱达荷州中部，火山喷发后堆积的火山灰形成了火山灰组。1974年，该地区成立了月球陨石坑国家遗址和保护区。

这幅1988年前后在"令人瞩目的哺乳动物"中展出的壁画，凸显了中新世晚期"食草动物的荣光"。请注意，左边是远角犀化石，右边是剑乳齿象化石。

壁画的诞生

国立自然历史博物馆最初计划创作四幅壁画，而这幅中新世中晚期北美大草原壁画是其中的最后一幅。根据时任馆长刘易斯·盖曾提供的物种名单，马特内斯于1959年开始准备工作。这幅壁画旨在展示距今1250万年至940万年间的克拉伦登陆生哺乳动物时期的物种样貌，这一时期曾被归为上新世早期，但现已确定为中新世中晚期。为了绘制这个生态圈中的植物群落，马特内斯咨询了两位古植物学家，分别是内布拉斯加大学的马克西姆·伊莱亚斯和普林斯顿大学的埃尔林·多尔夫。在壁画中，云层翻涌，云影和透过云层的光束增强了画面的艺术效果，这与传统绘画技法中的明暗对比法很相似。1964年，马特内斯完成了这幅壁画。

虽然壁画和展览准备就绪时，火山灰化石层尚未发掘，但史密森学会的藏品中仍有很多当地发现的化石，比如由海彻尔在堪萨斯州发掘所得的远角犀、奇角鹿和啮齿目有角囊地鼠的化石，与壁画一同展出。该馆还展出了年代相对稍早的巴斯托陆生哺乳动物时期和相对稍晚的上新世早期的物种化石标本，例如嵌齿象科的剑乳齿象。

随着这幅壁画的完成，史密森学会将其与相应化石标本联袂展出，成功举办了哺乳动物化石展"北美哺乳动物时代"，为新生代哺乳动物进化的故事画上了句号。马特内斯用橙色和棕色渲染这幅壁画中的中新世中晚期北美大草原，与始新世早中期壁画中那郁郁葱葱的深绿色森林截然不同（见204—205页）。到1964年时，参观者已经可以沉浸在四个不同的史前环境中，领略4000多万年的哺乳动物进化史。

北美大草原 中新世中晚期

克拉伦登陆生哺乳动物时期，距今 1250 万年至 940 万年

内布拉斯加州，瓦伦丁组和阿什霍洛组

绘于1964年

布面丙烯；368.30cm 高 ×571.50cm 宽

1. 杨树
2. 光头犀
3. 匙门齿象
4. 远角犀
5. 大巨足驼
6. 上新马
7. 原驼
8. 奇角鹿
9. 新三趾马

10. 半熊　　　13. 假猫　　　16. 次兔
11. 颅鹿　　　14. 有角囊地鼠　17. 恐犬
12. 西猯　　　15. 叉角羚科动物

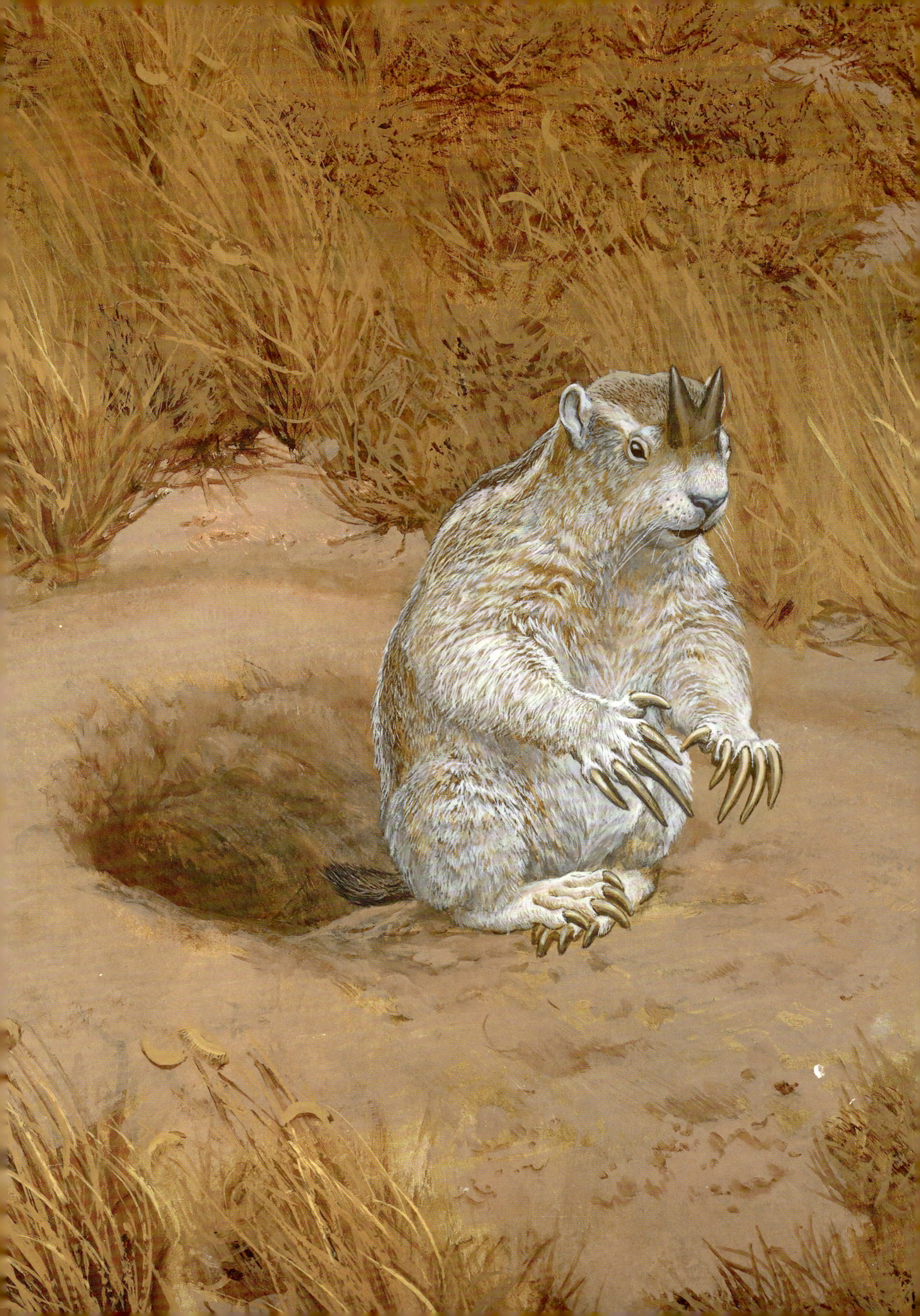

有角的啮齿动物

有角囊地鼠，在壁画创作时被称为北美米拉鼠，是啮齿目动物，其硕大的爪子表明它擅长掘地。有角囊地鼠虽然与现代的囊地鼠和草原犬鼠有些相似，但跟它们都不是近亲。有角囊地鼠有一对奇特的鼻角，这在啮齿动物中是独一无二的，其被认定为一种防御武器。虽然在掘地类动物中，重约0.9千克、大小如土拨鼠的有角囊地鼠，算是体形较大的，但在已知的有角类哺乳动物中，它却是最小的。

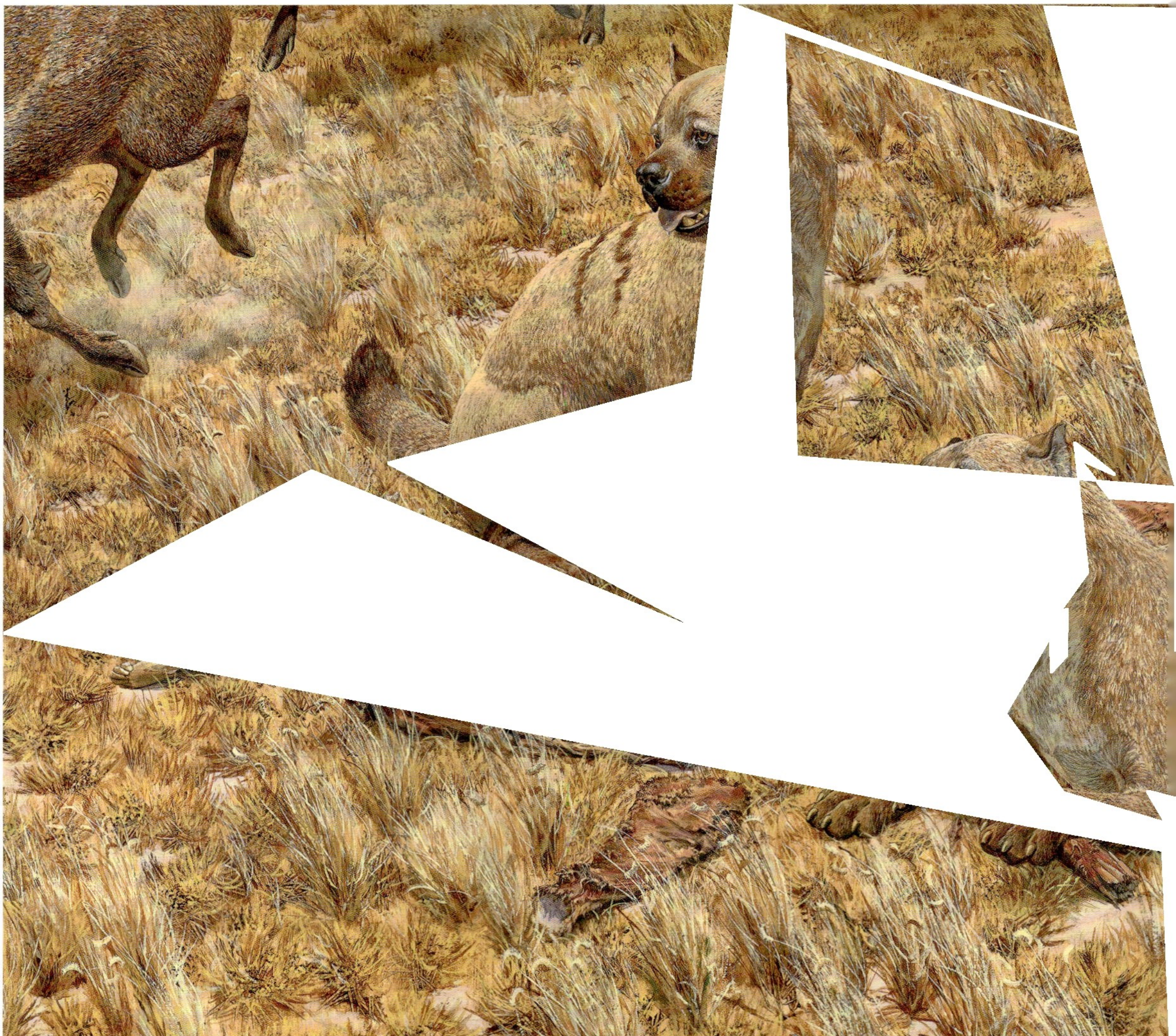

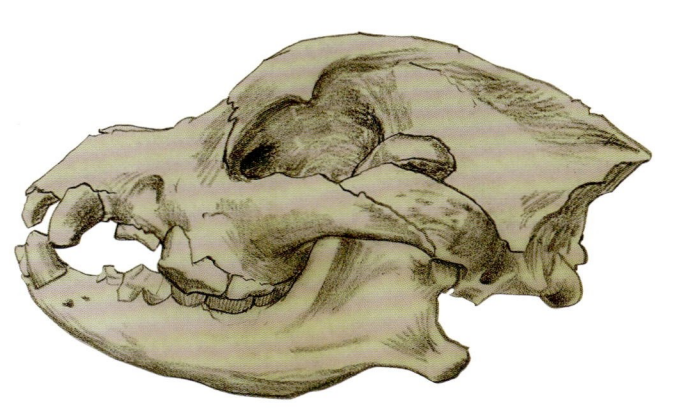

草原上的碎骨机

　　中新世的恐犬拥有巨大的颚肌和能咬碎骨头的牙齿（如上图的头骨所示）。恐犬很像今天的鬣狗，但鬣狗却不是由恐犬进化而来的，反倒与猫科动物关系更为密切。下图中，一对恐犬正在啃食一具原驼（见098页）的尸体。

矮胖的远角犀

远角犀四肢粗短、体形矮胖，是一种独角犀牛。通常认为它与半水栖的河马相似，但实际上远角犀可能是以陆地生活为主。目前已发现了众多近乎完整的远角犀化石。对页的三张研究草图体现了马特内斯一贯的复原策略，先参考博物馆收藏的骨架，再逐步复原出一个栩栩如生的动物。此间，他参考的是美国自然历史博物馆收藏的骨骼化石。

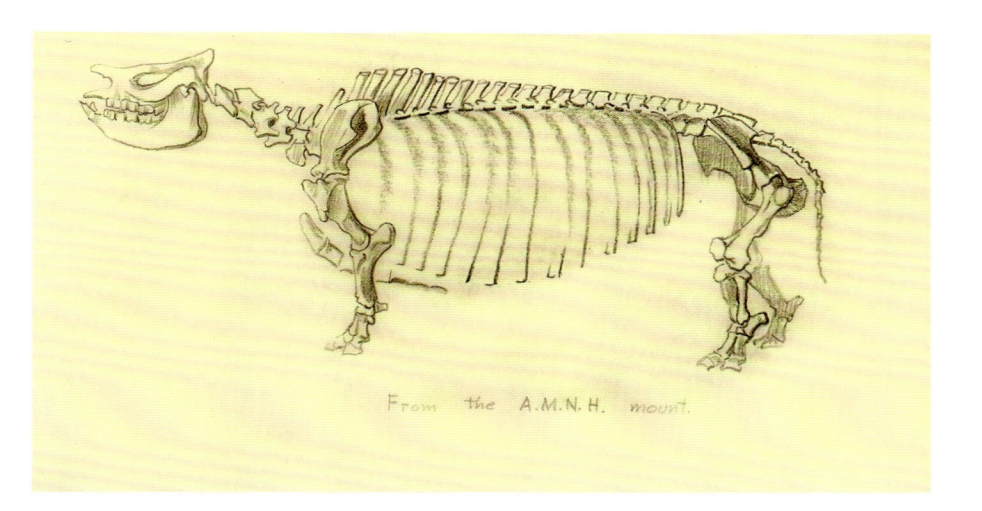

From the A.M.N.H. mount.

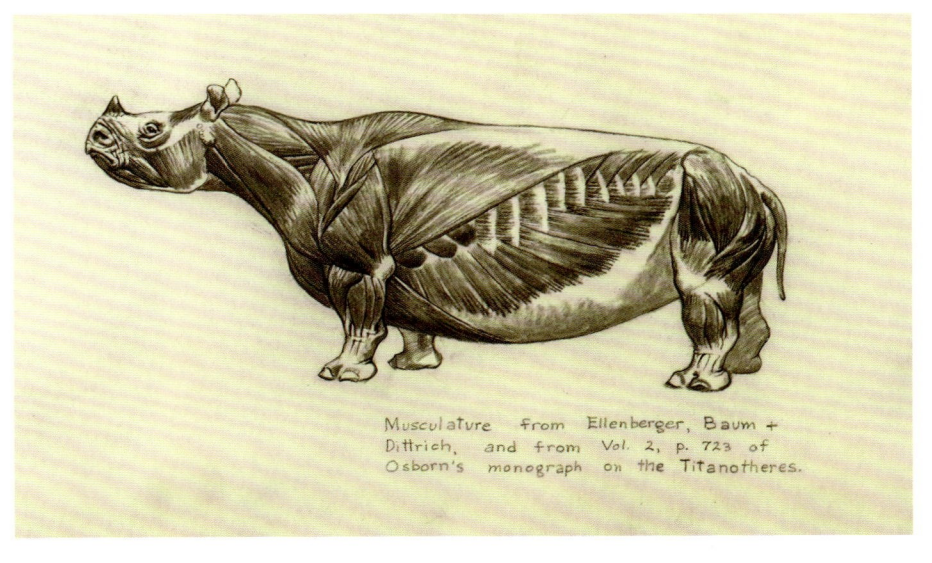

Musculature from Ellenberger, Baum + Dittrich, and from Vol. 2, p. 723 of Osborn's monograph on the Titanotheres.

铲牙嵌齿象

剑乳齿象在中新世的北美洲很常见。科学家通常根据其上下门齿的形态做进一步分类。这幅壁画中的大象拥有宽大、平坦的"铲牙",马特内斯最初将其定为"铲门齿象",但实际上这正是匙门齿象的特征。根据当时的科学猜想,马特内斯将其长鼻绘制成了扁平状。但研究草图(对页下图)上描绘的近似现代大象的圆筒状象鼻可能更为准确。

From the Margaret Flinsch dwg., p.333 of Osborn's monograph on the Proboscideans. The Trunk should be flat, rather than rounded.

马类全盛期

中新世有丰富的马类物种。作为一个成功进化的物种，新三趾马（见 89 页图）并没能繁衍至今。而单趾的上新马（本页图）则与现代马关系密切。马特内斯有意将这两种动物并置（088—089 页图），以便参观者看出它们的区别。

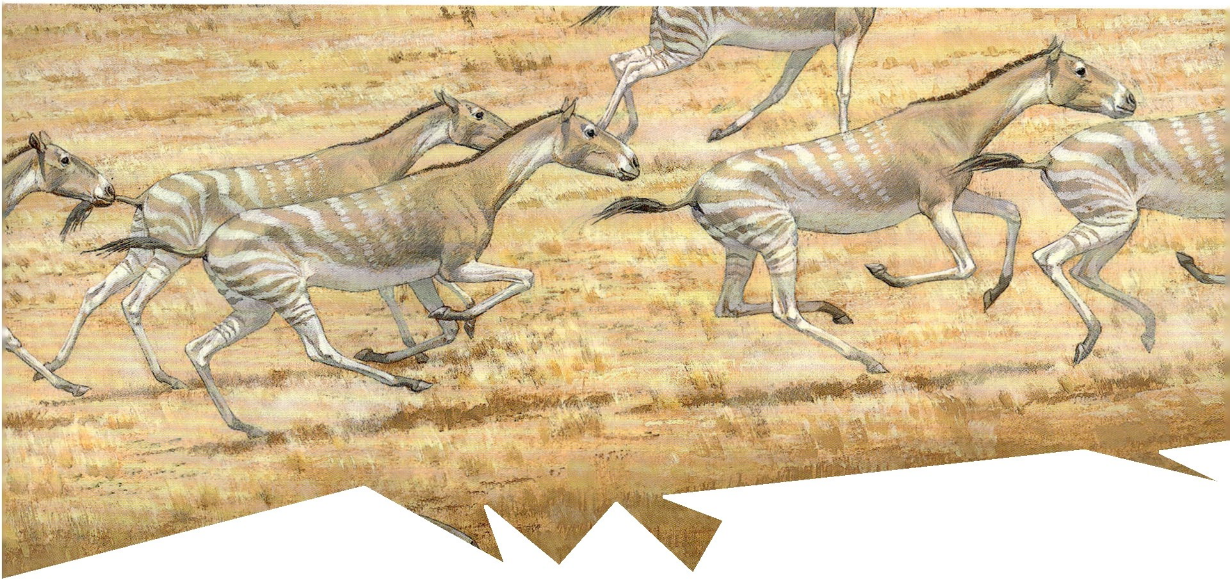

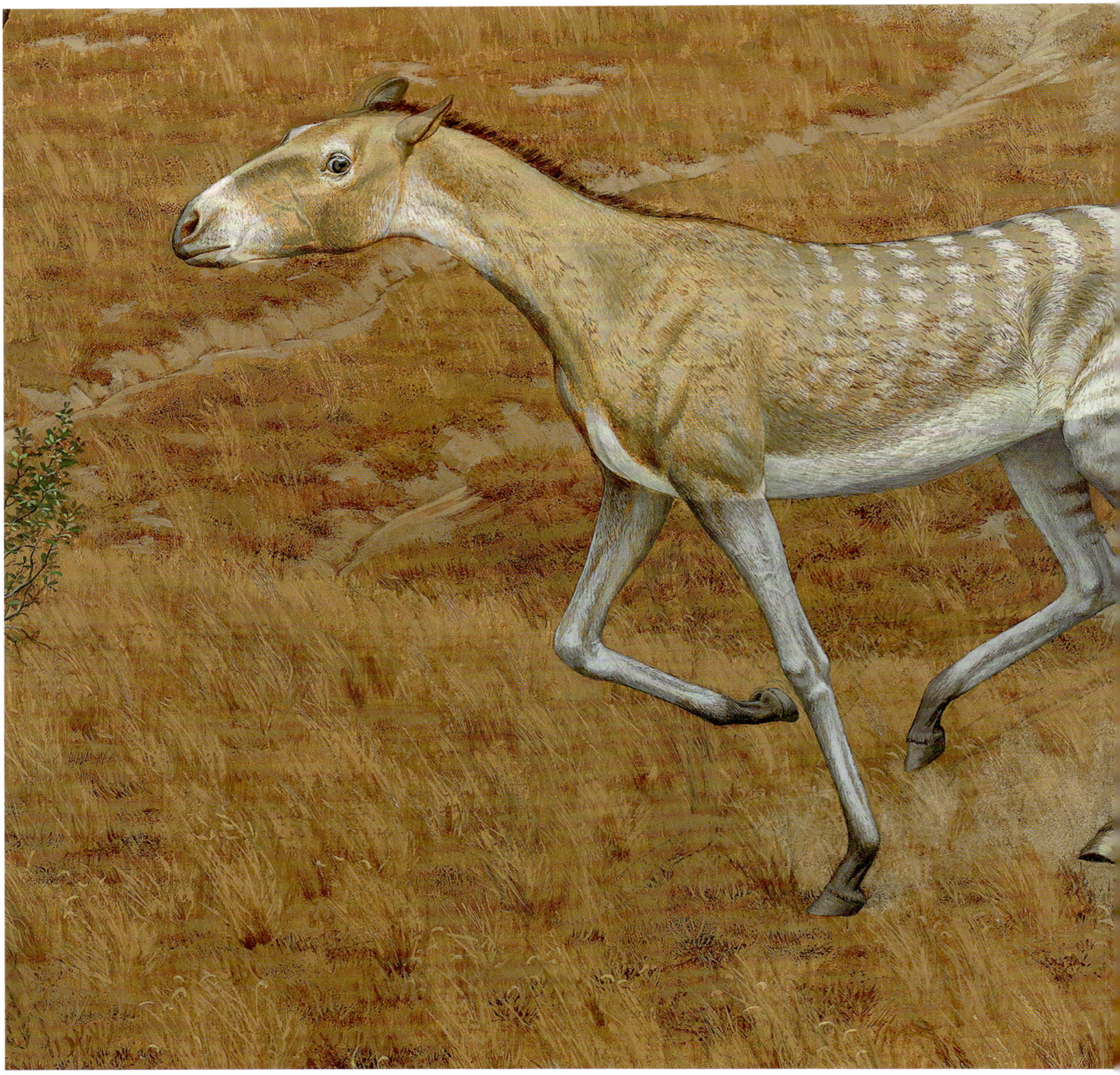

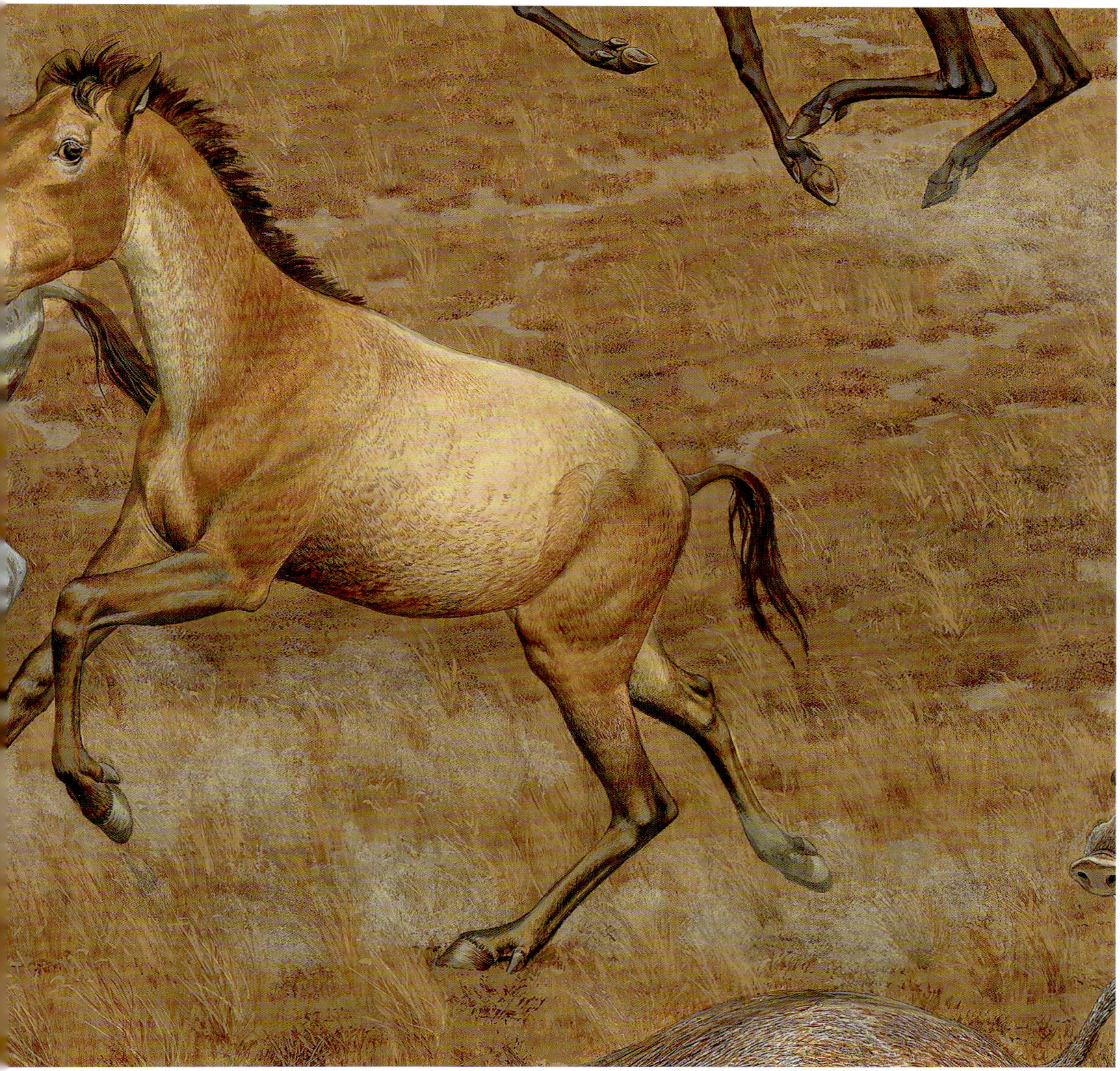

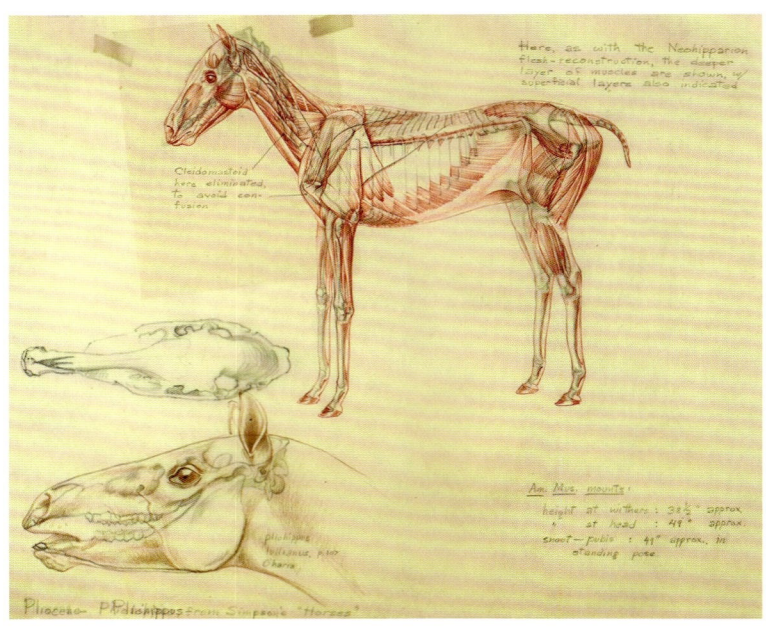

在新三趾马（上图）和上新马（下图）的解剖草图中，马特内斯详细描绘了它们的不同点，请特别注意它们身体比例上的差别。在下方这幅草图中，马特内斯使用彩色铅笔及半透明叠加画法绘制，所以该图显得与众不同。

窥伺美食的假猫

本页图中，一只假猫正缓慢地匍匐前进，它大概在等待时机，好从恐犬嘴里偷一口原驼肉（见098页）。虽然假猫的腿比现代大型猫科动物的腿要短一些，但马特内斯还是参考了现代猫科动物来复原该物种。对中新世假猫化石较新的研究表明，它们实际上可能属于超猫属。

奔跑的犀牛

中新世晚期的另一种犀牛是光头犀。不论是长相还是习性，光头犀与远角犀（见082—083页）都截然不同。光头犀的腿更长，没有角，以树叶为食，而不是以草为食。光头犀体形庞大，体重可达3.2吨，比现存所有种类的犀牛都要大。

趾行的半熊

半熊虽然长得很像狗,但其实与熊更为接近,所以人送绰号"狗熊"。半熊是趾行动物,走路时用趾腹着地。在马特内斯的壁画中,半熊的姿势也凸显了其趾行特征,其牙齿特征也清晰可见。

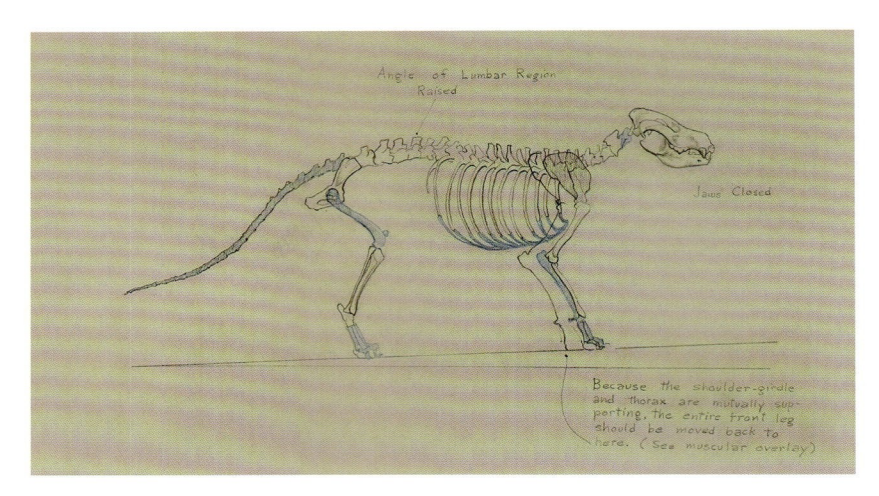

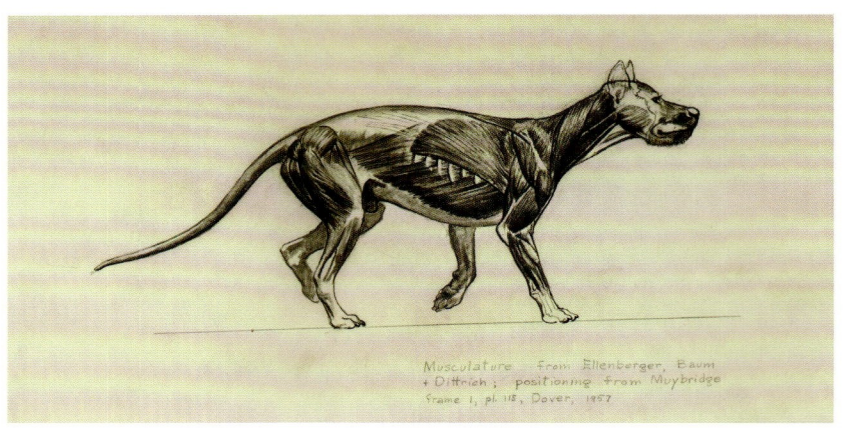

这些是马特内斯绘制的研究草图，请注意，在最上方的图中，马特内斯用蓝色画笔补全了半熊的骨骼结构，包括它的长尾巴，但半熊应该是短尾。最后，马特内斯在壁画中绘制的便是短尾。

叉角羚群

北美洲的叉角羚并不是真正的羚羊，而属于特有的叉角羚科，许多早已灭绝的物种均属于叉角羚科。从马特内斯绘制的一种叉角羚属的研究草图（本页）和图中标注可见：他将其前肢抬高，从而露出"更多的胸部"。有的叉角羚属（Ramoceras）的角并不对称，但像鹿的角一样每年都会脱落，然后重新长出；有的叉角羚属（Merycodus）的则长着小且不会脱落的角（见096—097页）。[1]

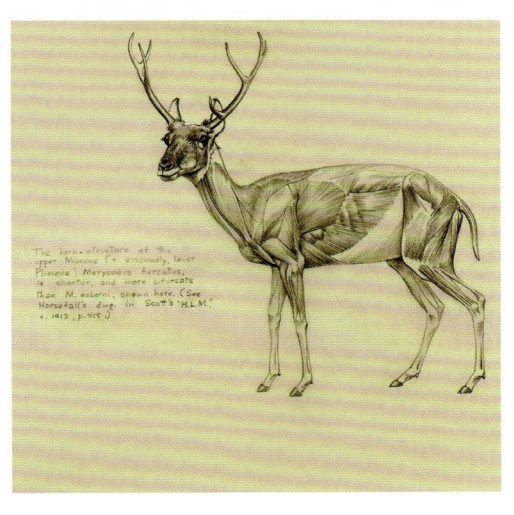

1　Ramoceras 和 Merycodus 是叉角羚科反刍齿羚亚科中的两个属。

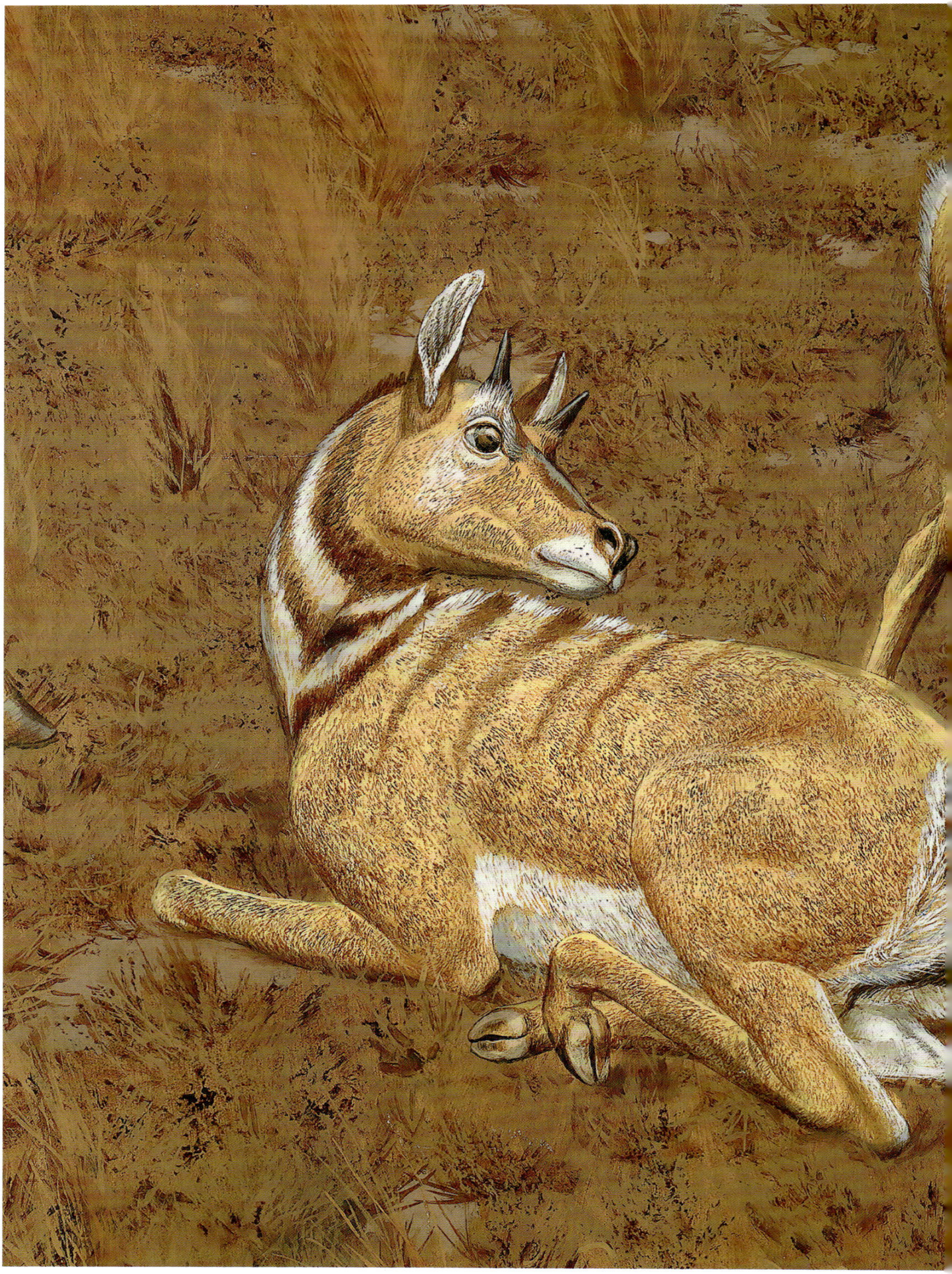

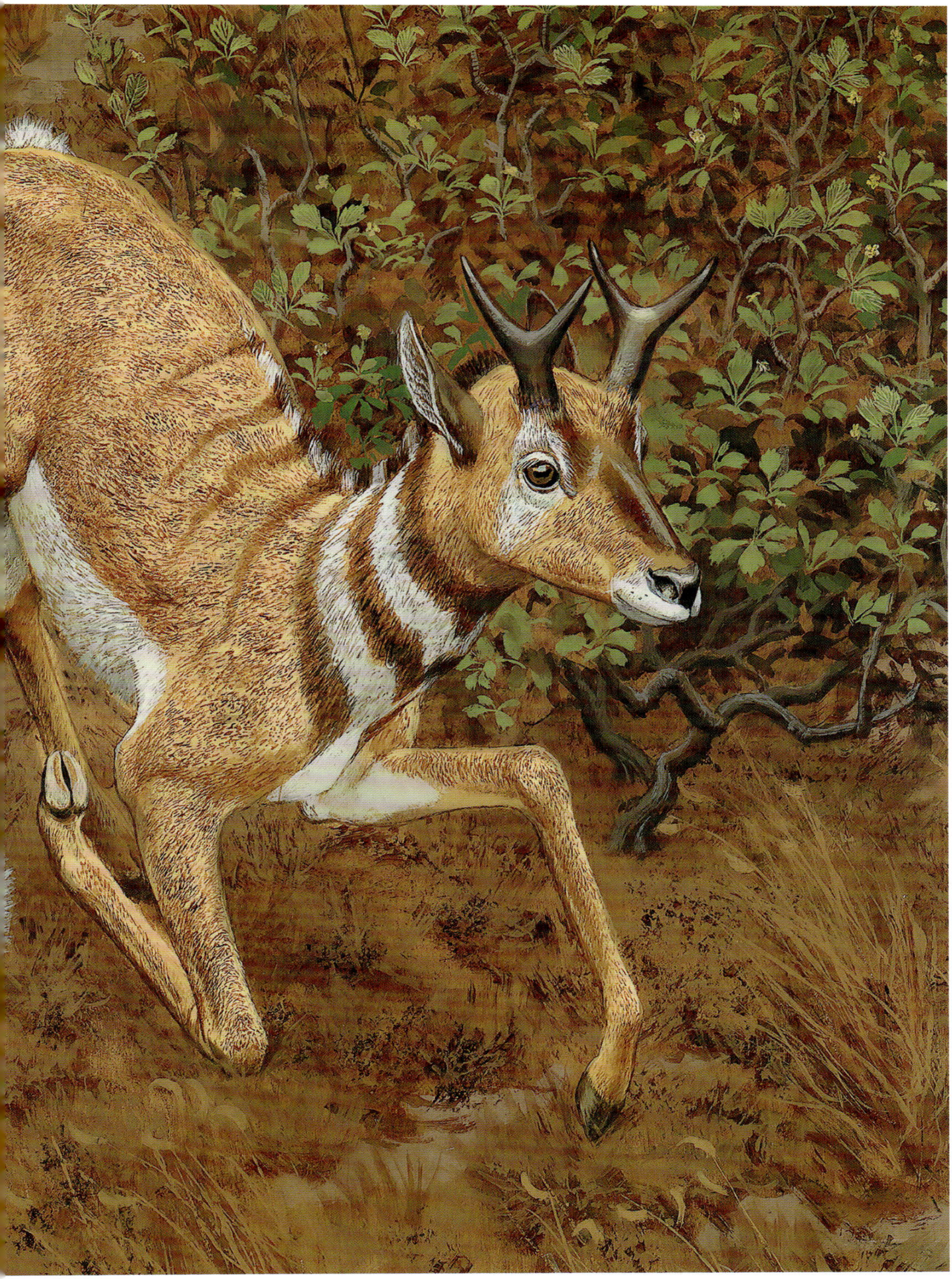

中新世的巨驼

马特内斯绘制大巨足驼时，该物种被称为象驼。大巨足驼和原驼（本页）有亲缘关系，但与之差别明显：原驼个头更小，而且大部分原驼生活的时代要早于大巨足驼。从其头骨草图中可见，它们的头部长而平（099页上图）。马特内斯参考现代骆驼和埃德沃德·迈布里奇开创性的动物摄影，在草图中为大巨足驼设计了行进姿态（099页下图）。

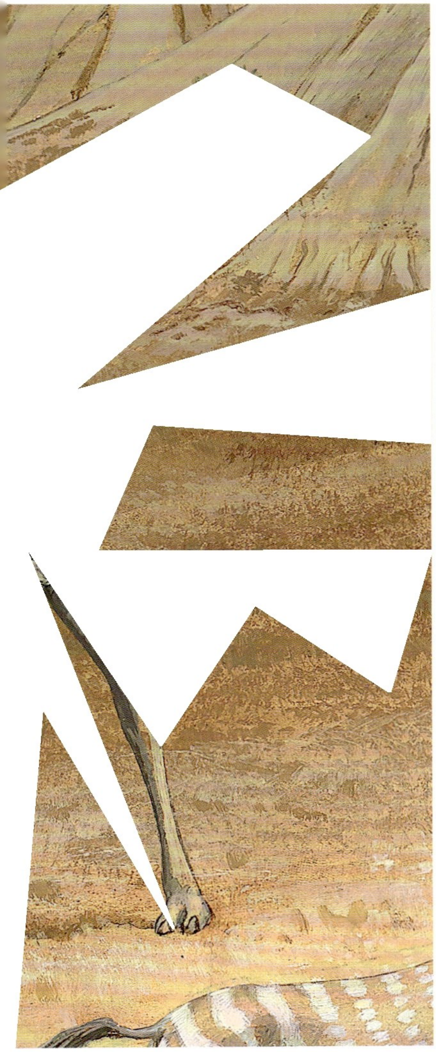

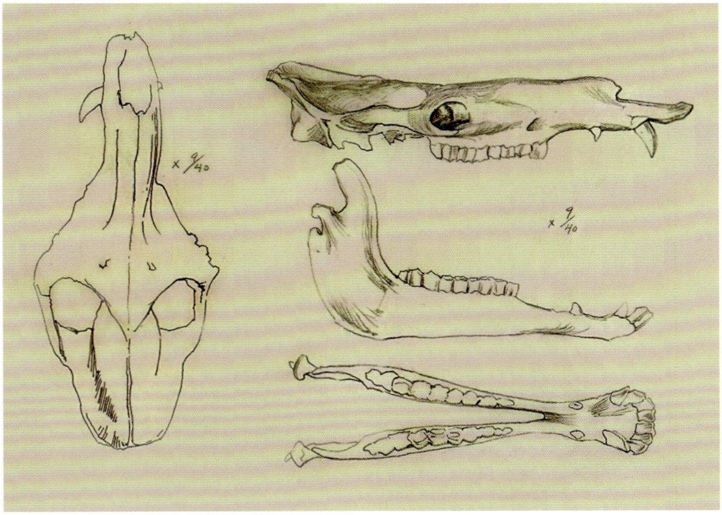

x 9/40
x 9/40

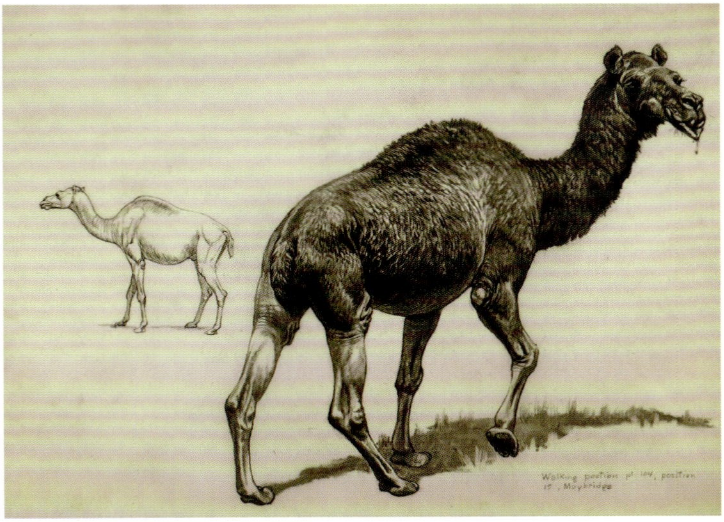

Walking position pl 104, position
15, Muybridge

三只角的颅鹿

在争夺"中新世最奇特的有蹄类动物"称号资格赛中，颅鹿（本页）与奇角鹿（见102—103页）不相上下。除了眼睛上方的一对鹿角，颅鹿的脑后还长出了第三只角，这些特征是任何现存哺乳动物所没有的。壁画中这只颅鹿正轻咬自己的腿，想要止痒。

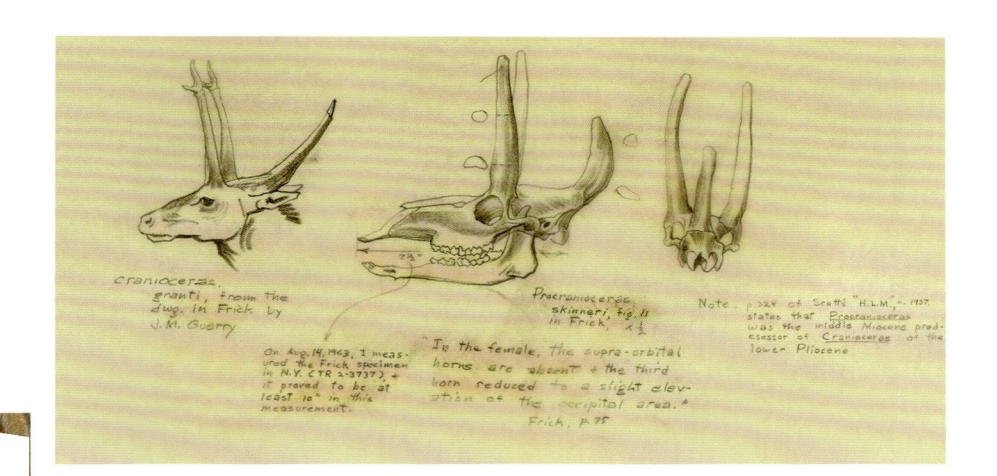

为了更准确地体现鹿角的立体感，马特内斯甚至在研究草图中画出了颅鹿鹿角的横截面（上图中间头骨草图周围的小图形）。其他细节也一目了然，如皮毛纹理和腿部肌腱（下图）。

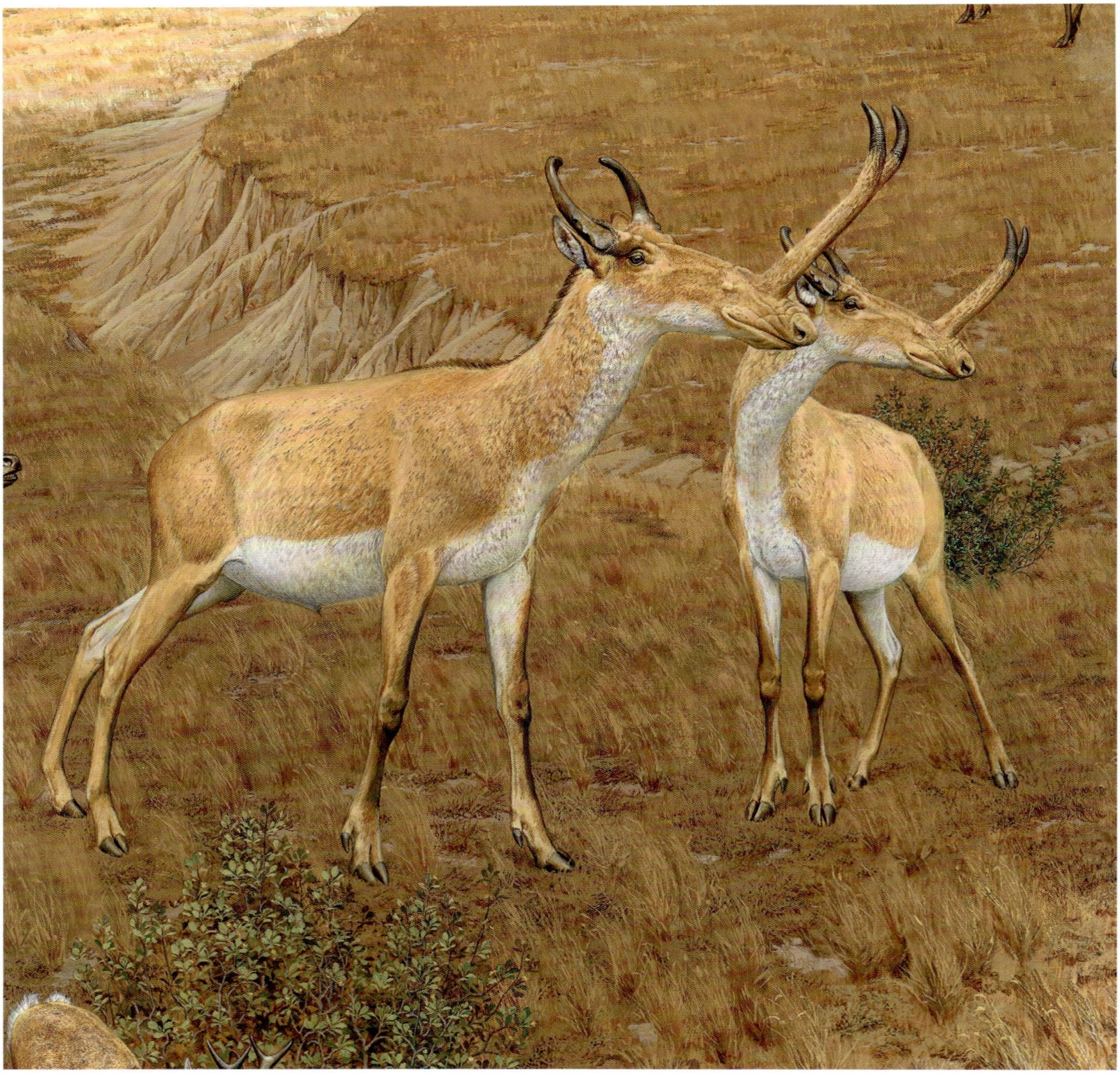

长着鼻角的奇角鹿

奇角鹿是"中新世中晚期北美大草原"壁画中最奇异的哺乳动物之一。长有奇特鼻角的仅为雄性奇角鹿,它们大概率使用这种形似弹弓的角争夺交配权。奇角鹿所属的原角鹿科动物均已灭绝,这种有蹄类哺乳动物可能与骆驼有着密切的亲缘关系。马特内斯参考现代叉角羚,为奇角鹿绘制了层次丰富的皮毛。

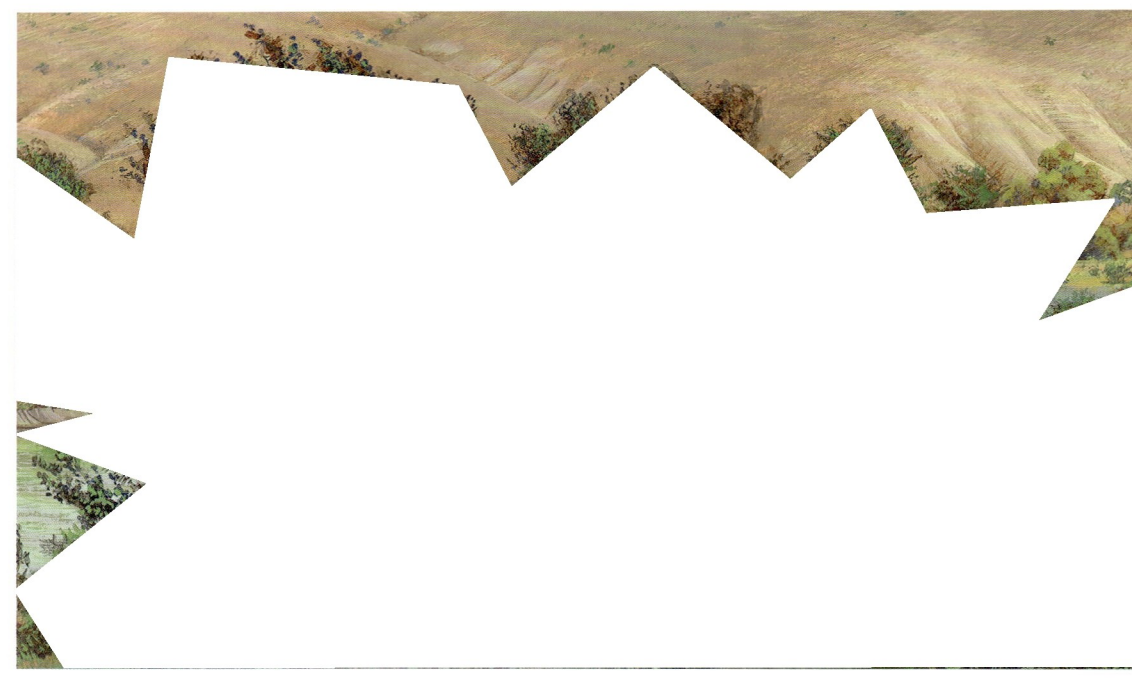

今日景观初现

　　这幅中新世中晚期壁画的景观看起来非常现代，因为画中描绘的景色在今天的内布拉斯加州和达科他州很常见。画面远景中有一条河，河流两侧形成了森林廊道，生长着杨树、朴树、梣树和柳树（上图），而相邻的平原上则被大片矮草覆盖（下图）。

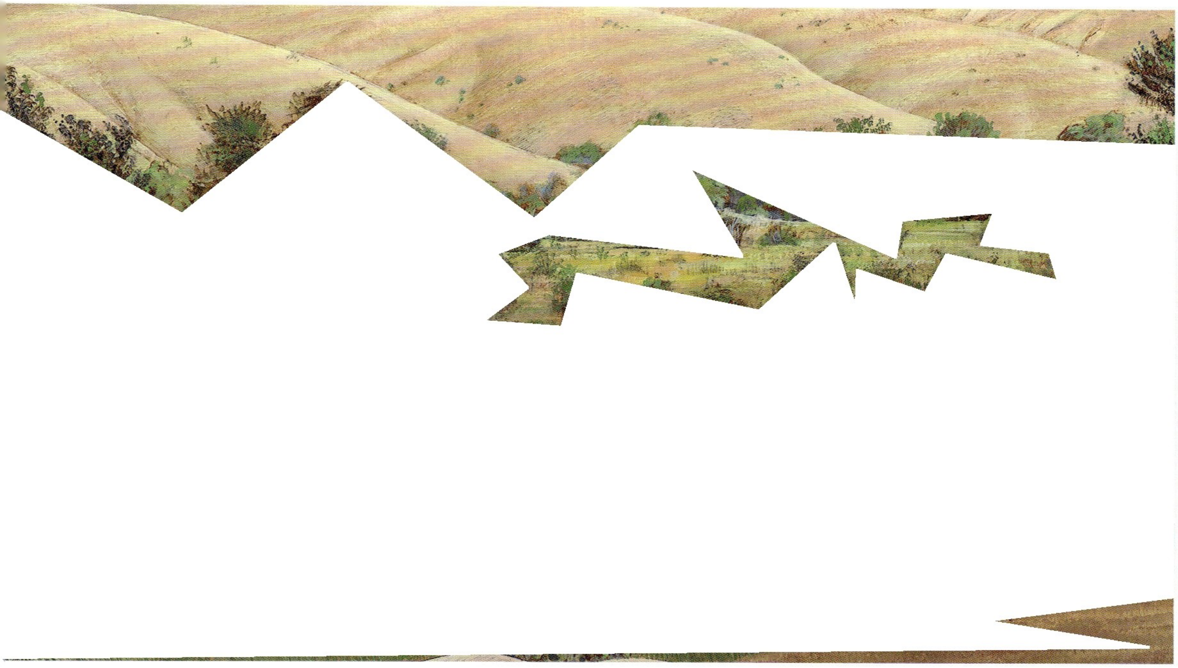

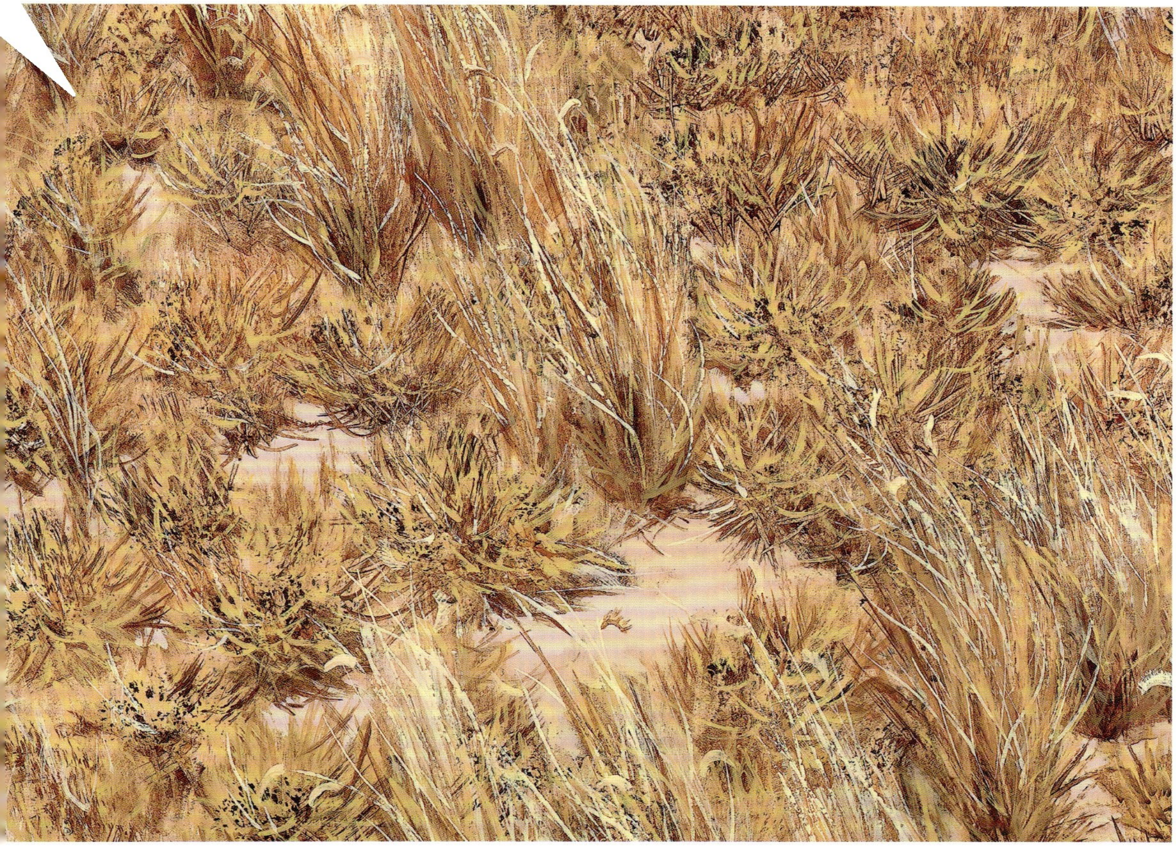

Notes From "Late Tertiary Floras From the High Plains" by Chaney & Elias, Carnegie I. of Wash. Pub. 476, 1938

p. 4 - "Climatic conditions east of the R. Mountains during the latter half of the Tertiary were such as to limit the distribution of trees to valleys and stream boarders, with broad grasslands occupying most of the region." He says that vulcanism & the wide occurance of pyroclastic deposit are important factors of the preservation of fossil plants in the far west.

p. 4 Celtis (hackberry) occurs

pp. 10 - 12 species from various (±4) localities in Nebraska, Oklahoma, Kansas and identified tentatively as middle Pliocene are as follows:
- Celtis kansana (hackberry)
- Cyperacites sp.
- Populus lamottei
- Salix coalingensis
- Typha lesquereuxi
- Ulmus moorei

绘制这幅壁画的时代，人们对北美大平原地区的植被化石知之甚少。马特内斯在笔记中记载，他参考了古植物学家马克西姆·埃利亚斯的著作。1936年，埃利亚斯出版了针对罕见的草籽壳化石研究的著作，成为最早分析该化石的专家之一，他还据此构建了中新世北美大草原的演化史。

- cont'd
- *Fraxinus ungeri* (ash)
- *Platanus aceroides* (sycamore)
- ~~~~ *Sapindus oklahomensis* (soapberry)
- *Cercidiphyllum crenatum*

Grasses

Max Elias, geologist with the Kansas Geological Survey, has identified the seeds of certain grasses (fossil) to be that of a *Stipa* (called *Stipidium*) and that its age is transitional between lower and middle pliocene. The *Stipidium* of the Brown County flora of Nebraska would probably be the type of grass shown in the mural, and its extant counterpart is *Stipa comata*, common in Nebraska today. However, a case can be made for showing the *Bouteloua–Bulbilis* association because Clements ("Plant Indicators" Carnegie Institute of Wash. pub. 290, 1920) p. 142 "When *Bouteloua* and *Bulbilis* meet the tall grasses either or both may become

中新世动物展

马特内斯在这幅素描草图中着重表现动物们的姿态，展现了中新世中晚期一群可爱的哺乳动物。图中每个物种都各具细节，足以与相似的动物区分开来（例如图中展示的上新马和新三趾马，可以结合086—089页展现的细节对比两匹马的异同）。有一点也很明确，马特内斯绘制有角囊地鼠（在这幅素描草图中被标记为北美米拉鼠）时，参考的是史密森学会的化石标本。

✓ Teleoceras

Hemicyon
(bear-like dog)

✓ Plihippus

✓ Neohipparion

Amebelodon

(ancestral to the Pronghorn)

Merycodus

Cranioceras

thenops
(peccary)

Synthetoceras

Procamelus

Gigantocamelus

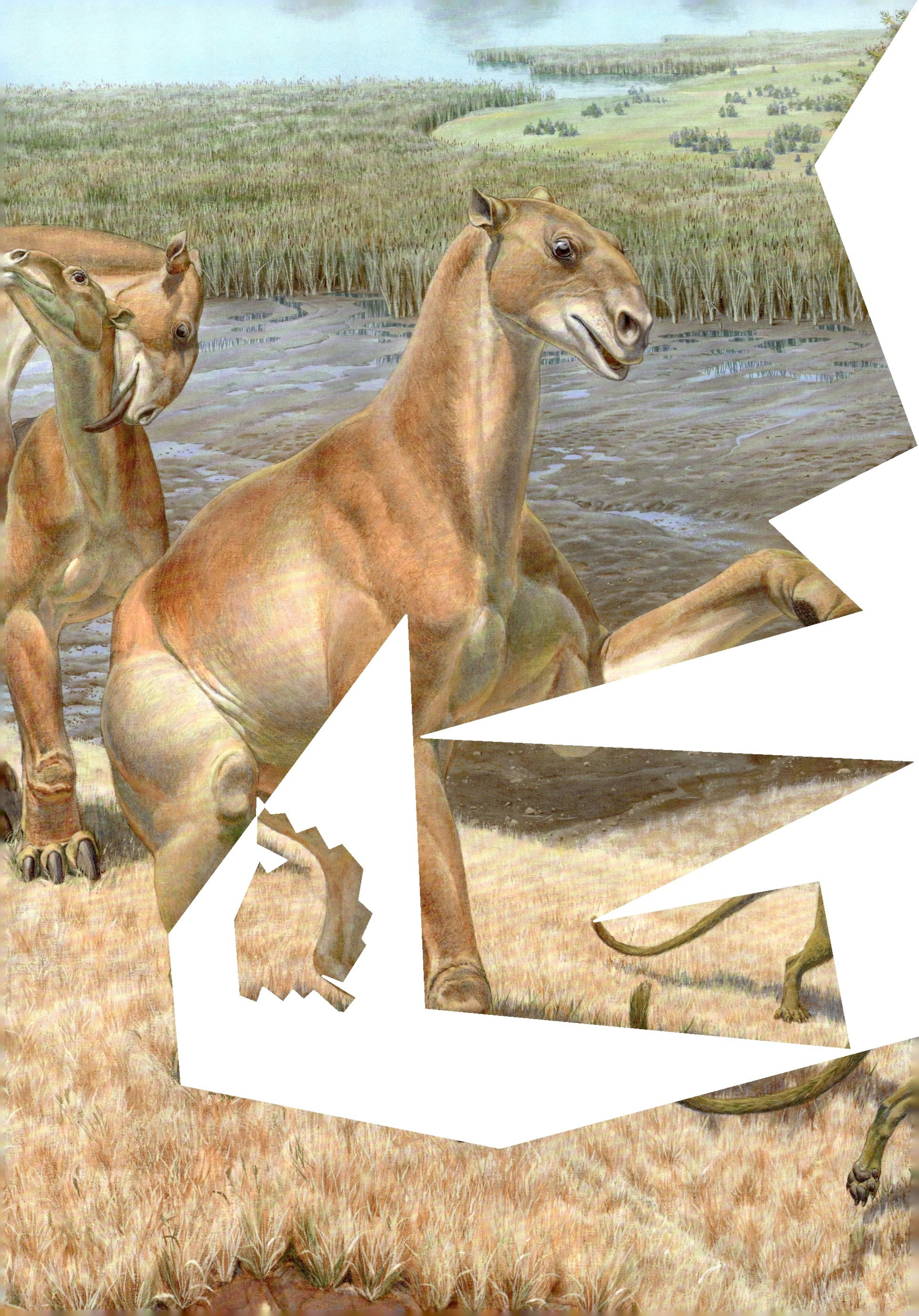

第四章
内布拉斯加州疏林草原：
渐新世晚期—中新世早期

哈里森陆生哺乳动物时期
距今 2480 万年至 2060 万年

渐新世时，地球气候已经变冷，南极洲开始积冰。到中新世早期，这种全球性气候变化开始影响到北美洲。在今日美国的西部，气候变化进一步加剧，山脉的不断抬升形成雨影效应，而火山活动又促使空气凝结。中新世早期，草原面积逐渐扩张，从而形成"开阔"的景观，但主导北美陆地的依然是树木。为了适应新草原，哺乳动物进化出了吃草、群居和奔跑的习性。

此时，生活在北美洲尤其是大草原上的哺乳动物中，奇蹄目动物是绝对的王者。虽然当下在北美几乎见不到貘及其亲属的身影，但在中新世，貘、马和犀牛却是这个大陆上最主要的大型食草动物。其中，爪兽属的石爪兽（见114页）长相怪异，不同于任何现生动物。开

111

阔的草原上，漫步着成群结队的小犀牛和瞪羚一般的骆驼（窄齿驼）；而在地面之下，善于挖掘的古河狸建造了螺旋形的巢穴，过着类似草原犬鼠般的生活。众多食肉动物，如犬熊也对这种穴居生活情有独钟。

在这些哺乳动物中，最引人注目的可能是豨科动物。这是一种大型杂食性哺乳动物，从头部起长着起伏的鬃毛，还有骇人的獠牙。它属于偶蹄目动物，常被称为"来自地狱的猪"，但与河马和鲸鱼关系更为密切。体形如野牛一般的凶齿豨（旧称恐颌豨）是史上最大的偶蹄目豨科动物。这些野兽尽管拥有骇人的外貌，但当时真正的食肉动物却是体形更小、捕食能力更强的猫科或犬科动物的近亲，如达福兽。

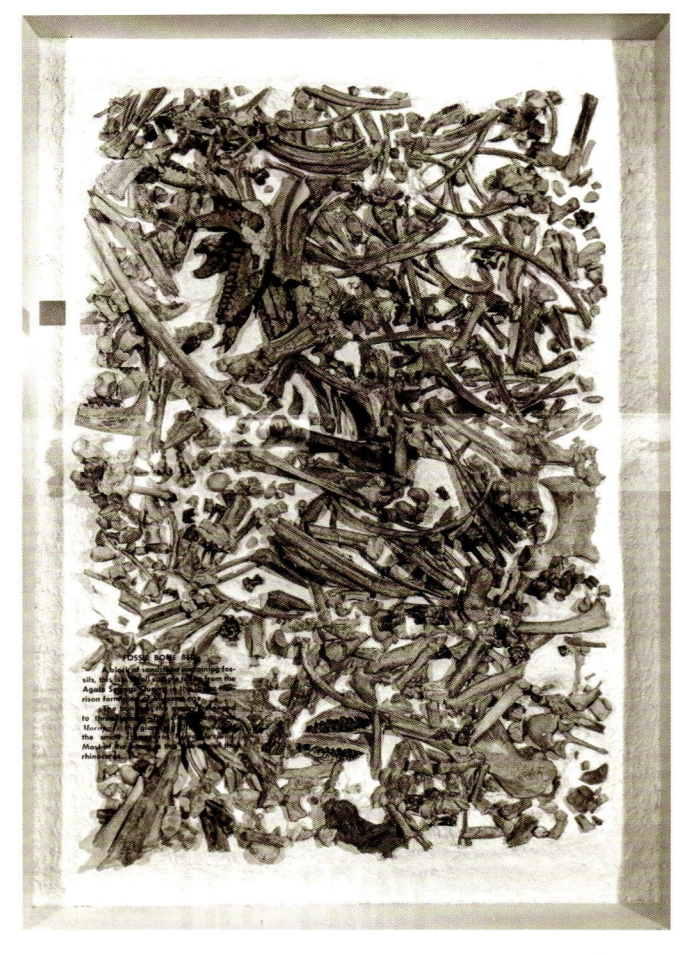

20 世纪 60 年代在"北美哺乳动物时代"展中陈列的一块复原的玛瑙泉骨床。

远古世界的遗迹

在北美大草原，尤其是内布拉斯加州的马斯兰组和哈里森组，发现了大量的渐新世晚期和中新世早期的化石。此外，佛罗里达州、得克萨斯州和太平洋沿岸也发现了该时期的化石。

在北美大草原发掘的中新世沉积物中，有一些草类化石，这表明始新世的森林已让步于开阔的草原植被。草的植株本身是不容易变成化石的，但是种子、花粉和植硅体化石可以证明草的存在。植硅体是指沉淀在植物细胞间或细胞内的非晶质二氧化硅颗粒物，它的存在使植物的口感变得非常粗糙。为了适应这个崭新的、更为开阔的环境，中新世的哺乳动物开始进化，这一点可以从它们的化石中看出来。例如，马和犀牛的牙冠变得更高，牙尖构造变得更为复杂，以使它们能够咀嚼粗糙的草，且不会彻底磨损牙齿。为了应对必要的长途迁徙，骆驼、马和叉角羚的腿变得更长。

在众多产量丰富的哺乳动物化石遗址中，最著名、最多产的是位于内布拉斯加州西部的玛瑙泉。在这里，哈里森组和马斯兰组的露头向我们展示了一个物种丰富的动物群，其中保存了大量双鼻角犀（旧称并角犀）和窄齿驼的遗骸。这群动物可能是因某次旱灾集体死去，它们的遗骸发掘自一些密集的沉积层（俗称骨床），这些沉积层是美国西部最壮观的化石遗迹。在沉积层附近的一些洞穴里，发现了许多犬熊科达福兽的骨骼化石，这证明在大型食肉哺乳动物中，它们是最早的穴居者。

在玛瑙泉，大部分化石是在詹姆斯·库克家族农场里发现的。耶鲁大学的古生物学家奥思尼尔·马什和爱德华·柯普都曾到这个农场收集化石。1891年至1892年，在卡内基博物馆的奥拉夫·彼得森和内布拉斯加大学的欧文·巴博的带领下，此地开展了大规模挖掘工作。后来，詹姆斯·库克的儿子哈罗德也成为古生物学家，并任职于科罗拉多自然历史博物馆和内布拉斯加大学。如今，玛瑙泉发掘的化石大多都收藏在卡内基博物馆、内布拉斯加大学和纽约的美国自然历史博物馆，还有一些散落在美国的各大博物馆里。

不过，这并不是当地首次发现化石。很早以前，苏族拉科塔人就知道玛瑙泉附近的山坡上埋有骨骼化石，他们将这里称作"散落着动物骨头的野蛮地"。后来，早期的欧洲移民发现了古河狸洞穴，在弄清楚何种动物所为之前，他们将这种地穴称为"魔鬼的螺丝锥"。

玛瑙泉沉积层富含化石，最终被美国政府列为保护区，并对外开放。玛瑙泉化石层国家保护区（包括库克家族农场）于1965年获批，1966年向公众开放，1997年正式成立。马特内斯曾详细研究了三种哺乳动物的化石，为该保护区的旅游指南（1980年版本）创作了一组三幅的绘画，描绘距今3500万年至1500万年内布拉斯加州的生物群。

壁画的诞生

这是马特内斯于1961年完成的第二幅壁画。马特内斯主要以玛瑙泉的化石

石爪兽骨架化石，1980年在国立自然历史博物馆展出，时值20世纪60年代"北美哺乳动物时代"展所在展厅翻修前夕。

为参考，重点描绘了哈里森陆生哺乳动物时期（距今2480万年至2060万年）的哺乳动物群。除了与刘易斯·盖曾合作之外，马特内斯还就玛瑙泉哺乳动物化石请教了相关专家，例如内布拉斯加大学的汤普森·斯托特和伯特兰·舒尔茨。尽管在发现哺乳动物化石的矿层上只发现了少数植物化石，马特内斯还是联系了古植物学家埃尔林·多尔夫和马克西姆·埃利亚斯，与其讨论中新世早期的植物。马特内斯将壁画场景的时间设定为夏末秋初的正午，地点则是一片在明亮阳光照耀下的棕色草地。

1921年，史密森学会的詹姆斯·吉德利在玛瑙泉待了四个月，收集窄齿驼等生物的化石；而该学会并未直接参与玛瑙泉最初的化石挖掘工作。通过与美国自然历史博物馆的交易，国立自然历史博物馆获得了众多来自玛瑙泉的化石，包括一具完整的石爪兽骨骼化石，一同展出的窄齿驼化石，以及一块复原的骨床。

1993年，国立自然历史博物馆"令人瞩目的哺乳动物"展中的"奔跑的中新世哺乳动物"单元，渐新世晚期至中新世早期壁画及相关化石同时展出。

内布拉斯加州疏林草原 渐新世晚期 — 中新世早期

哈里森陆生哺乳动物时期
距今 2480 万年至 2060 万年

内布拉斯加州，哈里森组和马斯兰组

绘于 1961 年

布面丙烯；365.76cm 高 × 739.14cm 宽

1. 杨树
2. 柳树
3. 香蒲
4. 凶齿豨（恐颌豨，完齿兽）
5. 双鼻角犀（并角犀）
6. 朴树
7. 尖趾驼
8. 石爪兽

9. 原岳齿兽
10. 窄齿驼
11. 达福兽
12. 中岳齿兽

13. 副马
14. 四角鹿
15. 古河狸
16. 红醋栗

119

有爪怪兽

石爪兽属于爪兽科，这是一类长相怪异的食草哺乳动物，脚上没有蹄子，长有带沟槽的爪子，前肢长后肢短，头部像马，与马、犀牛和貘有亲缘关系。石爪兽位于壁画的前景中，表情惊愕（下图），成了壁画中的一大亮点。

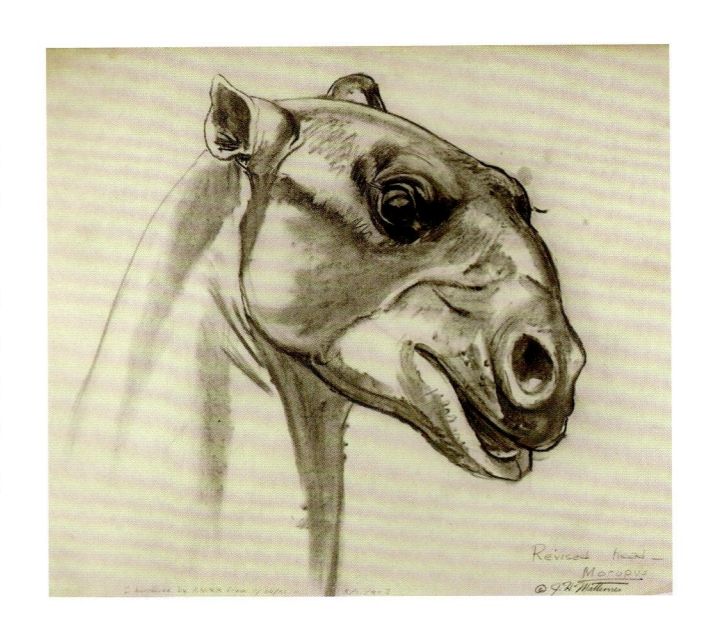

马特内斯设想的石爪兽，头部几乎没有毛发，表情茫然（上图）。复原肌肉组织后的石爪兽（下图）看起来很像马。马特内斯起初还给它绘制了一条长长的、能卷起东西的舌头，但后来没有这样画。

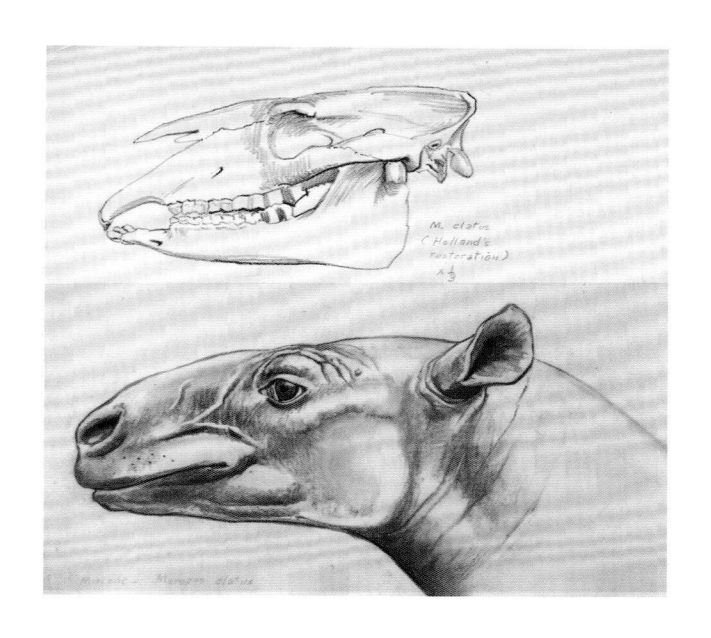

121

活泼的犬熊

达福兽体形瘦长，属于犬熊科，是犬科动物的远亲。早期的犬熊科动物，比如达福兽，体形较瘦，更像狗，后期的犬熊科动物体形偏大，更像熊。在这幅壁画中，马特内斯对其中一只达福兽的脚掌进行了仔细绘制，可以清楚看到其脚掌上的肉垫。

根据骨架图（对页上图）和肌肉组织图（对页中图），马特内斯绘制了体形像猎犬一样瘦削的达福兽。他还将犬科动物特有的耷拉舌头的行为赋予达福兽（本页上图）。长长的头骨（本页中图）为达福兽肌肉发达的下颚提供了强有力支撑。

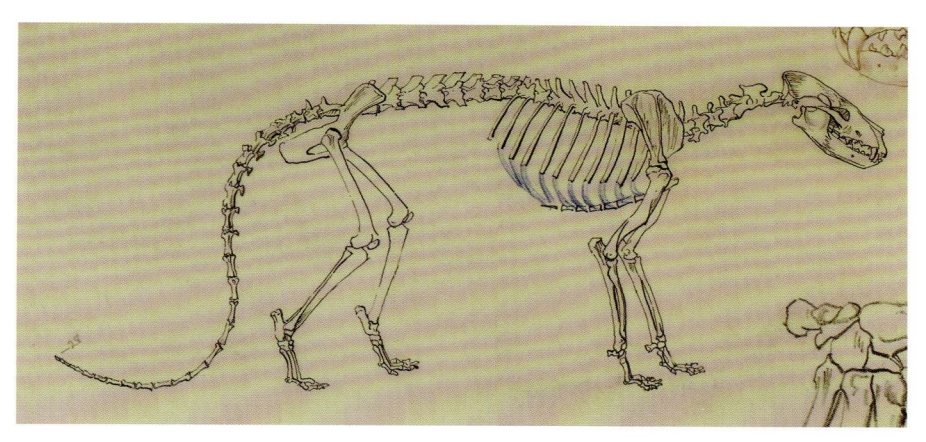

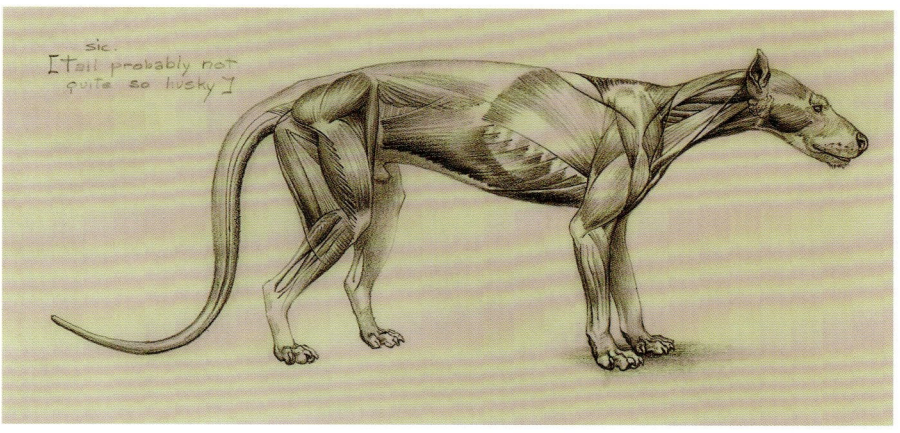

sic.
[Tail probably not quite so husky]

懒洋洋地躺在泥里

泥泞的河滩上,一群模样像猪的原岳齿兽正闲适地躺着。原岳齿兽及其偶蹄类动物近亲在北美生活了数千万年,丰富了北美自然地理景观。马特内斯画过一幅素描,描绘波托马克河岸边的一片泥滩。根据这幅素描,他创作了下图所示的场景。

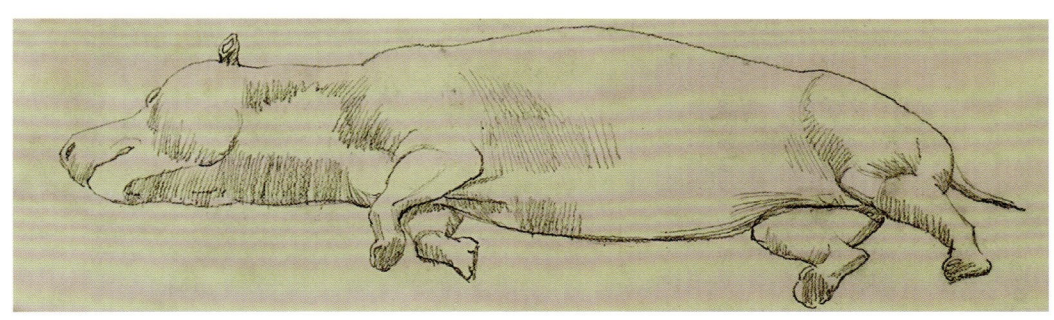

在 127 页的草图中，马特内斯对原岳齿兽发达的下颚肌肉进行了特殊处理。他还推测原岳齿兽的鼻孔会像骆驼和河马的鼻孔一样能够闭合。确定好动物的整体外形之后，马特内斯单独绘制了各种姿势的原岳齿兽（125—126 图），并最终将其呈现在壁画上。

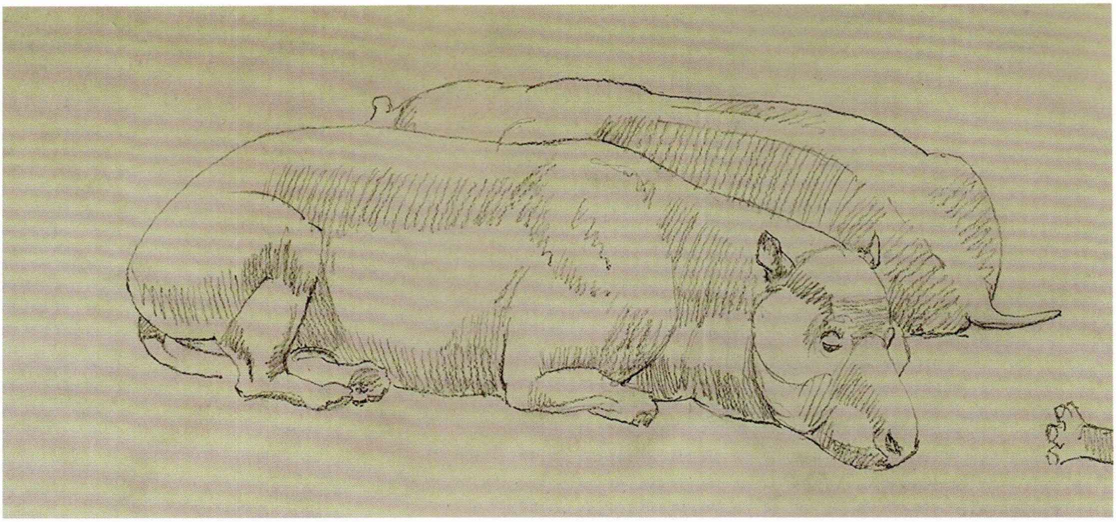

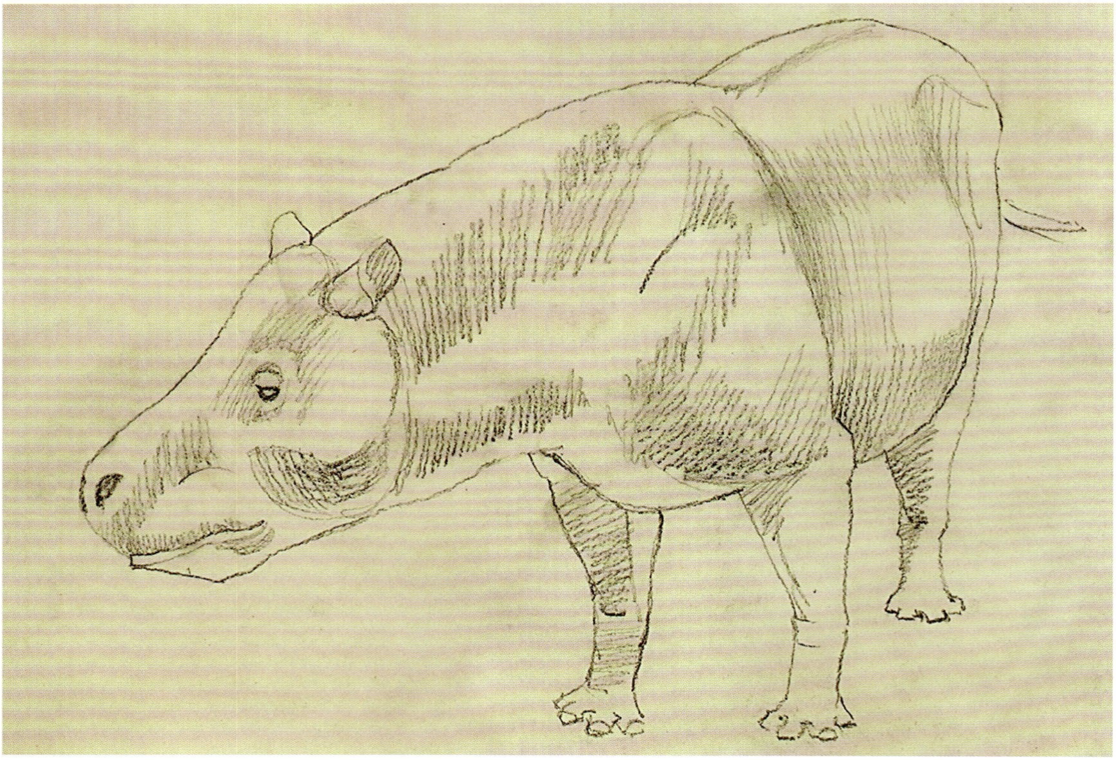

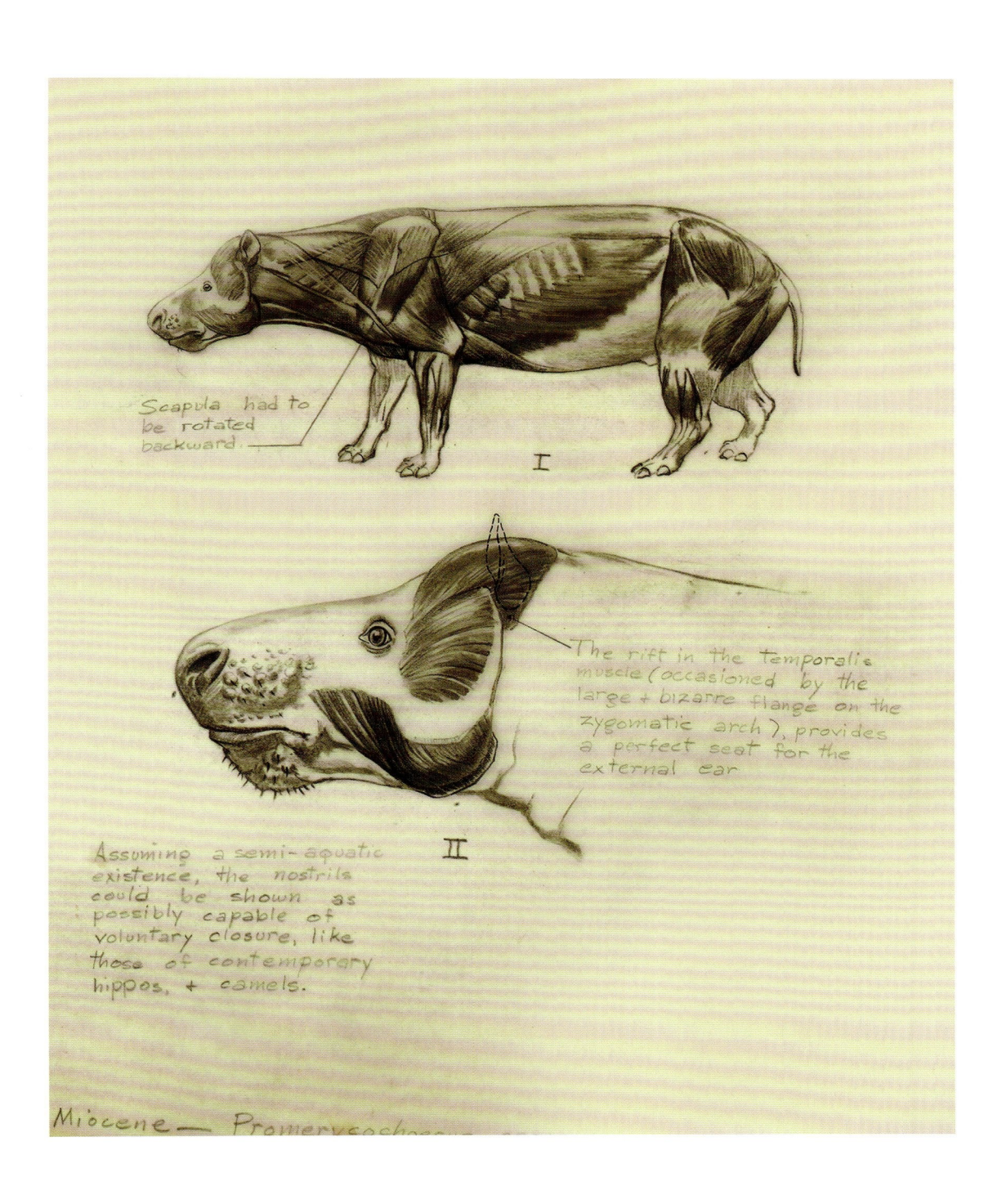

Scapula had to be rotated backward.

I

The rift in the temporalis muscle (occasioned by the large + bizarre flange on the zygomatic arch), provides a perfect seat for the external ear

II

Assuming a semi-aquatic existence, the nostrils could be shown as possibly capable of voluntary closure, like those of contemporary hippos, + camels.

Miocene — Promerycochoer...

穴居河狸

在内布拉斯加疏林草原,当穴居的古河狸掘土安家时,囊地鼠和草原犬鼠尚未进化出来。得益于一些相对完整的古河狸骨骼化石,马特内斯细致地绘制出它们的外貌。对页两张草图展示了古河狸的骨架和肌肉组织。

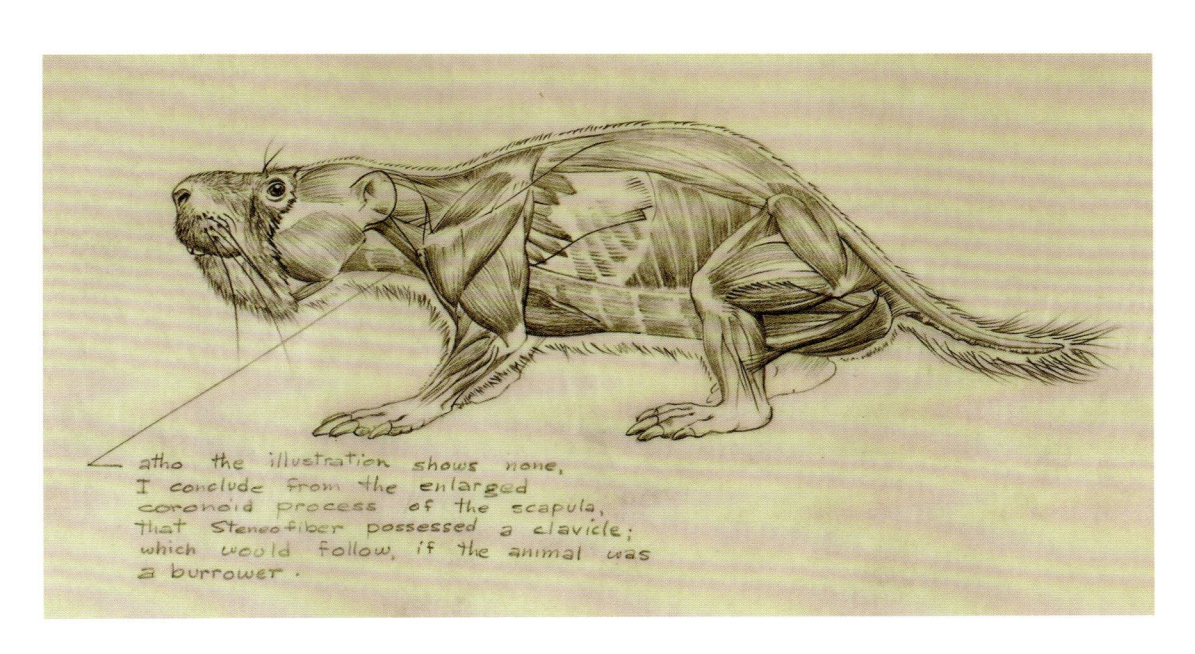

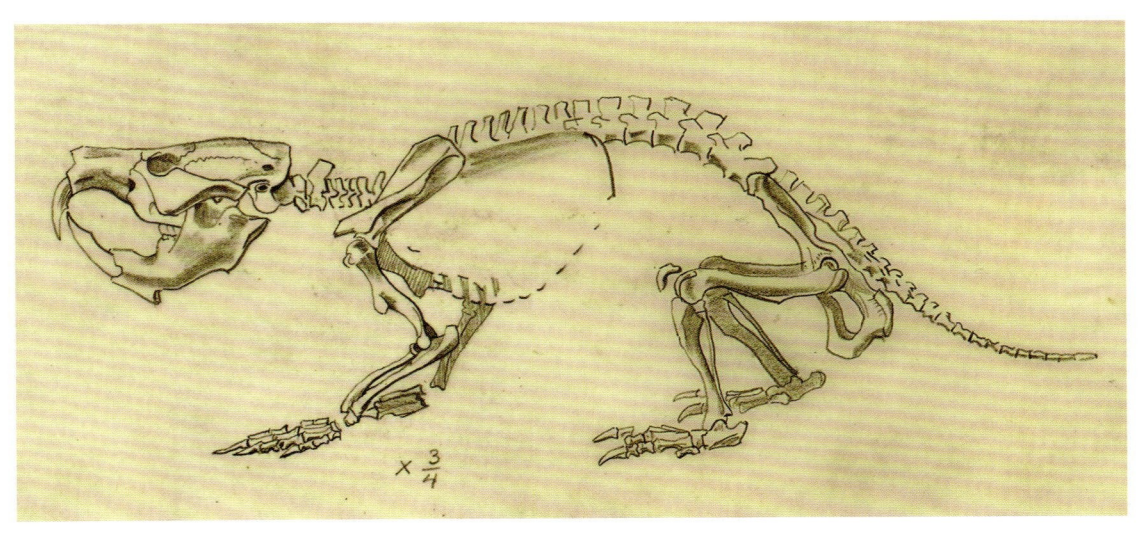

atho the illustration shows none,
I conclude from the enlarged
coronoid process of the scapula,
that Steneofiber possessed a clavicle;
which would follow, if the animal was
a burrower.

× 3/4

走向繁盛的马类

壁画创作时，人们将这种三趾马命名为副马。马特内斯将其安排在壁画中央，称之为"优雅、可爱的小马"，足见其喜爱之情。每匹马都有生动的表情，三个脚趾也得到了多角度呈现。随着草原环境的扩张，类似的兽群也在不断进化。

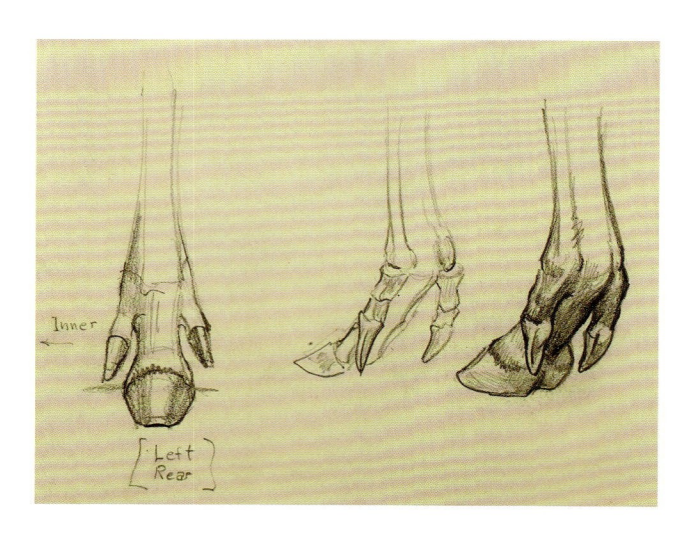

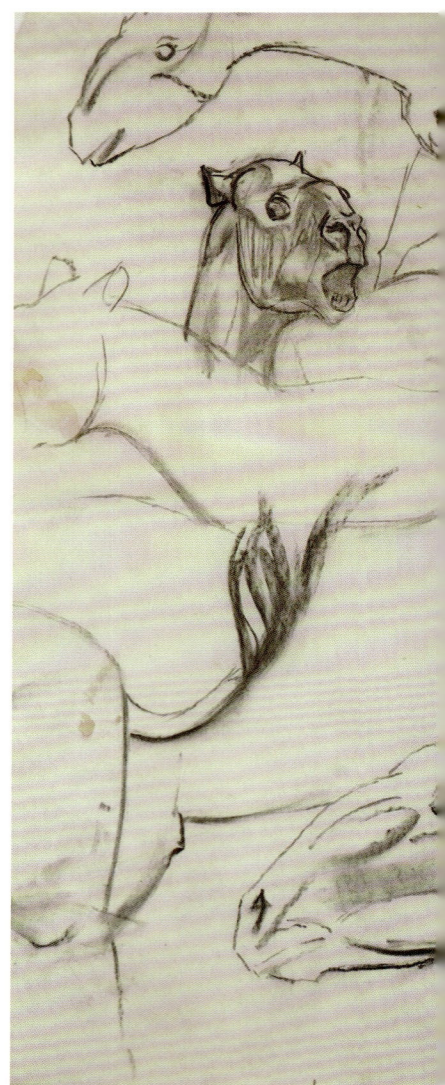

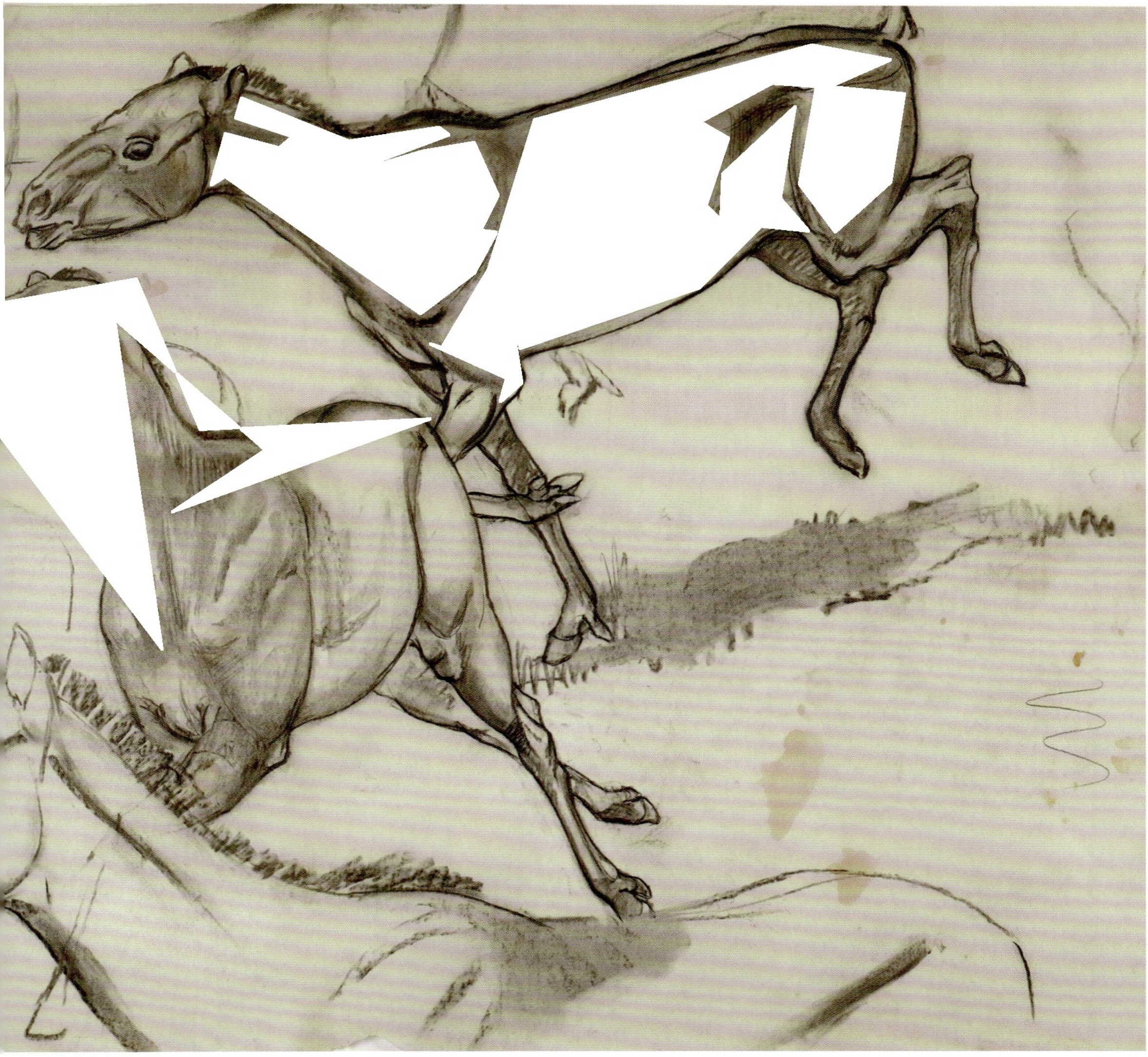

树下乘凉

两只犀牛正在朴树下休息。朴树果比豌豆还小，果核坚硬且不易变质。内布拉斯加州哈里森组中保存了少量植物化石，其中就有一些朴树种子。

双鼻角犀的鼻子上有两个小骨角（下图），其角质结构不同于现代犀牛角。玛瑙泉出土了大量的双鼻角犀化石，这表明该物种可能曾大规模群居于此（上图）。

虽然玛瑙泉的哺乳动物化石数量繁多，而且保存完好，但植物化石却极为罕见，只发现了朴树种子和一些植物根部的化石。由此一来，复原玛瑙泉植被对马特内斯来说极具挑战性。他描绘了一片开阔的矮草栖息地，偶尔可见几棵朴树和几丛红醋栗，但最终的复原景观看起来更像公园里的林地，而不是开阔的大草原。

135

有奇异尖角的头骨

有蹄类哺乳动物四角鹿属于原角鹿科，长有骨角，类似于现代的叉角羚和牛，现已灭绝。其叉状鼻角几乎和眉角一样长。图（137页）中排列的头骨展现了鹿角在进化过程中逐渐变长的过程（见102—103页）。

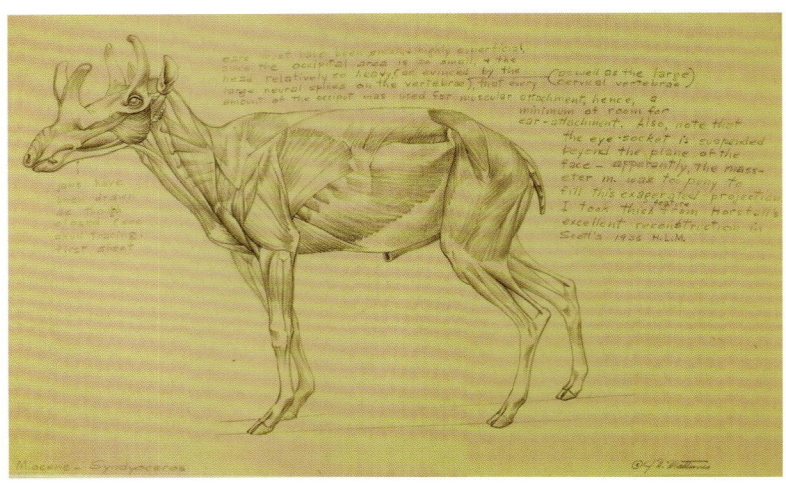

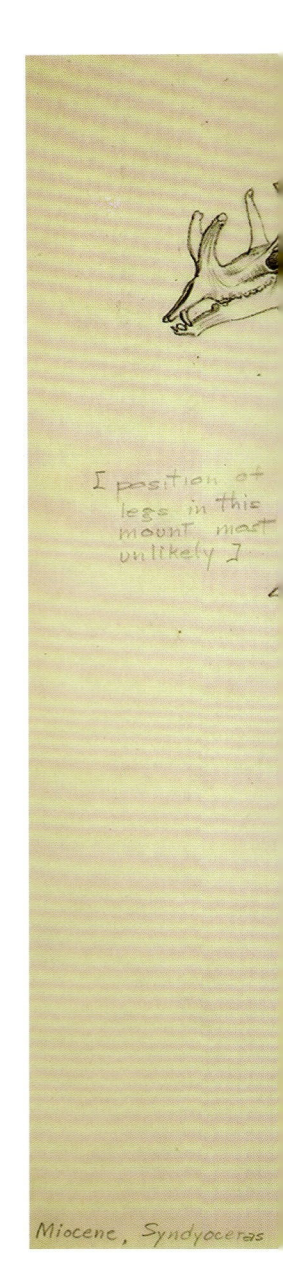

Miocene, Syndyoceras

136

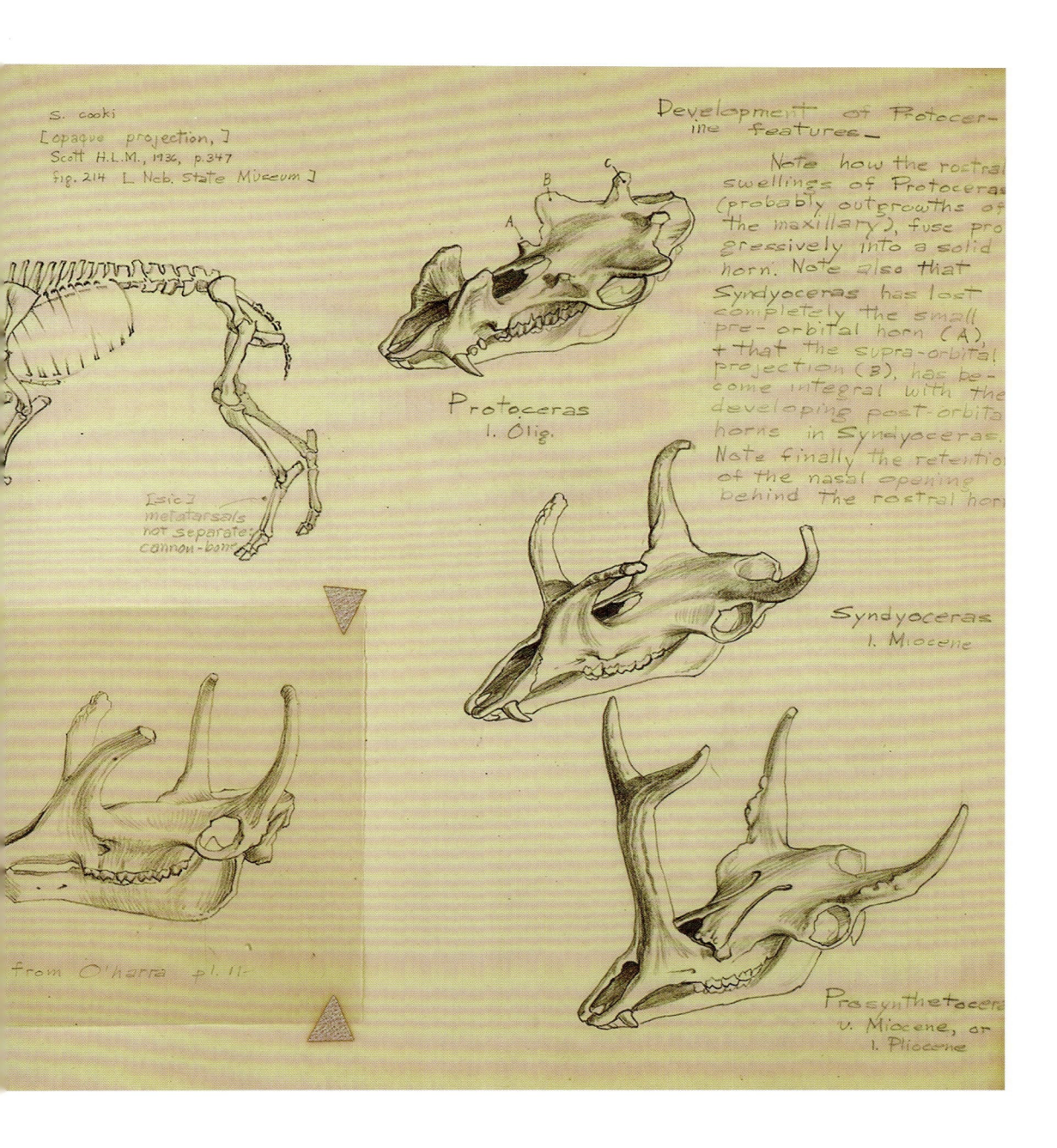

S. cooki
[opaque projection,]
Scott H.L.M., 1936, p.347
fig. 214 [Neb. State Museum]

Development of Protocer-
ine features_

Note how the rostral
swellings of Protoceras
(probably outgrowths of
the maxillary), fuse pro-
gressively into a solid
horn. Note also that
Syndyoceras has lost
completely the small
pre-orbital horn (A),
+ that the supra-orbital
projection (B), has be-
come integral with the
developing post-orbital
horns in Syndyoceras.
Note finally the retention
of the nasal opening
behind the rostral horn.

Protoceras
l. Olig.

[sic] metatarsals
not separate;
cannon-bone

Syndyoceras
l. Miocene

from O'harra pl. 11.

Prosynthetoceras
u. Miocene, or
l. Pliocene

137

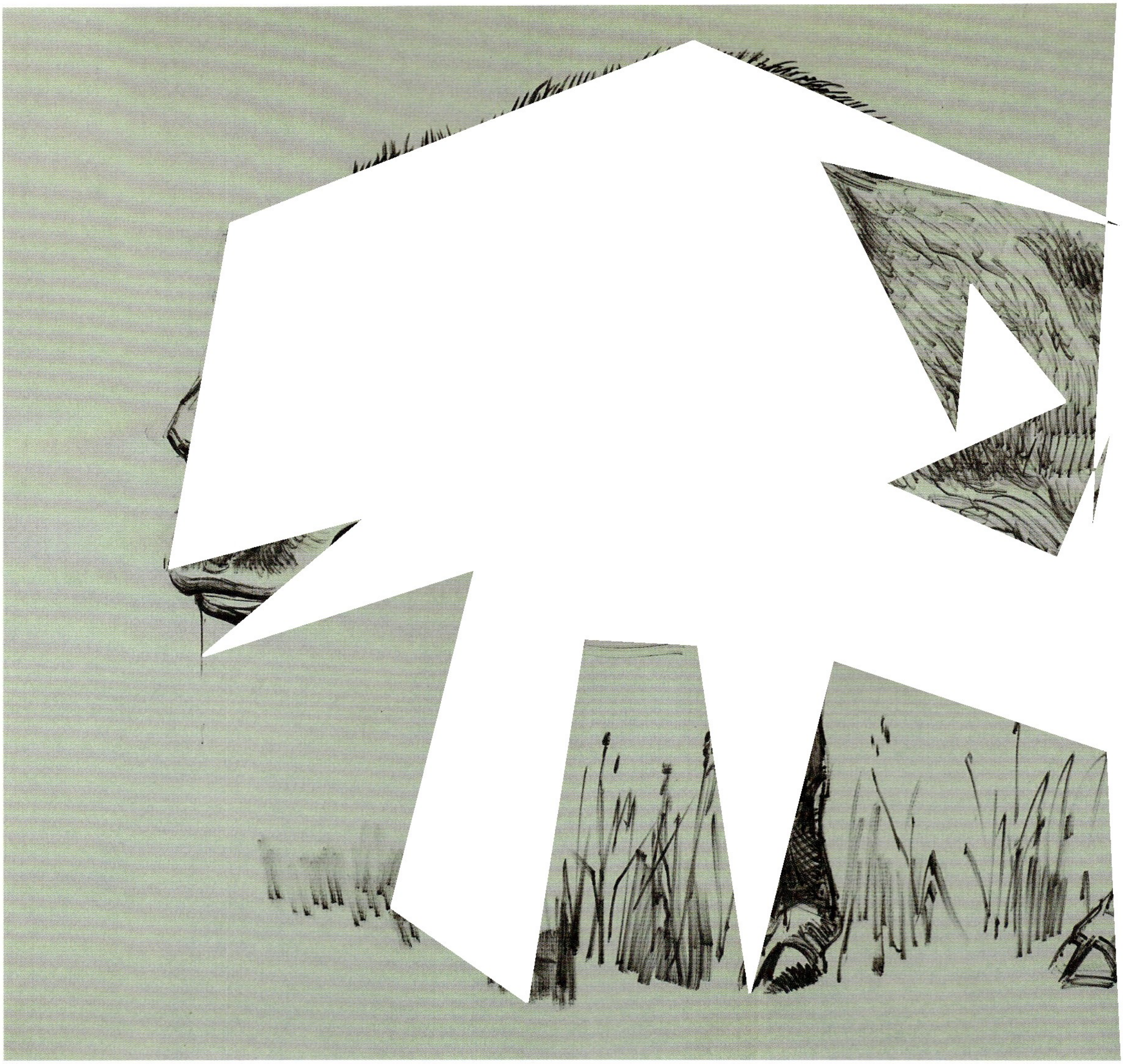

"来自地狱的猪"

凶齿豨（学名"Daeodon"意为"可怕的牙齿"），旧称恐颌豨（学名"Dinohyus"意为"恐怖的大猪"），曾经肯定是草原一霸。豨科动物属于杂食性动物，头部巨大，外形类似长着巨大犬齿、过度发育的野猪。马特内斯认为"它的牙齿表明它是攻击型动物"，并将其描绘成百兽之王，但马特内斯并未暗示这种动物的饮食偏好。

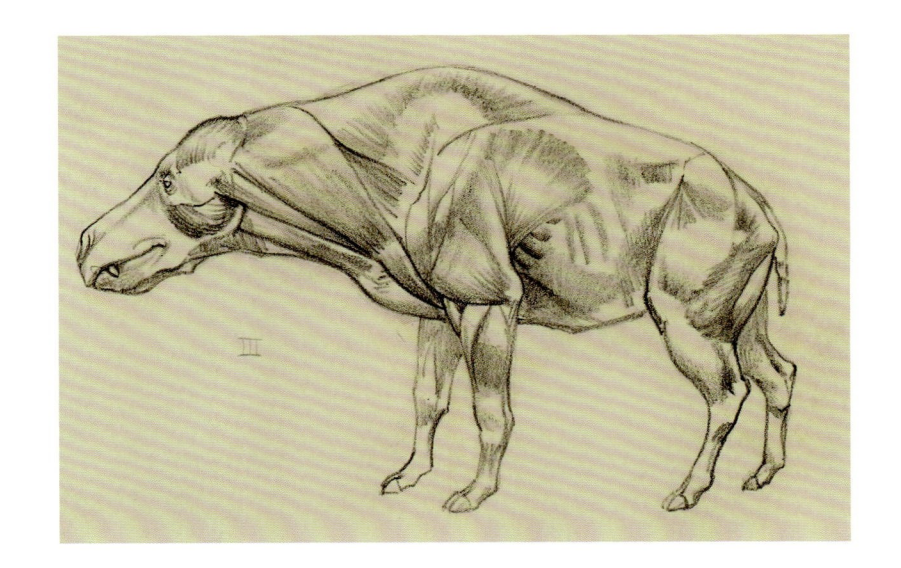

140

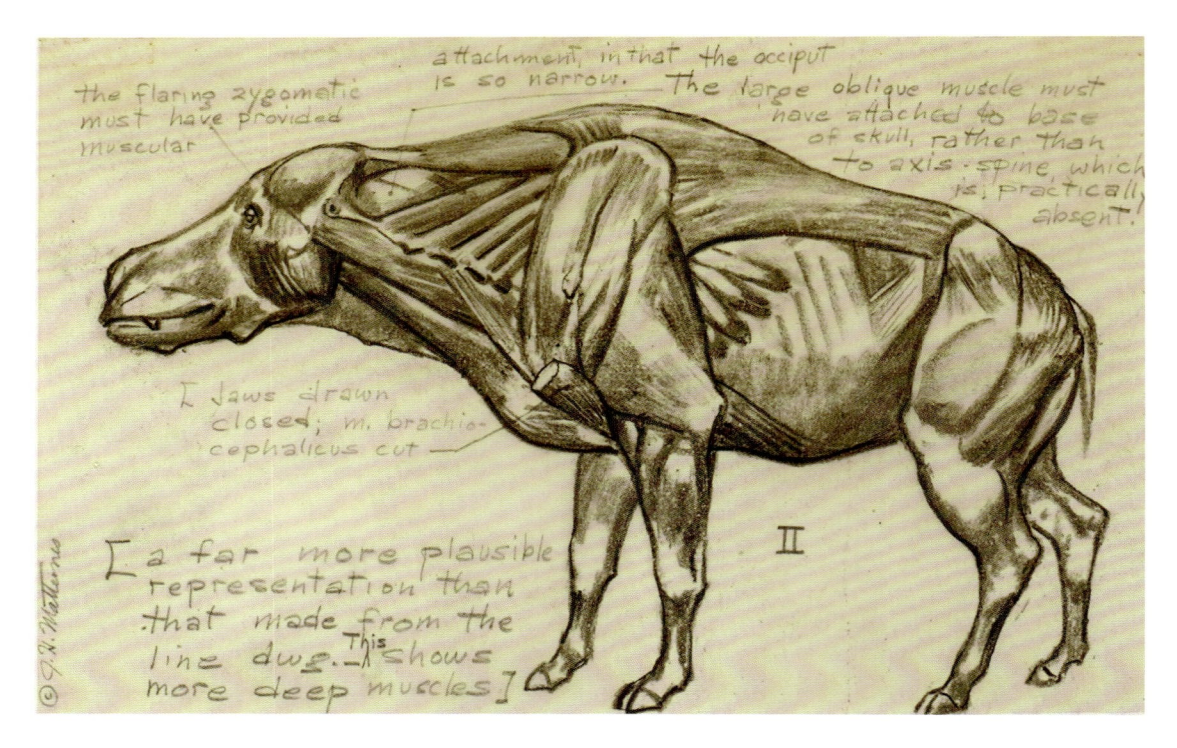

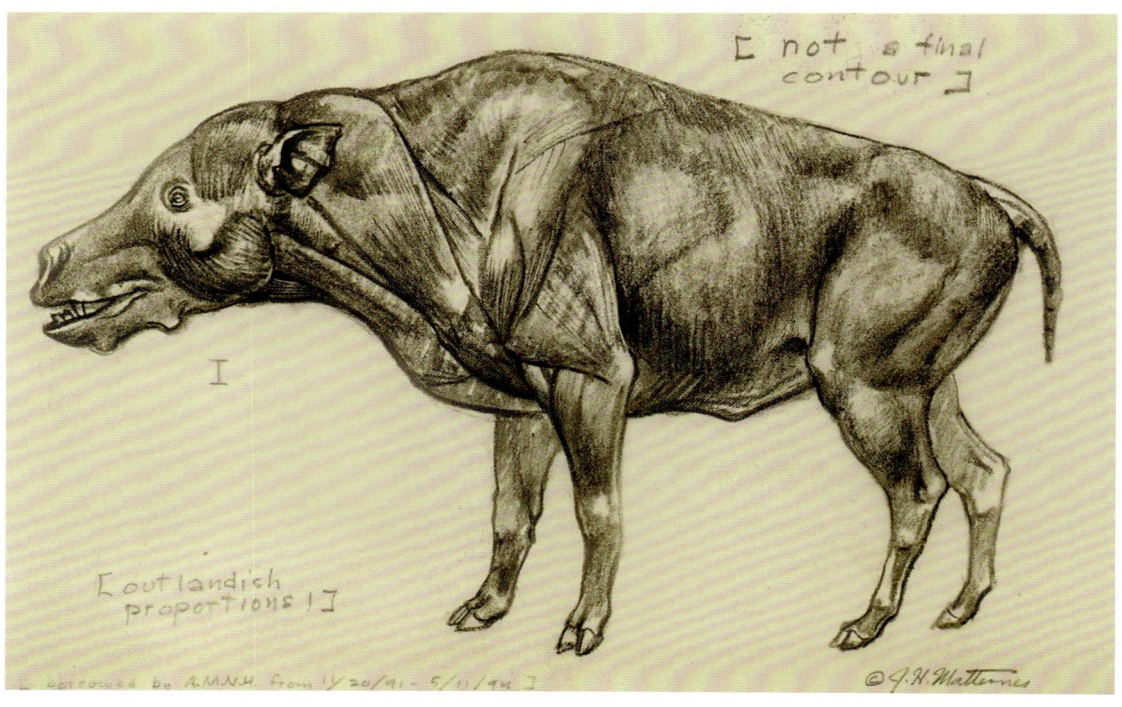

凶齿豨颈部的肌肉十分发达，这是因为其硕大的头部需要强壮的颈部来支撑（见对页图）。颅骨上的骨凸缘、骨关节结节和巨大的牙齿清晰可辨（本页图）。

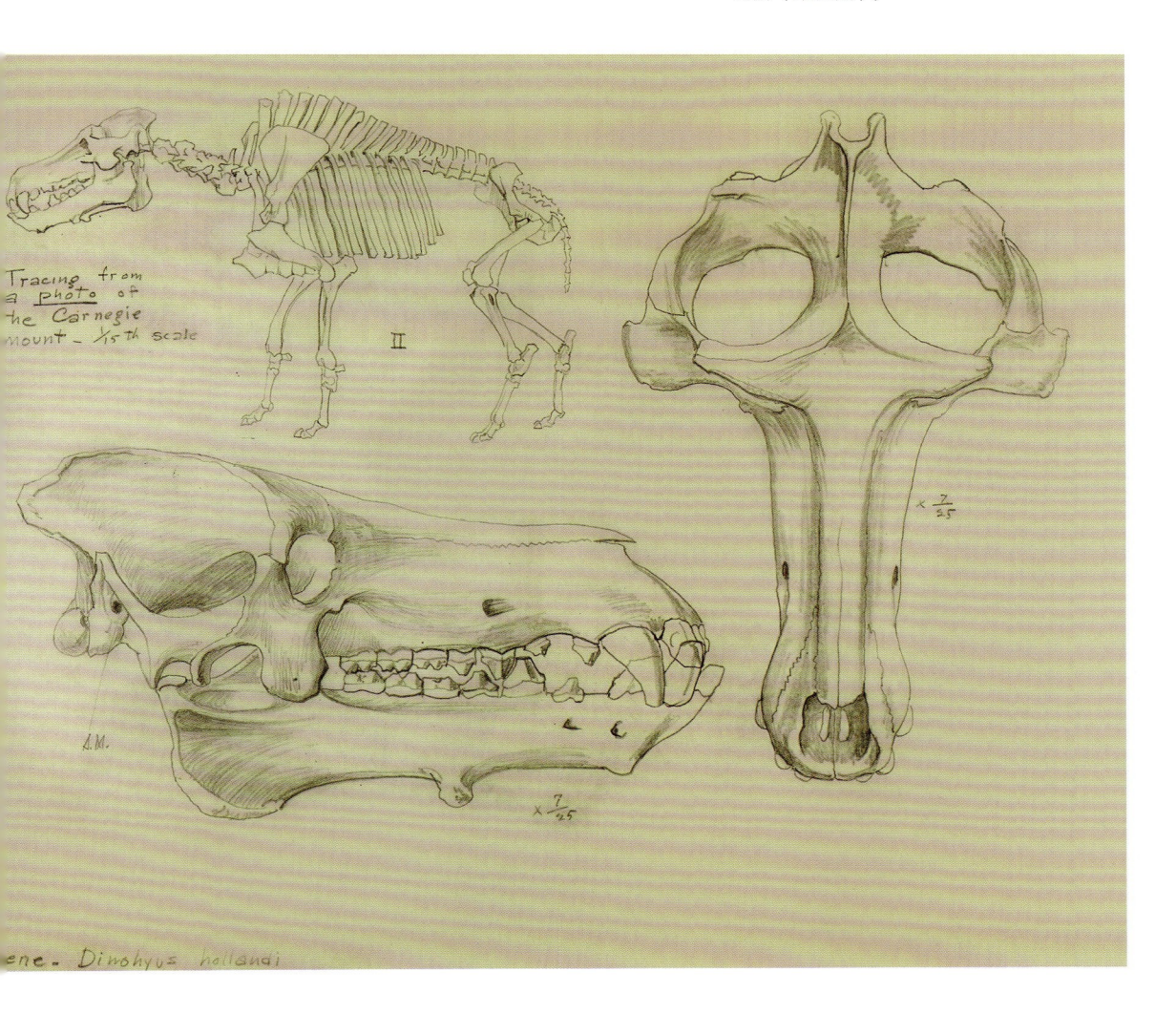

优雅的窄齿驼

窄齿驼的身形极其优雅，与羚羊有诸多相似之处，但其骨架表明它属于早期的骆驼属。在确定最终版本之前（对页下图），马特内斯第一次绘制的窄齿驼在外形上更像美洲驼（对页上图）。上色时，马特内斯选择了瞪羚的毛色，因为窄齿驼与瞪羚的生存环境大体类似。同理，马特内斯在绘制位于壁画右上方有着长颈的尖趾驼时则参考了长颈鹿的毛色。

Stenomylus

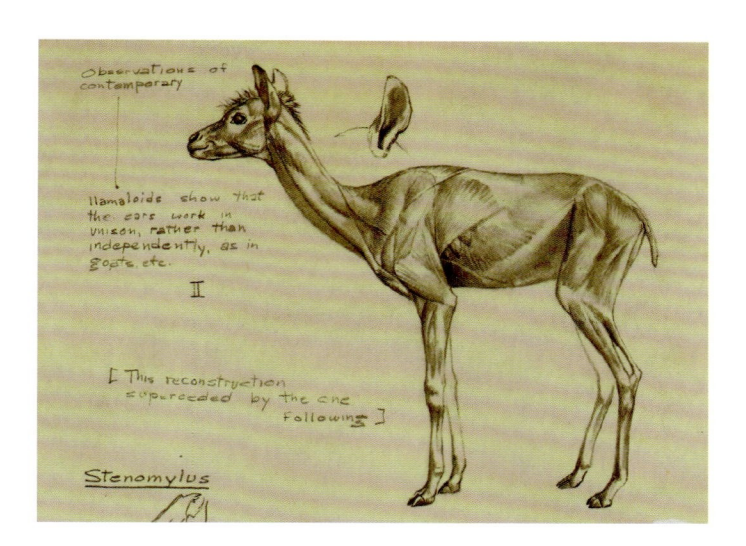

绘制这样一幅小尺寸的彩绘底图（最终壁画的六分之一），是马特内斯完成壁画之前最重要的一步。底图与最终壁画之间仅有细微的差别。（参见 116—117 页）

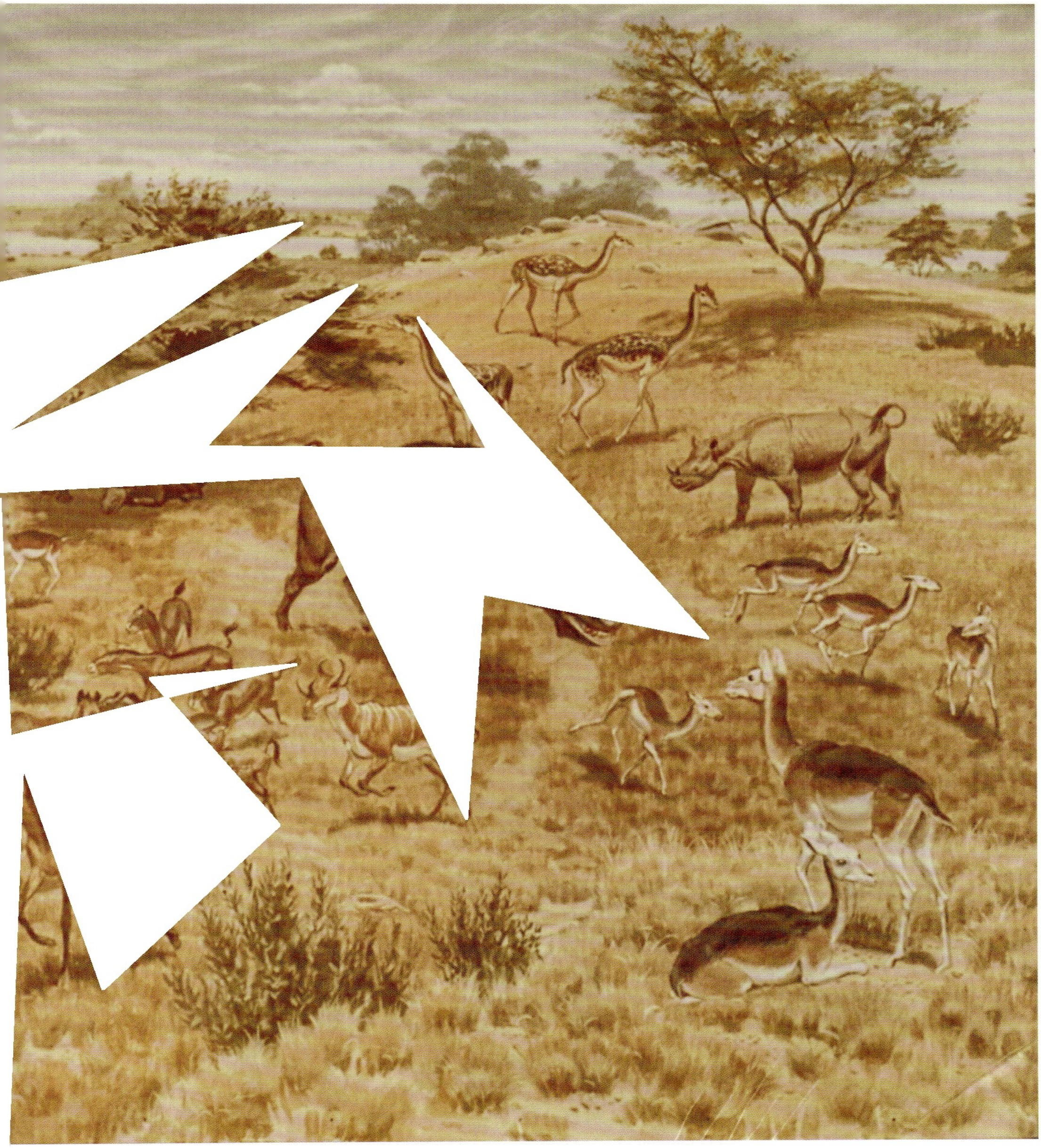

Willow

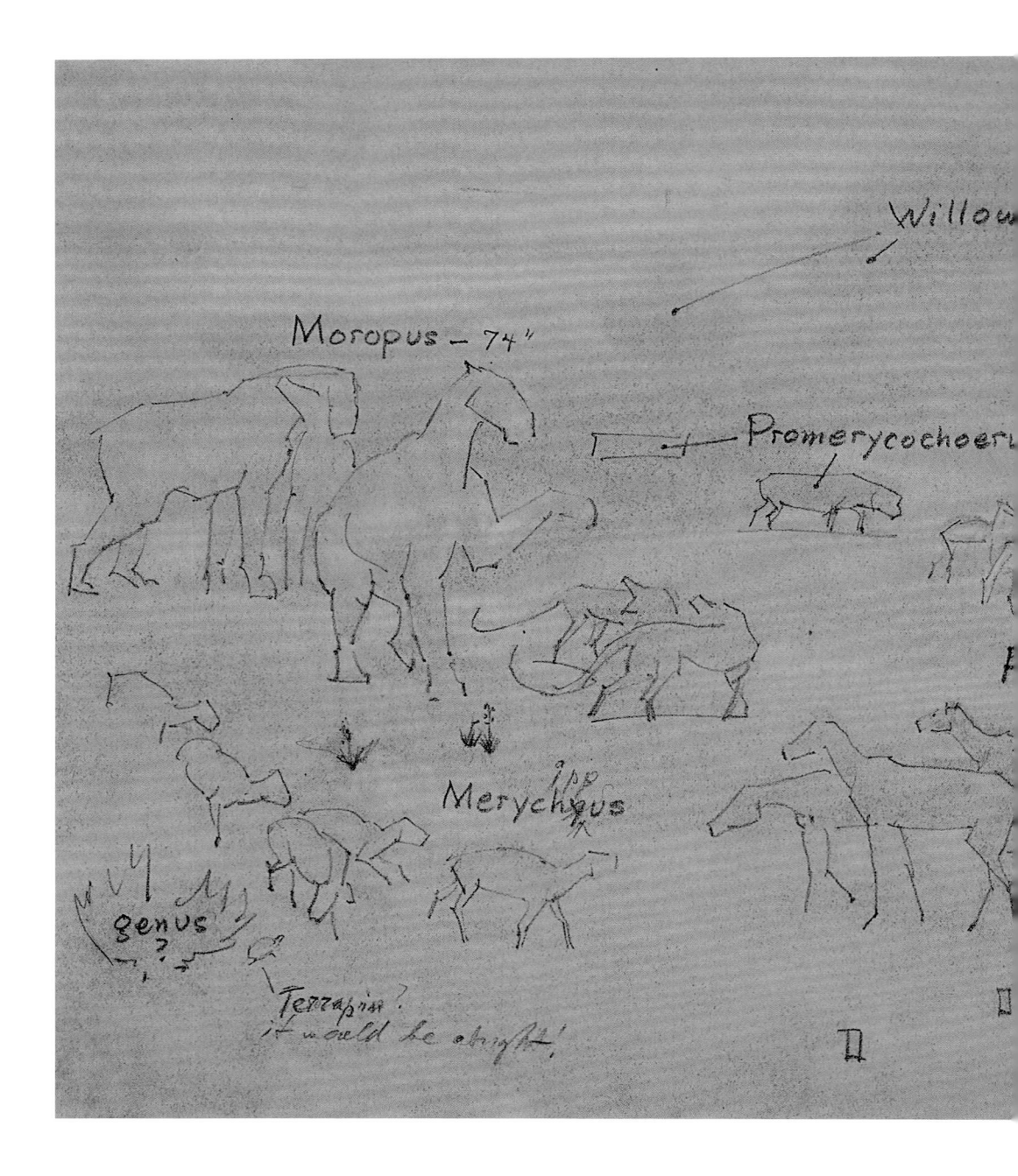

Moropus – 74"

Promerycochoer[us]

Merychyus

genus
?

Terrapin?
it would be chyft!

马特内斯在这张彩绘底图的拷贝纸上标注了壁画中的各个物种，尤其是植物。马特内斯在画面中标注多处"属？"（如146页左下角），说明此时，这些植物的类别仍处在被认知、商榷的过程中。

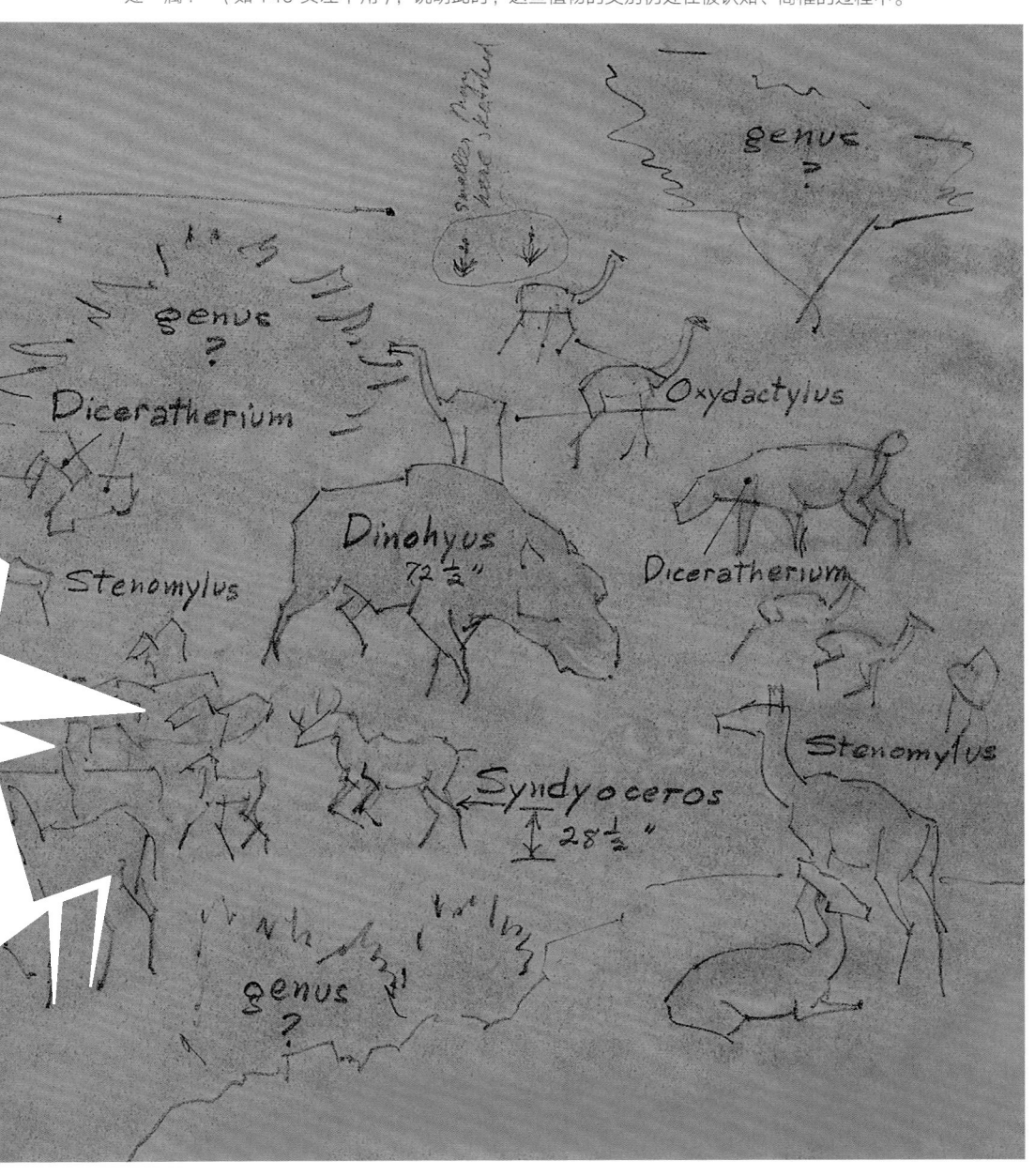

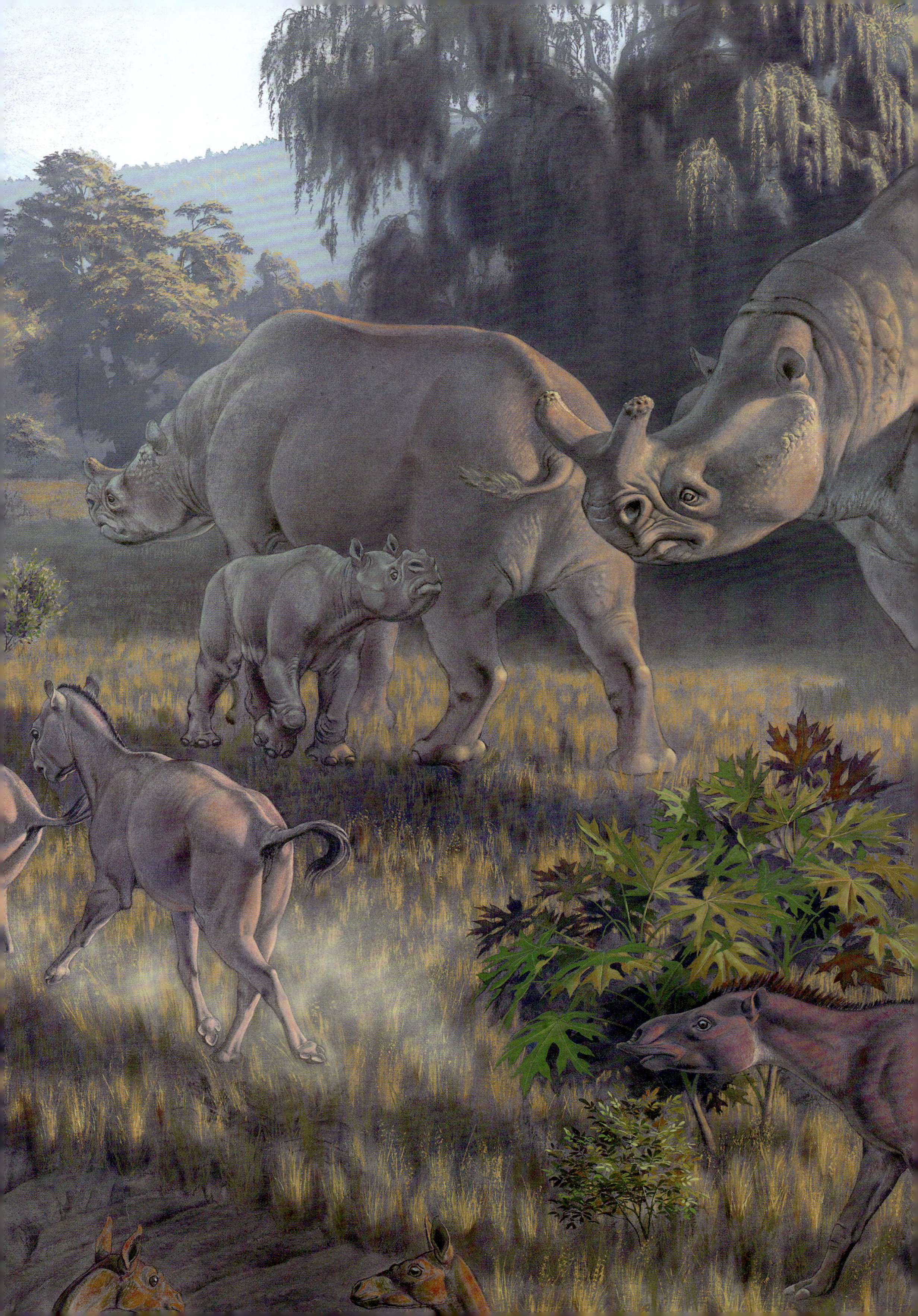

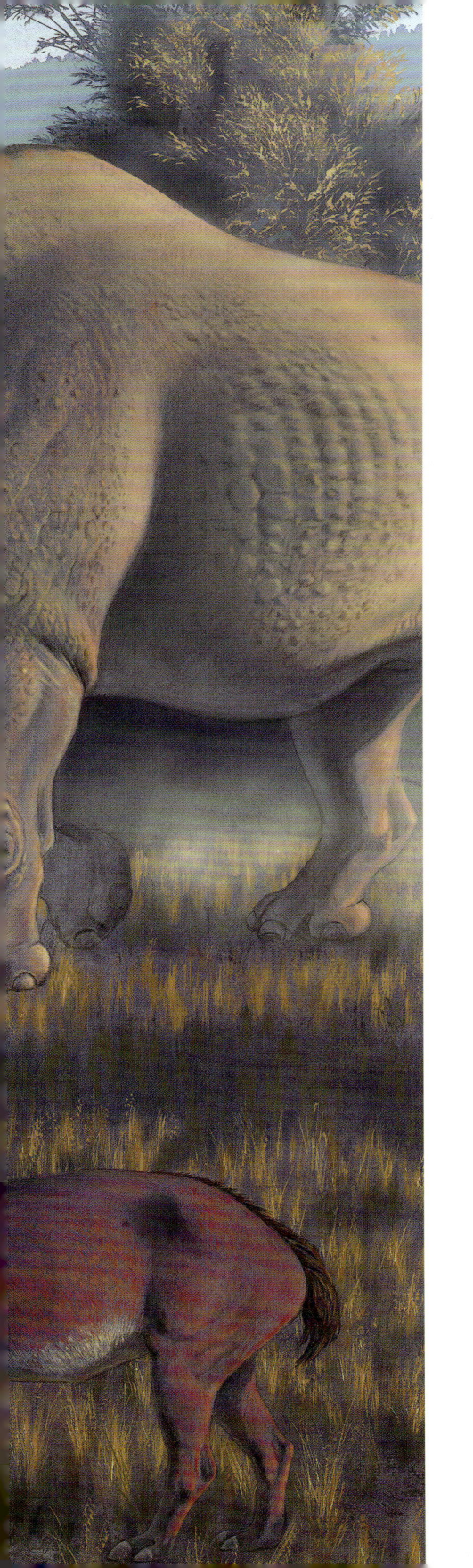

第五章
落基山脉泛滥平原：
始新世晚期

查德隆陆生哺乳动物时期
距今 3800 万年至 3390 万年

　　始新世晚期，北美开始了一段漫长的干燥期和降温期，这与当时全球性气候变化息息相关。始新世的早期全球气温远高于现今，但当它落幕之际，全球气温大幅下降，南极洲正是到了新生代时才首次出现冰盖。由于气温下降和雨水减少，北美大陆原有的潮湿雨林逐渐消失，从而形成开阔的林地。这直接导致了栖息在北美雨林的哺乳动物的灭绝，如灵长类动物。短吻鳄则被迫向南迁徙，它们在始新世早期曾生活在如今加拿大靠近北极的地区。

　　哺乳动物的进化创造出新的物种谱系并延续至今，当时与之为伍的那些古老族群则逐渐消失。随着时间的推移，新旧物种混杂共生的局面逐渐打破，新物种逐渐成为主流。犀牛、貘、马、猪、骆驼、兔子、啮齿动物、猫科动物和犬科动物的先祖都曾在北美大陆繁衍生息，和它们一起生活的还有今天不为人知的物种，包括巨角雷兽、像马一样的跑犀、如河马一般的沟齿兽、长着怪角的原角鹿、面部奇短的岳齿兽等有蹄类哺乳动物，以及外形似猫的伪剑齿虎和下颚发达的恐鬣齿兽等肉食性动物。这些物种大部分被其后出现的现代谱系的物种所取代。

远古世界的遗迹

北美大草原北部地区广泛分布着怀特河群，其中保存了大量的始新世晚期哺乳动物化石。在现今南达科他州、怀俄明州和内布拉斯加州干燥的荒地上，每天仍能发掘数百块化石。由于许多化石露头都在密苏里河沿岸，早期的欧洲探险者很快就发现了它们。一些人将化石运至美国东部，交给费城的古生物学家约瑟夫·莱迪，他在1848年至1853年间对这些化石进行了仔细的研究。耶鲁大学、普林斯顿大学和纽约地质调查局的专家们也展开了相关工作。

其实，生活在该地区的波尼人和苏族拉科塔人早已知晓化石的存在。拉科塔人将巨大的古代哺乳动物的遗骸称为"雷鸣之兽"，这一称谓具有显著的文化意义。耶鲁大学的奥思尼尔·马什受此启发，将其中一些物种命名为"雷兽"（来自希腊语），也被称为"泰坦巨兽"。随后，19世纪七八十年代，臭名昭著的"化石战争"在奥思尼尔·马什和爱德华·柯普之间上演，后者来自费城的自然科学院。这两位科学家相互竞争，不断发现并命名新的哺乳动物物种。

最终，美国大多数主流博物馆都在北美大草原所谓的"雷兽化石层"上收集化石，成功地记录了该地区的哺乳动物群。20世纪30年代初，查尔斯·吉尔摩代表史密森学会开展了雷兽化石的收集工作。1920年，科罗拉多自然历史博物馆（现为丹佛自然科学博物馆）在科罗拉多州发现了无角犀采石场，收获了埋藏在火山沉积物下，可能为一个族群的数十具早期无角犀的化石。

1867年，形成于始新世晚期的规模庞大的红杉树干化石林，在科罗拉多州落基山脉高海拔的弗洛里森特发现，成为了解该时期景观的第一个证据。该遗址还发现了湖床沉积物，发现了保存完好的树叶、花卉、昆虫（包括蝴蝶和毛虫）、鱼类，甚至鸟类和小型哺乳动物的化石。弗洛里森特的化石享誉世界，引起了科学界的

1931年（或1932年），查尔斯·吉尔摩考察组的工作人员在怀俄明州为史密森学会收集雷兽化石。

广泛关注。其中，科罗拉多大学的西奥多·科克瑞尔专门研究该地的昆虫化石，瑞士古植物学家莱奥·莱克勒（美国国家地质调查顾问）和加利福尼亚大学伯克利分校的哈利·麦吉尼蒂则致力于该地植物化石的研究。麦吉尼蒂写成于1953年的专著《科罗拉多州弗洛里森特层植物化石》，被业界公认为现代古植物学的开山之作，他在书中不仅描述了这些化石，还重建了它们所属的生态系统。

壁画的诞生

画面表现的时间设定在查德隆陆生哺乳动物时期。马特内斯在创作这幅画的时候，人们认为查德隆时期处于渐新世早期，因而几十年来，这幅作品一直被称为"渐新世壁画"。后来，经过对查德隆岩石进行精确的放射性测定，该时期应属距今3800万年至3390万年的始新世晚期。

根据时任馆长刘易斯·盖曾提供的物种清单，马特内斯于1959年开始绘制这幅壁画中的哺乳动物草图。由于缺乏完整的怀特河地层植物化石，马特内斯与麦吉尼蒂等人进行了深入沟通，以构建一个恰当的植物群落。最终，马特内斯以弗洛里森特化石层为基础绘制出物种草图。弗洛里森特尽管处在高海拔的环境，但它与怀特河群同属一个时代，包含且基本能代表低海拔地区的物种。

马特内斯将壁画场景的时间设定为傍晚，使得动物身侧有着长长的影子。他回忆道："我是在驱车穿过西部地区之后动笔的，那里的光线和氛围令我十分着迷。是的，这就是我的灵感，让光线从很低的位置倾斜着投射过来，完美地展现出这些动物的姿态。"该画绘成于1962年，是马特内斯完成的第三幅壁画。

与美国许多知名博物馆一样，国立自然历史博物馆拥有丰富的始新世晚期哺乳动物化石，其中大部分被放置在这幅壁画旁边展出。这些珍贵的化石展现了早期奇蹄目哺乳动物的多样性，来自怀特河层的部分头骨化石则体现了哺乳动物群体的庞大。马什收藏的大部分雷兽化石在20世纪20年代入藏国立自然历史博物馆，成为其重要展品。在马什发现的化石中，庞大的巨角雷兽化石尤为珍贵，被摆放在壁画旁边展出。现在，它仍保持着动态的姿势静候每一位参观者。

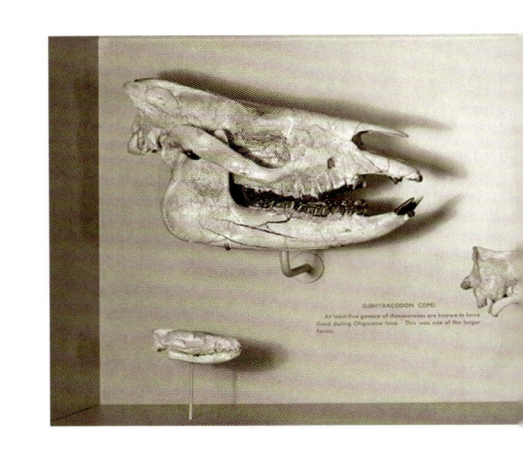

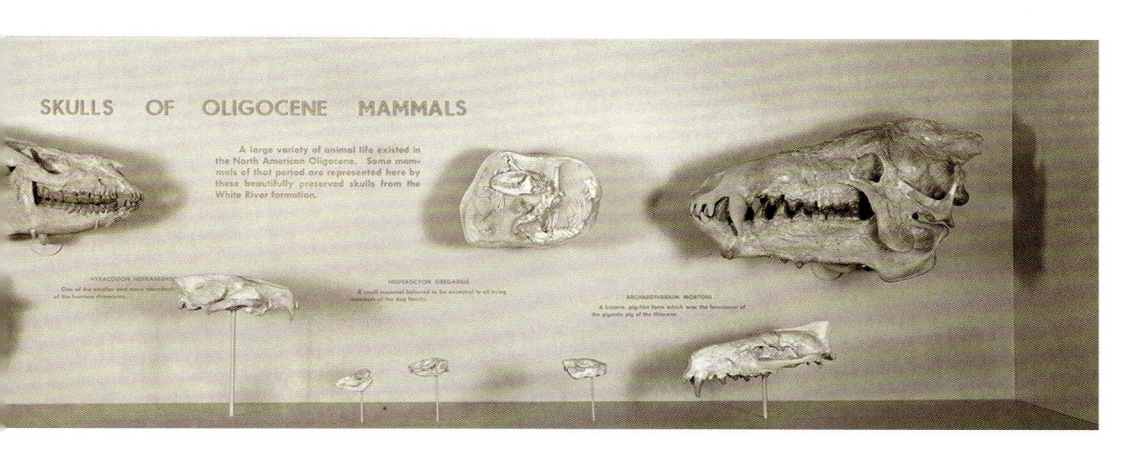

20世纪60年代举办的"北美哺乳动物时代"展,其主展品为"渐新世哺乳动物头骨"。这批在怀特河群发现的头骨化石(现划归为始新世晚期),既有食肉动物也有食草动物,足以证明此地当时物种的多样性。

1980年,"北美哺乳动物时代"展中的雷兽(现称巨角雷兽)骨架化石和马特内斯绘制的始新世晚期壁画。

洛基山脉泛滥平原 始新世晚期
查德隆陆生哺乳动物时期　距今 3800 万年至 3390 万年

南达科他州和内布拉斯加州
查德隆组
绘于 1962 年
布面丙烯；370.74cm 高 × 670.56cm 宽

1. 杨树
2. 臭椿
3. 柳树
4. 科罗拉多巨角雷兽
5. 副跑犀
6. 无角犀
7. 獂
8. 跑犀
9. 五加科植物
10. 原獏
11. 渐新马
12. 古巨豨
13. 岳齿兽
14. 先兽
15. 瘤蜥蜴

16. 恐鬣齿兽	20. 沟齿兽	24. 丽猬
17. 原角鹿	21. 黄昏犬	25. 十大功劳
18. 微型鼷鹿	22. 壮鼠	26. 细鼷鹿
19. 伪剑齿虎	23. 古兔	27. 异鼷鹿

顽强的猪

像其他豨科动物（见138—141页）一样，古巨豨有着隆起的巨大头骨和突出的獠牙。马特内斯绘制这幅壁画时该物种被称为巨猪，它的块头与灰熊差不多，既会猎食其他小动物，也会吃腐肉和植物的根茎，属于杂食性动物。虽然古巨豨在许多方面与猪很相似，但巨豨科与猪科的亲缘关系并不密切。

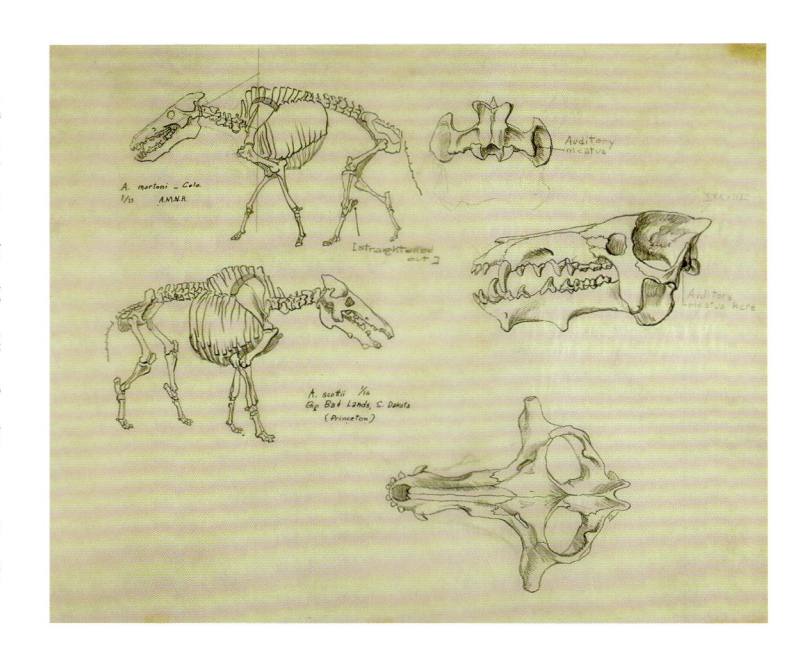

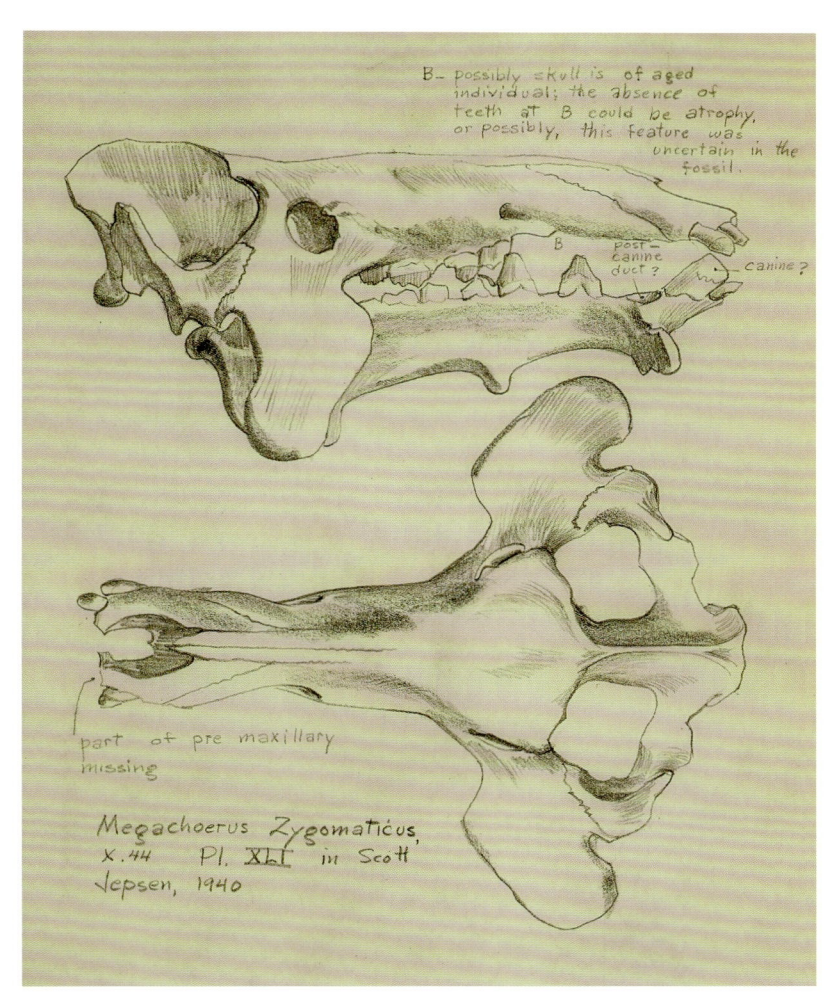

上图中阴影部分完美地展现了古巨豨那巨大的头骨和宽大的下颌。四分之三侧面图（下图）则着重展现其多处骨突。

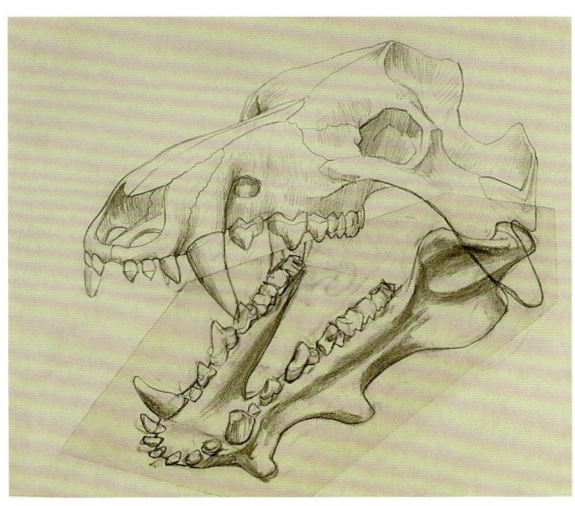

河滩小憩

一头无角犀正趴在河床上休息，旁边站着一头渐新世早期的猯（下图）。这种猯的化石比较罕见，至今尚未发现完整的骨架。马特内斯修改了生存于上新世至更新世的平头猯（见 052 页）骨架草图，他在草图上标注"首次尝试复原猯的骨架"（上图）。

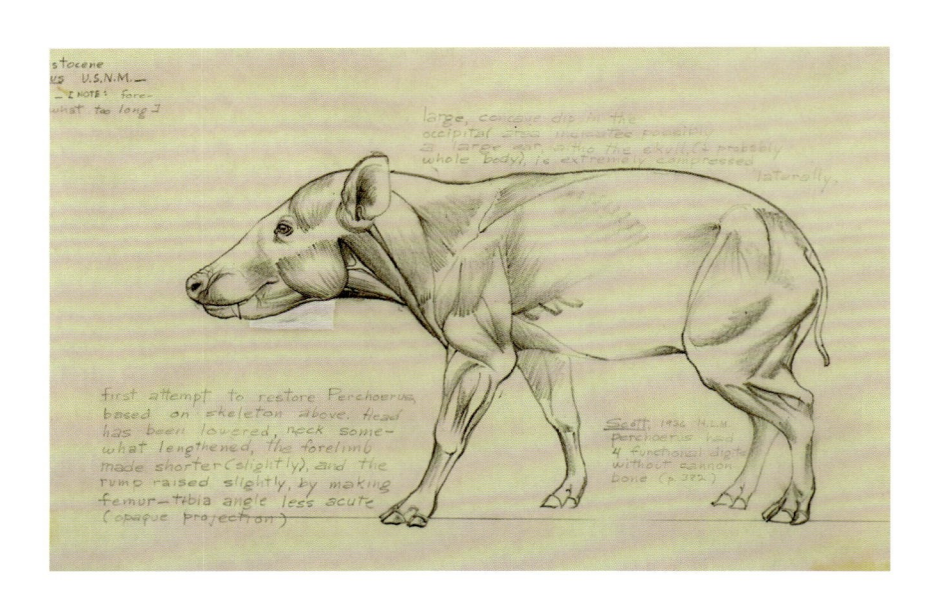

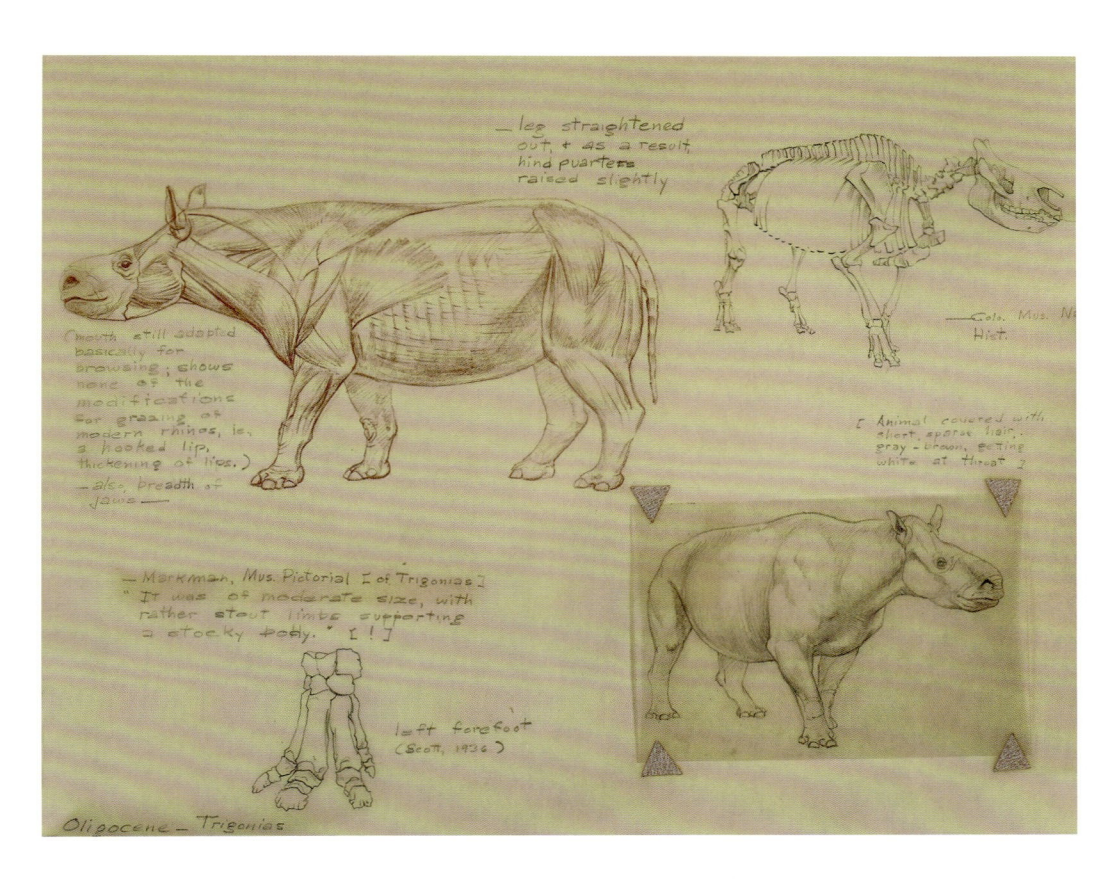

人们发现了几十具无角犀骨架化石，马特内斯可以非常精准地把握其身体比例。他先是绘出了无角犀的骨骼，然后绘制其肌肉组织（上图）。现代犀牛有一个鼻角，但从出土的无角犀头骨来看（下图），它是没有角的。

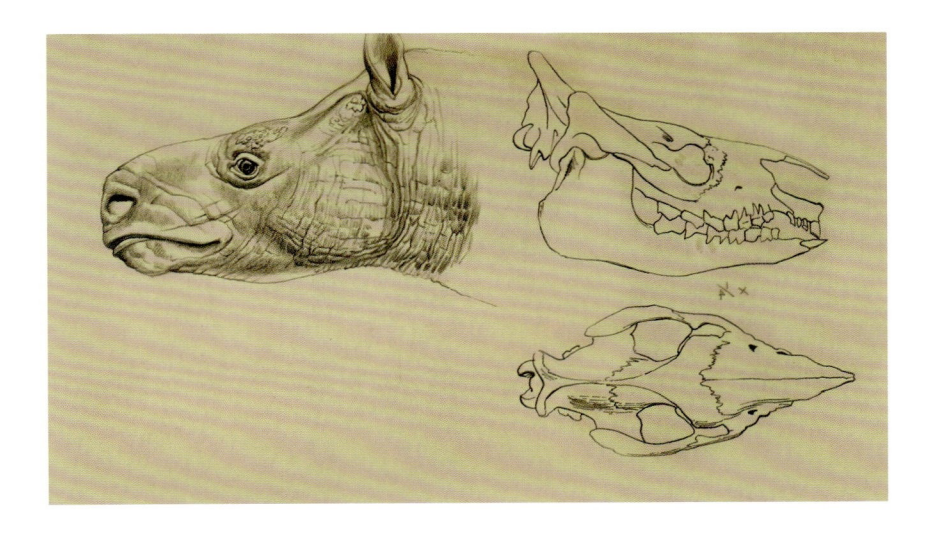

像马的跑犀

　　跑犀是一类早期的犀牛，与现代犀牛没什么相似之处。跑犀腿长身细，看起来更像小型的马，而不是犀牛。跑犀蹄上的三趾（见对页图右侧跑犀的脚趾）说明它是奇蹄类动物。这幅带网格辅助线的草图（本页图）是为最后上墙绘制所做的准备。

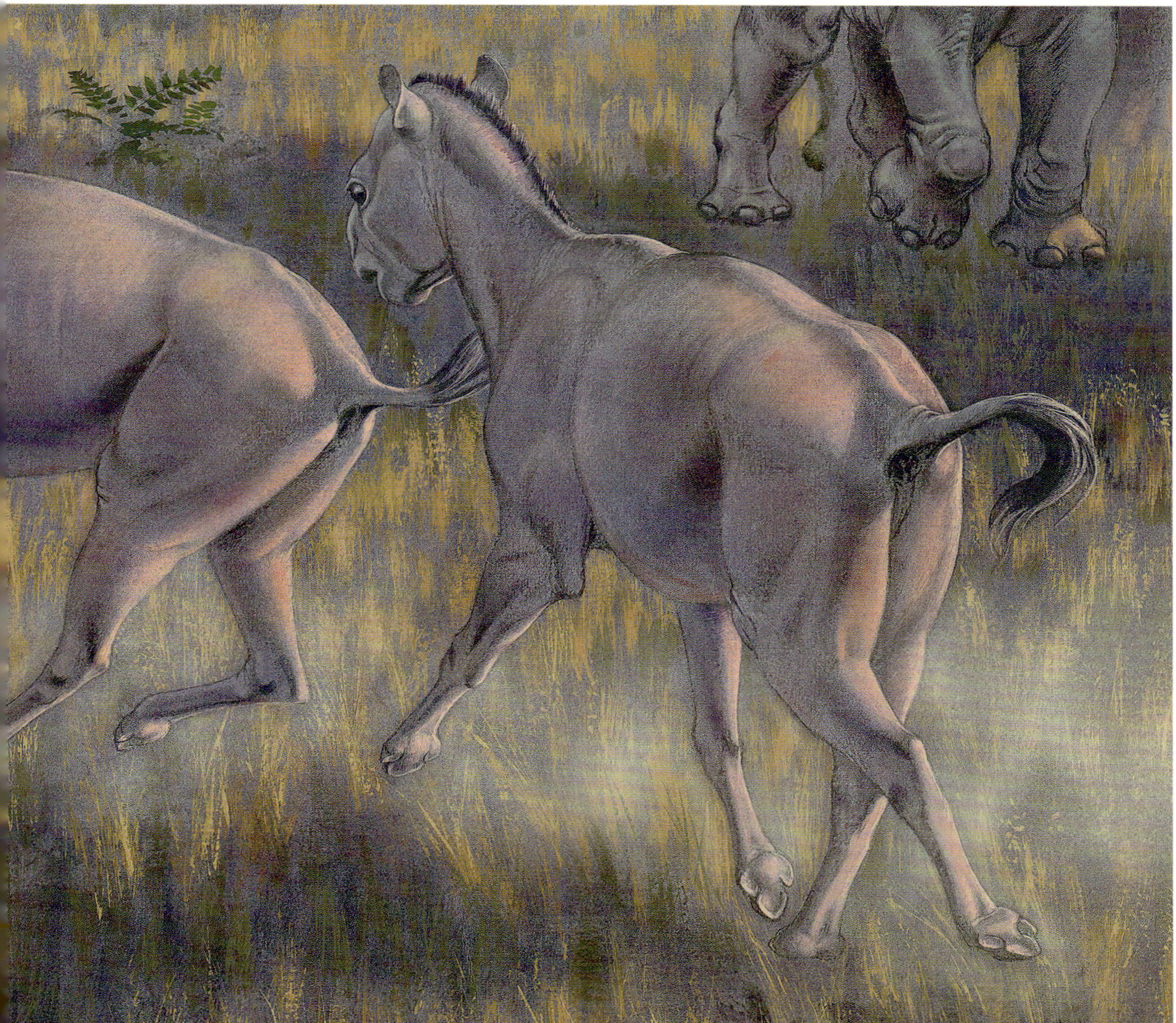

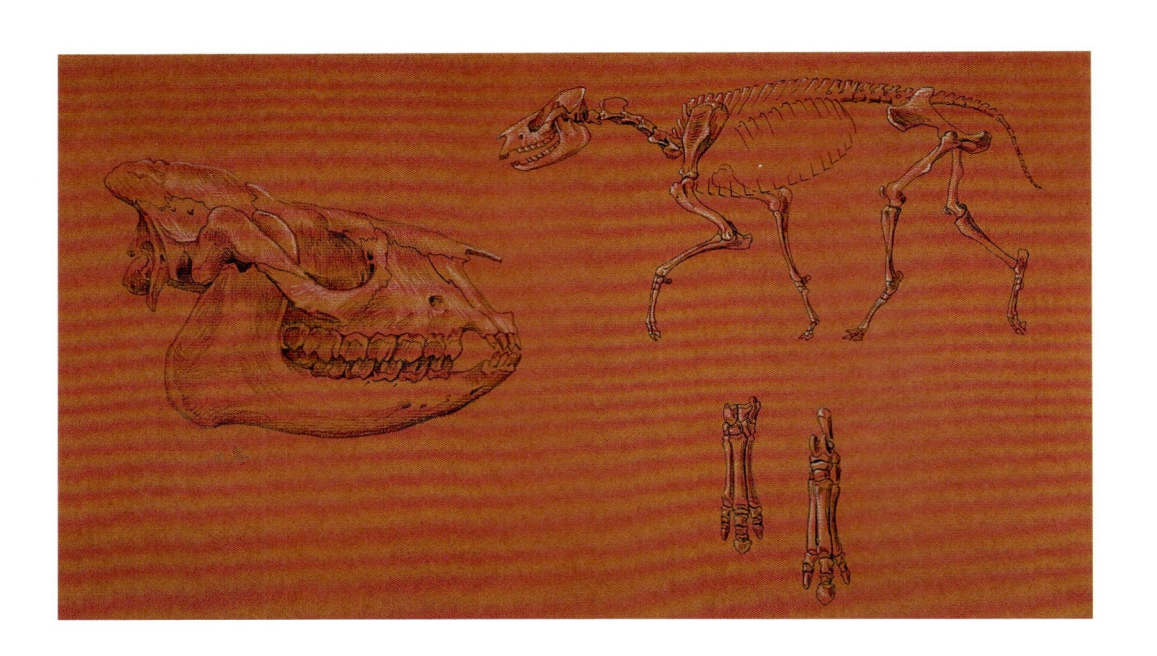

— Further consideration leads to the conclusion that the ear should be placed farther forward, as here, in the hollow between the post-squamosal + the occiput, rather than as above.

见 164 页：正如绘制大多数物种那样，马特内斯先绘制跑犀的骨架和肌肉组织，然后再绘制其最终形象。他认真考虑了画中的细节，如耳朵的位置（下图）。他在红纸上作画时还加入白色颜料，完美展现跑犀的骨骼结构。

小灌木大景观

马特内斯常常会在整个风景的前景位置绘制一些小灌木，以显示该地区的植物群落。下图是一小丛十大功劳，其叶片边缘长着特殊的刺。

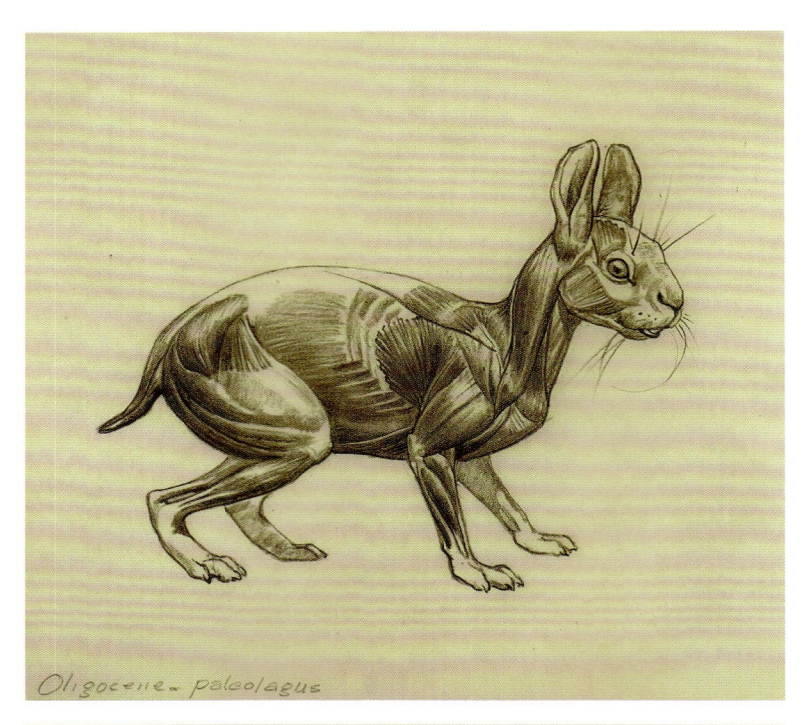

Oligocene - palaeolagus

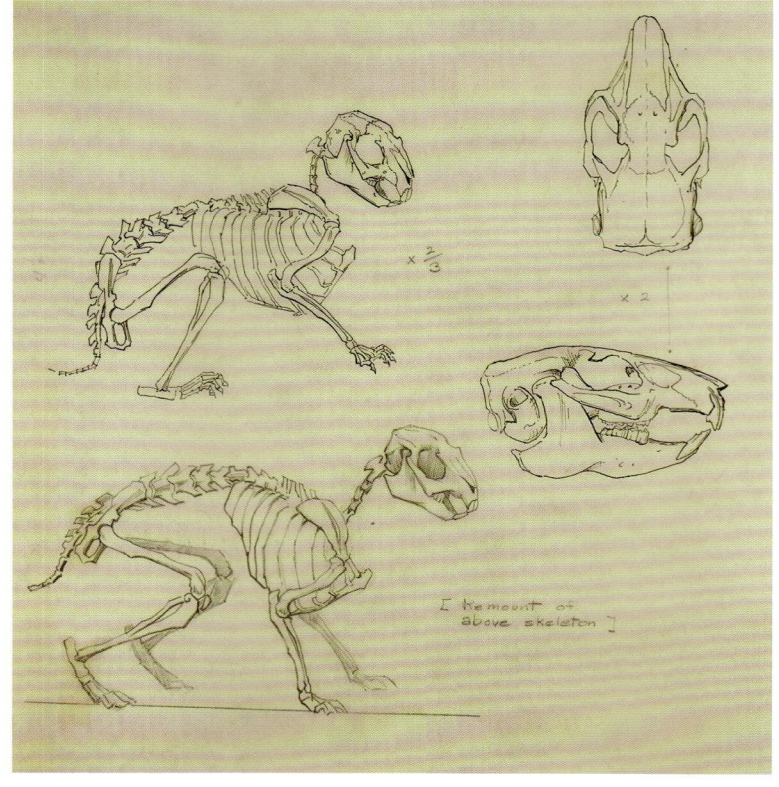

x 2/3

x 2

[the mount of above skeleton]

在马特内斯最初的草图中，小型哺乳动物古兔与现代兔子很像（对页上图）；但在最终的壁画中，他将古兔的耳朵改成鼠兔一般的短耳（本页图）。

挠痒痒

先兽体形较小，身姿优雅，生活习性可能酷似现代的鹿，能适应各种环境。马特内斯描绘的先兽色彩美丽、姿态动人，是这幅壁画中最引人注目的哺乳动物之一。

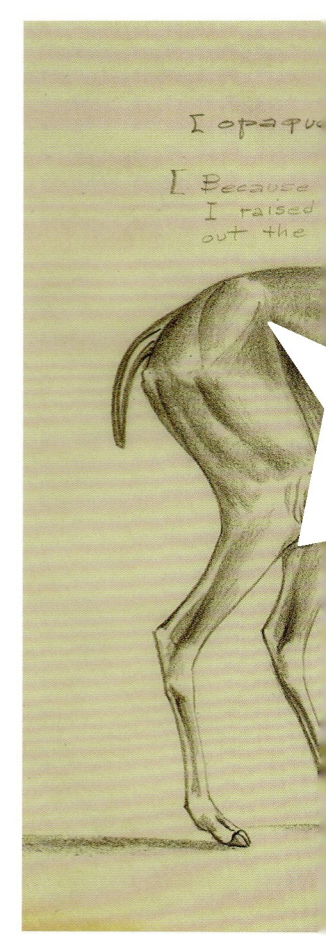

这幅先兽的素描图（对页下图）体现了马特内斯绘画的诸多特点：标注详尽，仔细斟酌耳朵的位置，轻盈细腻的肌肉线条，对动物的面部进行多视角再现。

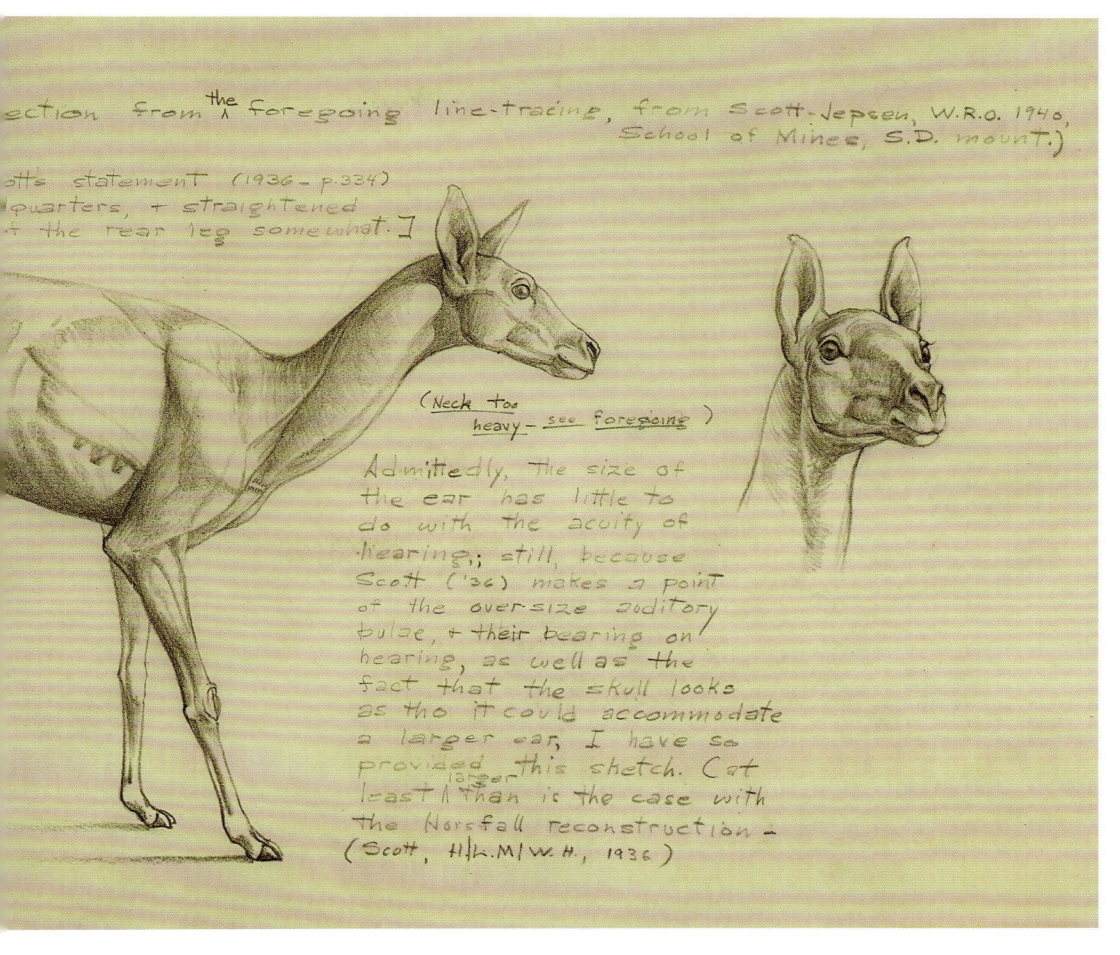

...ection from the foregoing line-tracing, from Scott-Jepsen, W.R.O. 1940, School of Mines, S.D. mount.)

...ott's statement (1936 - p.334)
...quarters, + straightened
...t the rear leg somewhat.]

(Neck too heavy — see foregoing)

Admittedly, the size of the ear has little to do with the acuity of hearing; still, because Scott ('36) makes a point of the over-size auditory bulae, + their bearing on hearing, as well as the fact that the skull looks as tho it could accommodate a larger ear, I have so provided this sketch. (at least larger than is the case with the Horsfall reconstruction — (Scott, H/L.M/W.H., 1936)

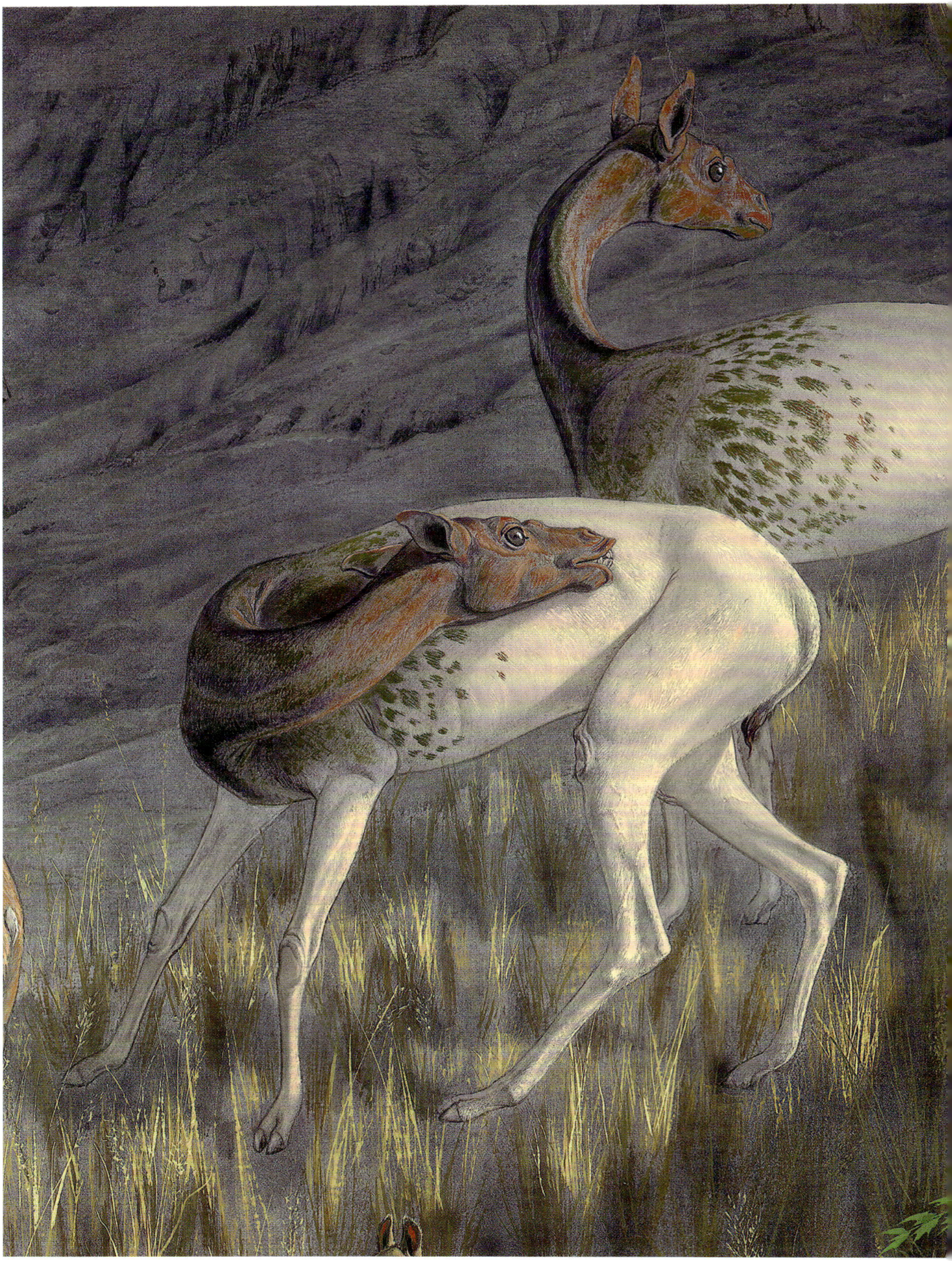

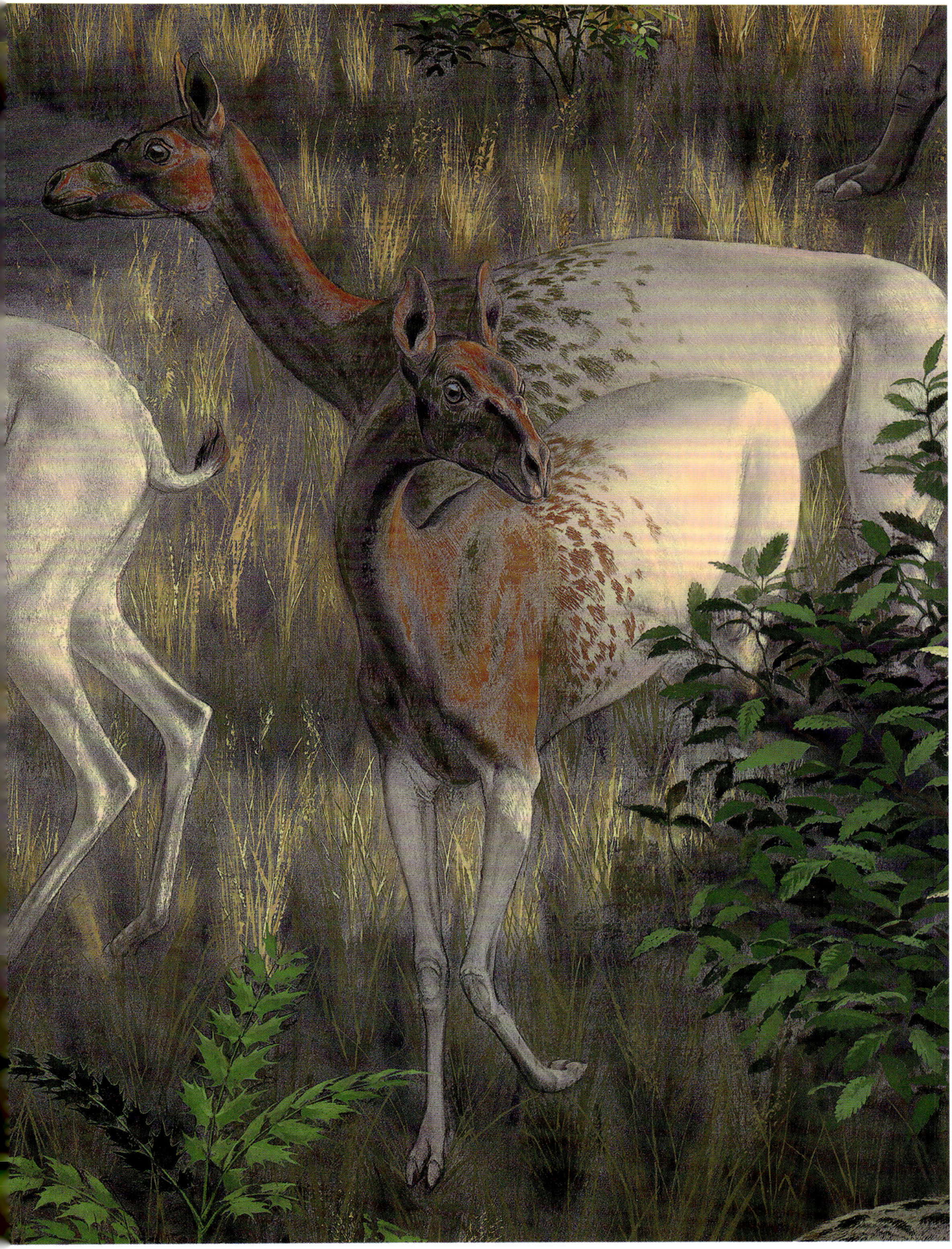

虽"假"却致命

伪剑齿虎拥有致命的、长长的剑齿，但并不是真正的猫科动物。它们是食肉型哺乳动物较早进化出剑齿的代表（可对比后来独立进化的物种，见 011、058、218 页所示）。伪剑齿虎皮毛的花纹和质地具有猫科动物的典型特征，但它们之间的亲缘关系较为疏远。

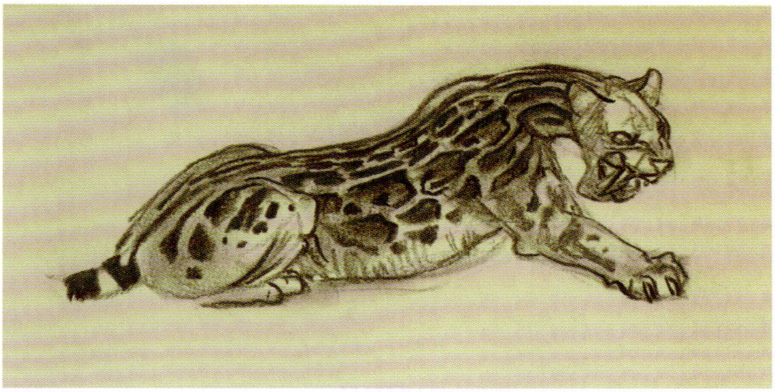

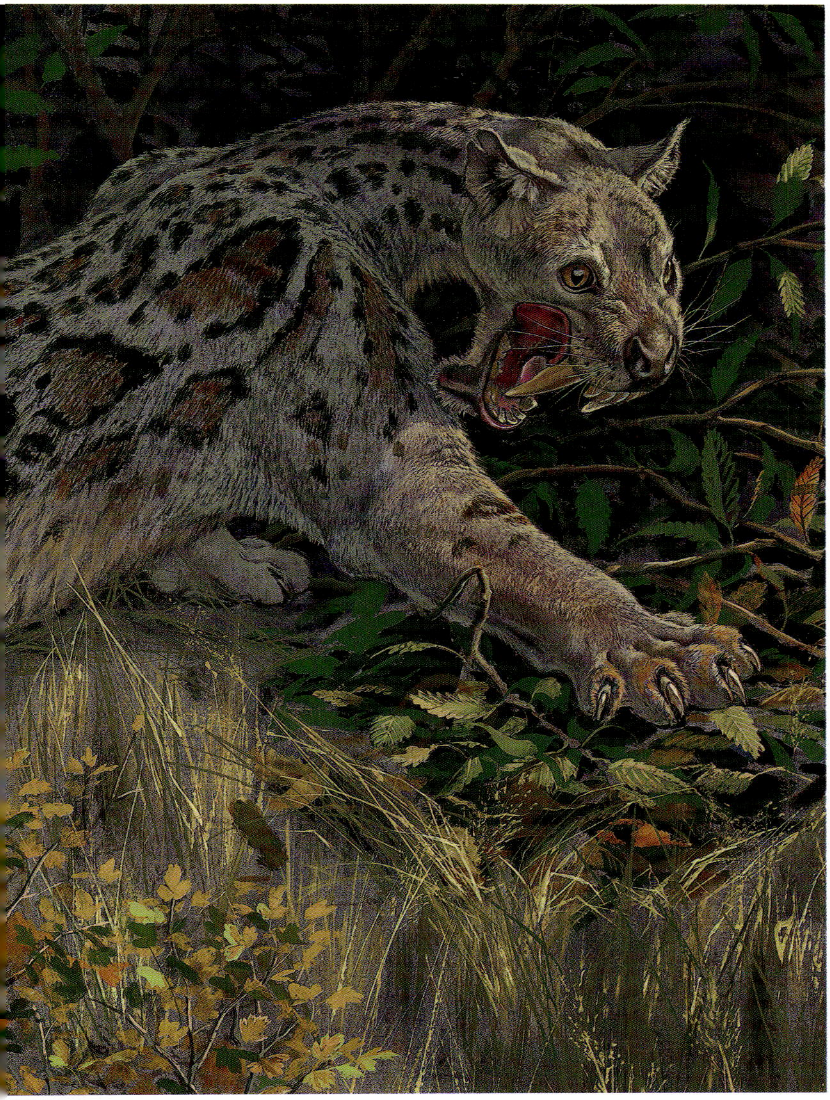

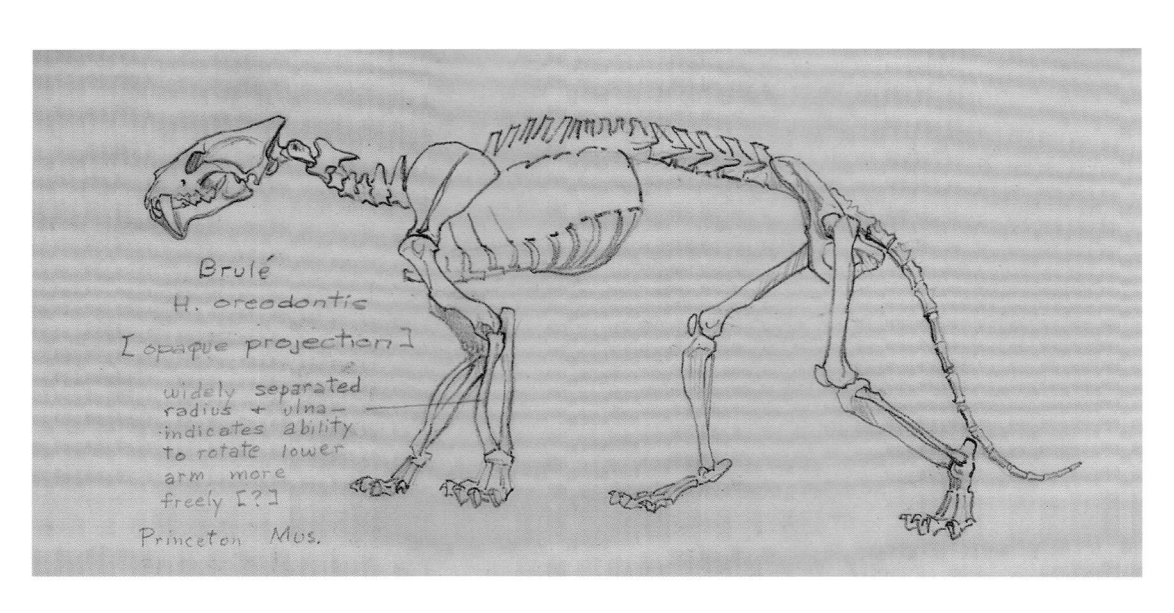

Brulé
H. oreodontis
[opaque projection]
widely separated
radius + ulna —
indicates ability
to rotate lower
arm more
freely [?]
Princeton Mus.

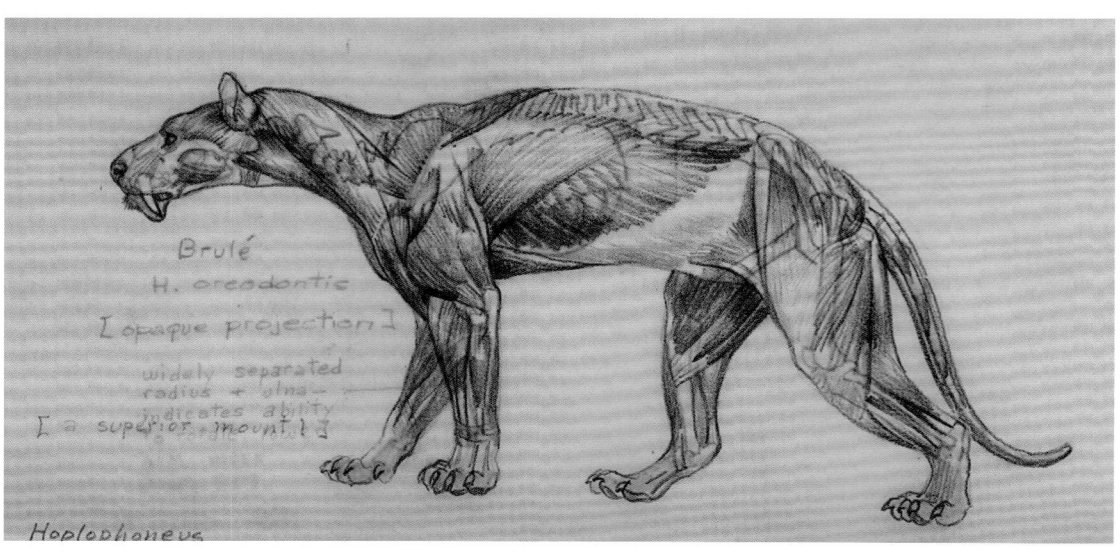

Brulé
H. oreodontis
[opaque projection]
widely separated
radius + ulna —
indicates ability
[a superior mount!]

Hoplophoneus

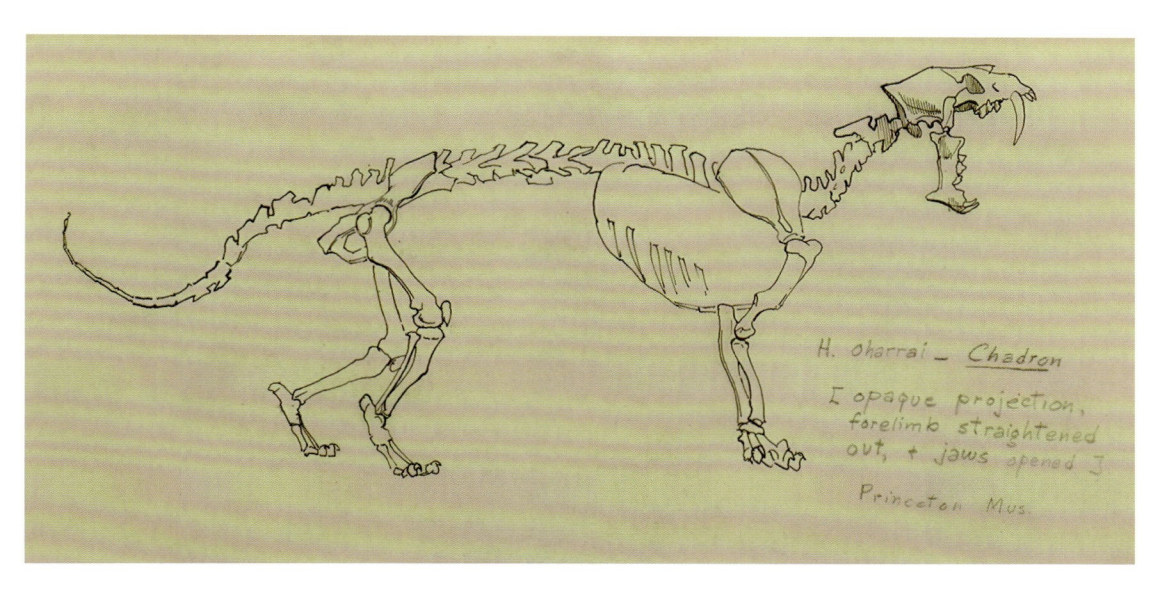

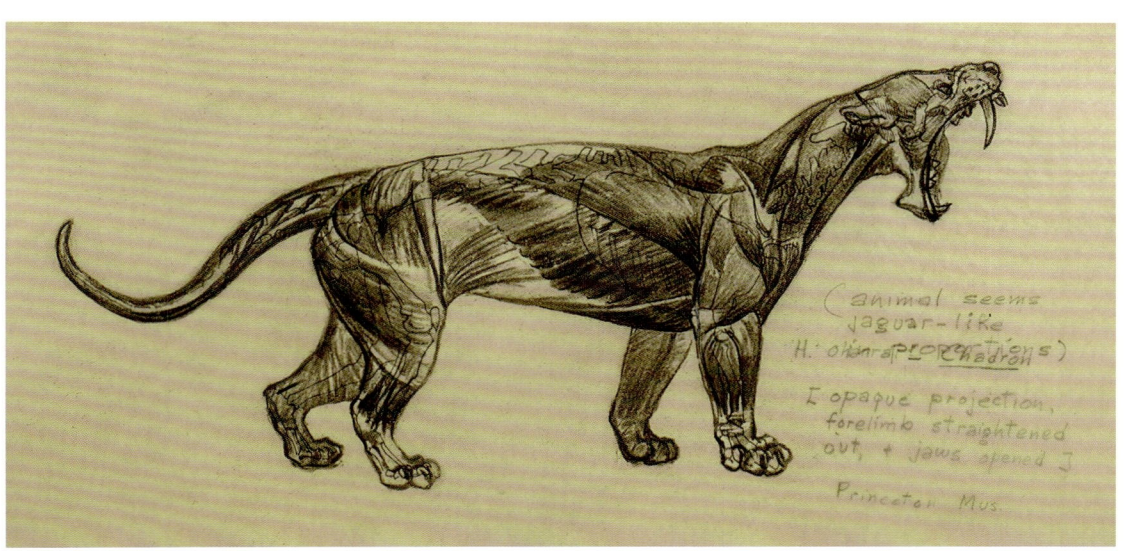

从这两组肌肉、骨架对应的草图，可以明显看出两类伪剑齿虎的不同之处：其中一类（H. oharrai）看上去更加原始，身材矮壮（本页），另一类（H. oreodontis）则显得较为晚近，身材纤瘦（对页）。

一次邂逅

下方右图中，一小片灌木丛边，两只细鼷鹿（左）邂逅了四只异鼷鹿（右），这两种小型的有蹄类哺乳动物对躲在灌木丛后的伪剑齿虎毫无察觉。细鼷鹿和异鼷鹿都是反刍动物，就像现代的牛和骆驼一样，现已灭绝。它们的习性可能与现生的麝和鼷鹿相似。

177

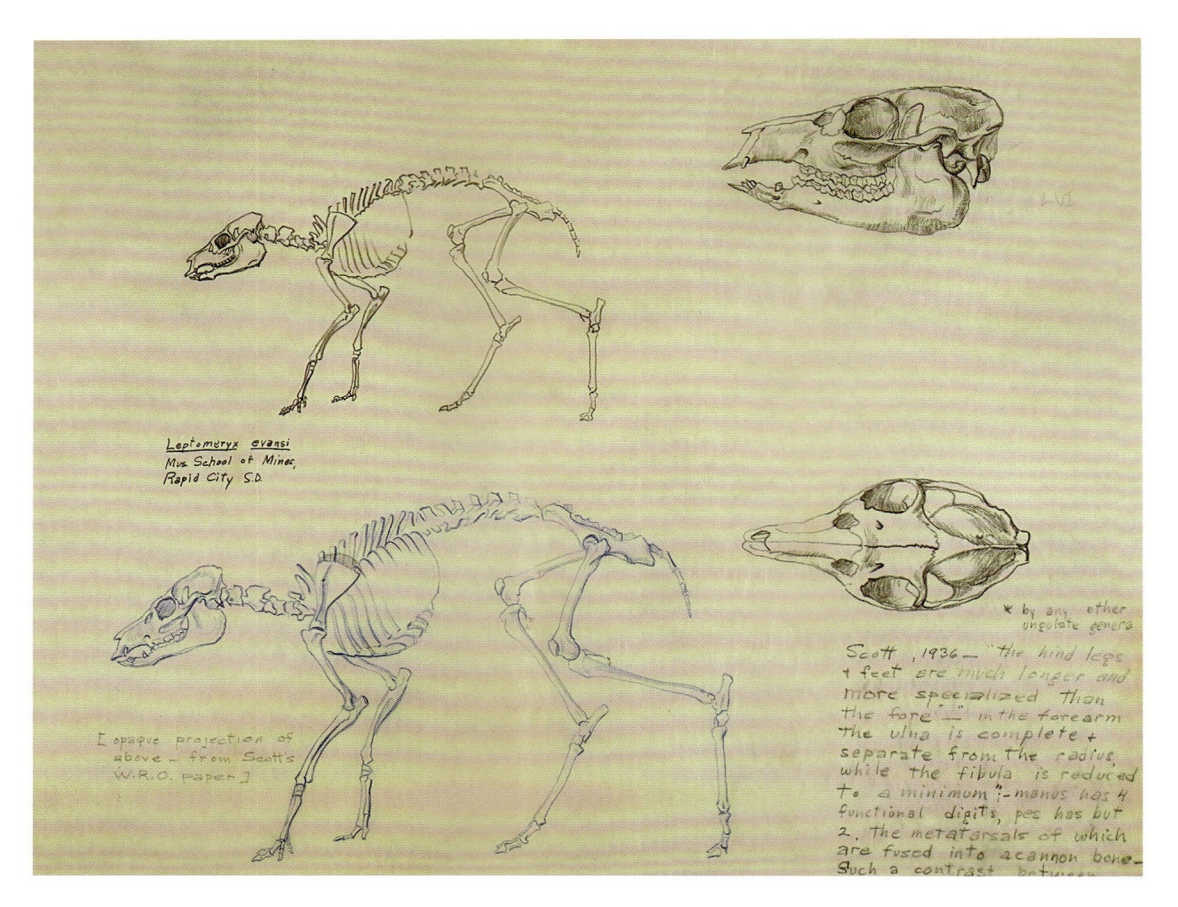

马特内斯用投影仪放大其他出版物上的图片，据此绘制了细鼷鹿（本页）和异鼷鹿（对页）的骨骼和肌肉组织的彩铅草图。

马特内斯推测异鼷鹿用来分泌气味的腺体长在眼睛前面的凹坑里，这一细节在其绘制的复原草图（对页下图）和壁画中均有体现。

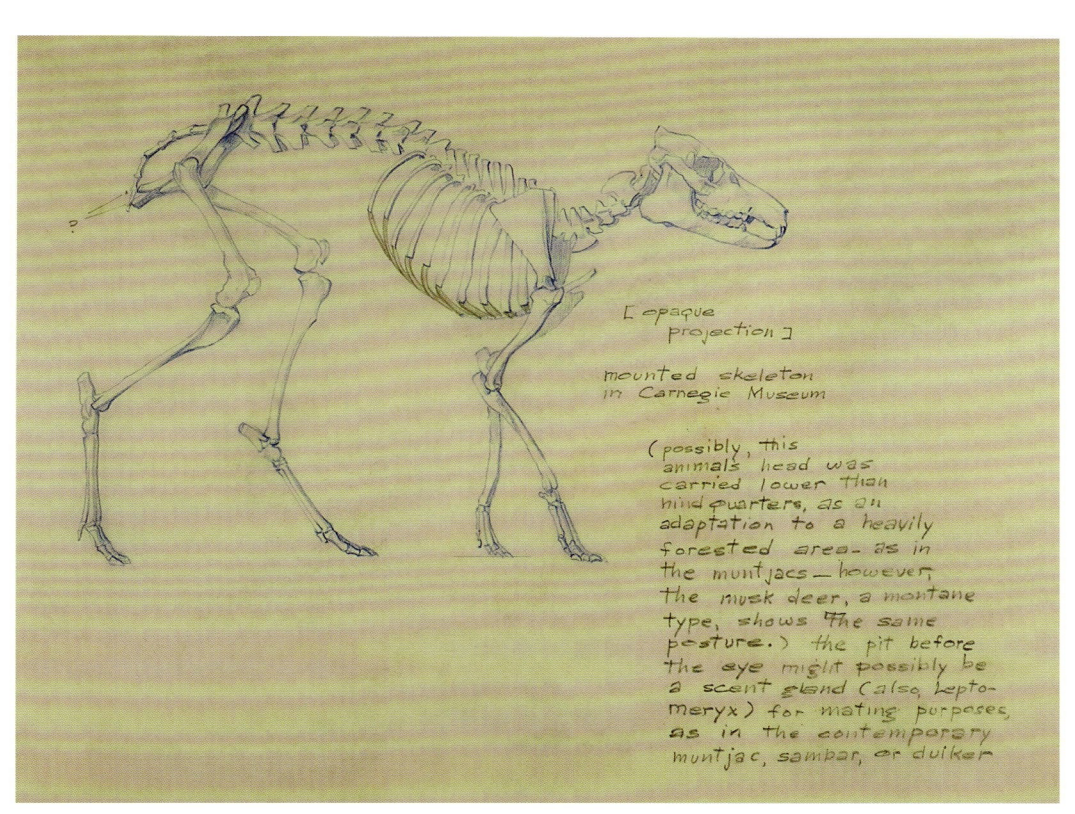

[opaque projection]

mounted skeleton in Carnegie Museum

(possibly, this animal's head was carried lower than hindquarters, as an adaptation to a heavily forested area — as in the muntjacs — however, the musk deer, a montane type, shows the same posture.) the pit before the eye might possibly be a scent gland (also, Leptomeryx) for mating purposes, as in the contemporary muntjac, sambar, or duiker

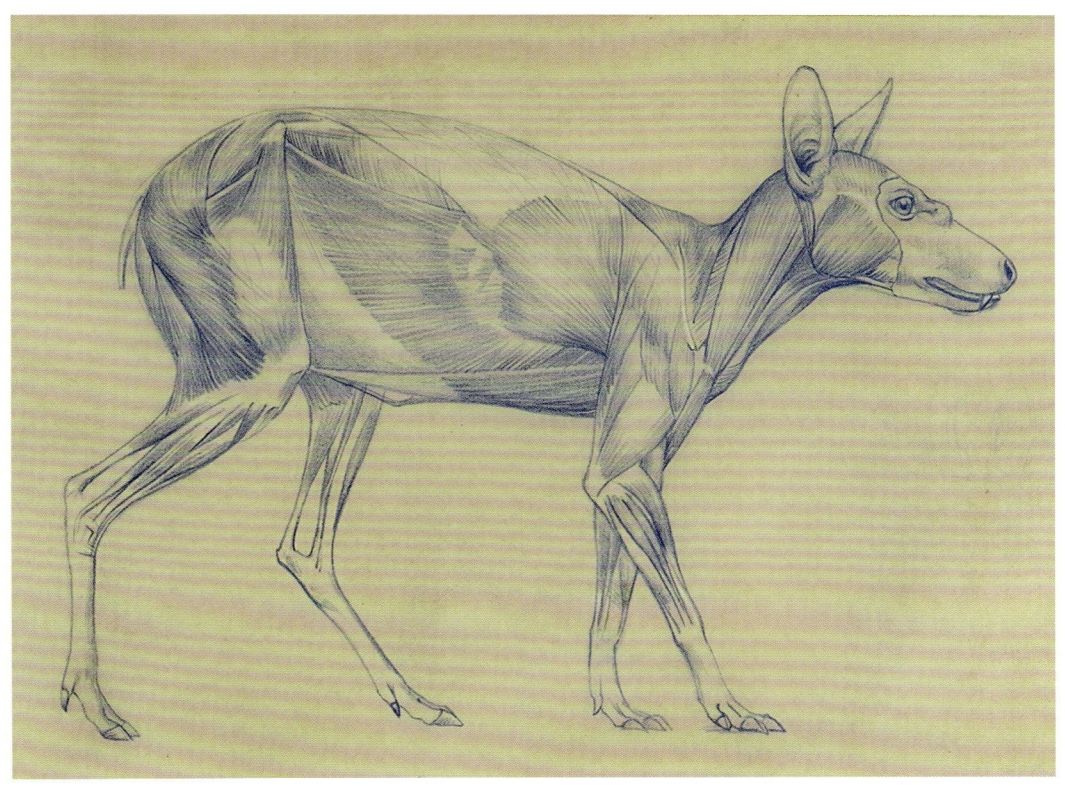

倒霉的蜥蜴

面对恐鬣齿兽（本页图）的钢牙，瘤蜥蜴（对页图）满身鹅卵石般的皮甲显得毫无用处。恐鬣齿兽是当时最大的食肉动物之一，体重和灰狼相当（约 45 公斤）。它的样貌尽管很像犬类，但它却属于一个独立的已灭绝的物种。

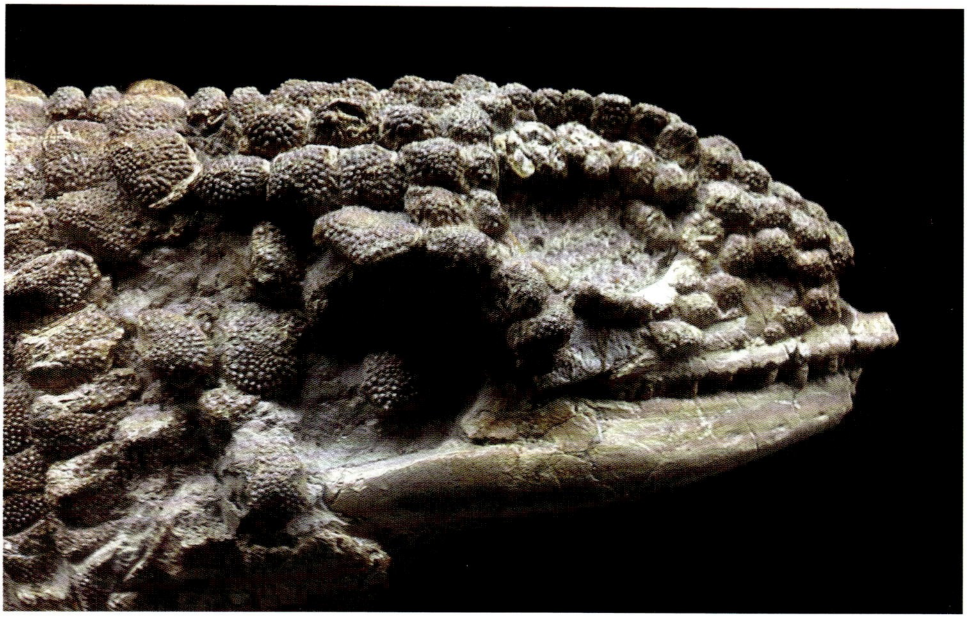

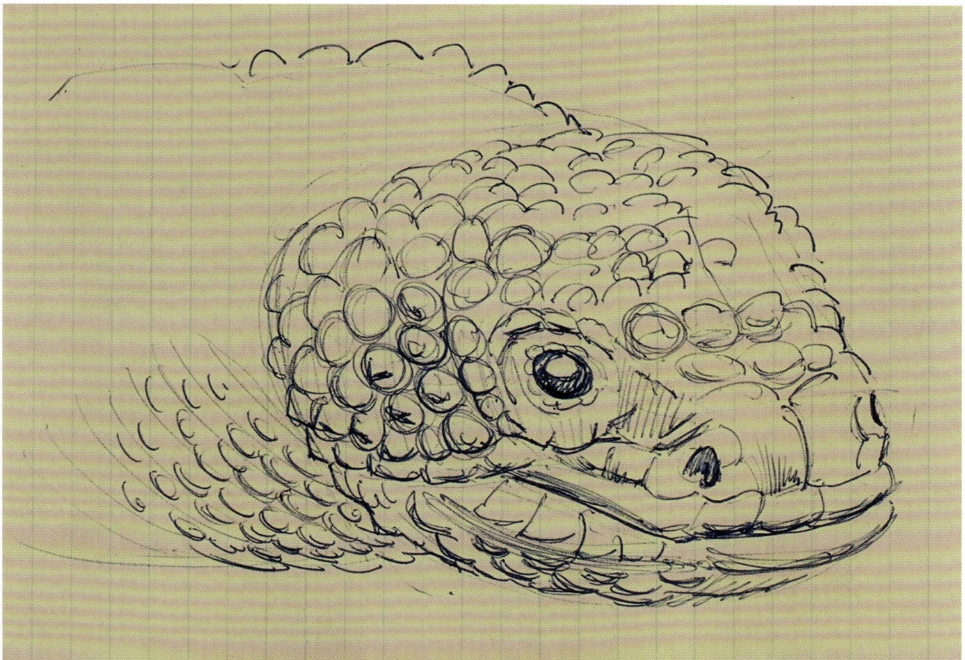

马特内斯在美国自然历史博物馆拍摄了恐鬣齿兽的骨架（上图），
以该照片为基础重建了恐鬣齿兽的肌肉组织（下图）。

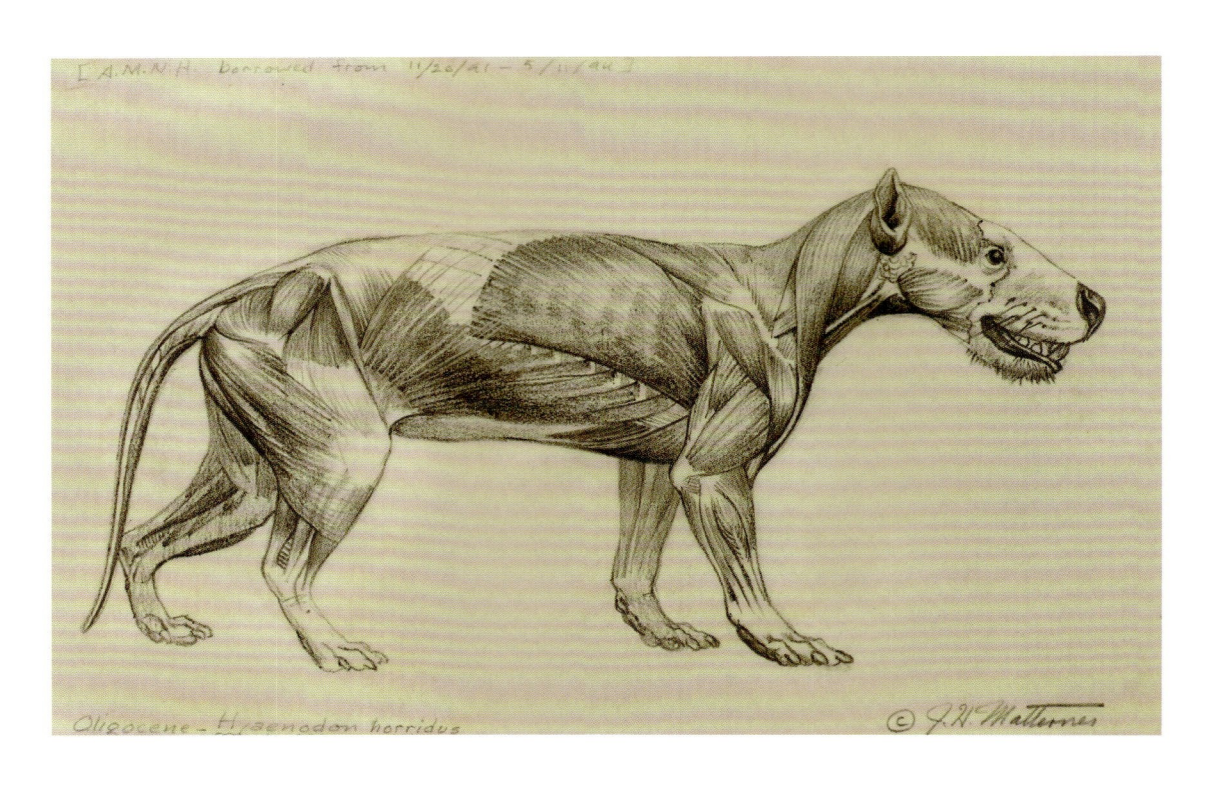

马特内斯在对相似的现代环境进行研究之后（见196—197页），绘制了壁画中的河床（下图），这种会随季节的变化而干涸的河床，是很多动物的重要栖息地。马特内斯绘制壁画中的植被时，数次请教纽约植物园的赫尔曼·贝克尔，他曾研究过蒙大拿州西部始新世晚期的植物群落。

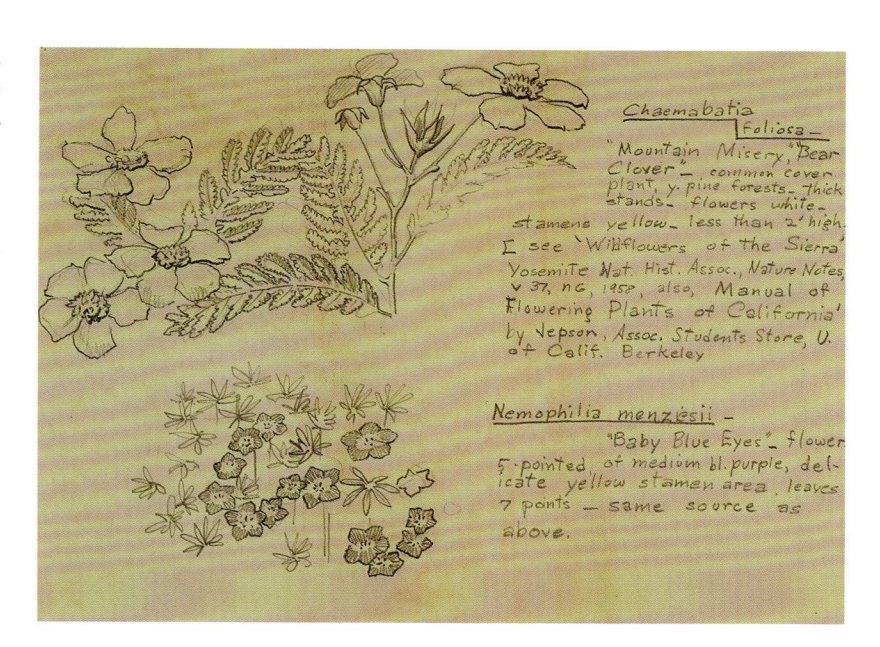

Chaemabatia foliosa —
"Mountain Misery", "Bear Clover" — common cover plant, y. pine forests — thick stands — flowers white — stamens yellow — less than 2' high. I see "Wildflowers of the Sierra" Yosemite Nat. Hist. Assoc., Nature Notes, v. 37, no. 6, 1958, also, Manual of Flowering Plants of California by Jepson, Assoc. Students Store, U. of Calif. Berkeley

Nemophilia menzesii —
"Baby Blue Eyes" flower 5-pointed of medium bl. purple, delicate yellow stamen area, leaves 7 points — same source as above.

183

Becker, Herman F. "Tertiary Flora of the Ruby-Gravelly Basin in S.W. Montana" 1960
Billings Geol. Soc. 11th Ann. Field Conference

p. 6 — **Ecological Aspects**

Lake - bog - floodplain - humid forest community

- Sedges
- Grasses
- Typha
- Equisetum   } Shoreline & bogs
- Floerkea
- Myrica

- Alnus
- Populus
- Cercidiphyllum   } distant, better drained locations
- Glyptostrobus
- Metasequoia

✓ Streams in Foothills & Lower mountains (Riparian)

- vines { Vitis
- { Smilax
- willow { Salix
- poplar { Populus
- alder { Alnus
- similar { Zelkova
- birch & beech { Fagopsis

- maple { Acer
- ash { Fraxinus   } "these may also have belonged to this group"
- tupelo { Nyssa

Lower Mountain Slopes (well-drained soil)

- beech { Fagus
- ironwood/hornbeam { Carpinus
- elm { Ulmus
- mulberry { Morus
- tree of heaven { Ailanthus
- Eucommia
- oak { Quercus *
- mtn. ash { Sorbus *

- hawthorn { Crataegus *
- smoke tree { Cotinus *

* denotes trees of the xeric open forest

[over]

2331 Atlas Peak Road
Napa, California.
December 23, 1961.

Mr. Jay H. Maternes,
Division of Vertebrate Paleontology
United State National Museum
Washington 25, D.C.

Dear Mr. Maternes:

Your letter arrived today. You have quite a collection of beasties there, and extremely well done, too. The Florissant vegetation would surely be all right for the Chadron. The difference in age is insignificant. Your mural would be for a location near the foot of the Tertiary Rockies and that puts it even closer to Florissant conditions. I suggest that you change the Liriodedron to the Fagopsis which is so characteristic of that age. The vegetation should appear to be more tropical somehow. As it is it looks a little too modern and temperate. Just how to do this I am not sure. It might help to emphasize the pinnately compound leaf a bit. The Cercocarpus was probably more of a tree than shrub. Among the common, pinnately compound, woody plants were: Carya, Juglans (abundant pollen), Ailanthus, Prosopis, Robinia, Bursera, Cedrela, Astronium, Rhus, Dipteronia, Athayana, Dodonea, Sapindus. These were all relatively common. Maybe a plant of Oreopanax along the water course might add a tropical touch. I realize, full well, that the objectives in showing the mammals require a relatively low and inconspicuous foreground. The grass might be taller and more of a bunch effect. What you are showing is the mammals, so, of course, the vegetation must take a "back seat". A species of Sequoia was common and also Zelkova. One or more species of Zelkova comprised the low ground dominants from the Eocene to the Miocene.

I am not particularly in accord with the list of plants that you give at the bottom of your fist page. The group is too modern and not really typical of the vegetation of the time although the Mahonia, Cercis and Cercocarpus were common. The Cercocarpus was different from the modern species with their xeric adaptations. The evidence indicates clearly that the Oligocene Cercocarpus was a stream-side tree like a poplar, willow or sycamore. The common oak at Florissant had long slender leaves and must have looked like a weeping willow from a distance (see plate 29) This oak was probably a low ground type.

Now please understand that the mural is an excellent piece of work as it is and fulfills its purpose most excellently. If you want to make any changes in the vegetation make it less familiar and modern. Substitute an Oreopanax for the Liriodendron (or use Fagopsis). Fagopsis, Zelkova, long-leafed poplar along the streamside, plus a Sequoia or two might help. Pinnately compound trees and shrubs should be emphasized. The background cannot be improved upon.

I enjoyed your photograph and your letter. You can find impressions of all these leaves at the museum, as you well know. Look up Oreopanax in the herbarium.

One of these days I hope to see the mural in its place and I hope that you will do more of them.

Sincerely yours,

H.D. MacGinitie.

The climate was sub tropical and probably frostless. Draw about a big tortoise?

壁画中的庞然大物

巨角雷兽（或称"泰坦巨兽"）是当时最大的哺乳动物之一，其最大特点是长有鼻角，鼻角末端呈叉状（上图）。虽然巨角雷兽与现代犀牛非常相似，但它们只是远亲。下图中，一群成年的巨角雷兽正守护着一头小雷兽免受侵扰。

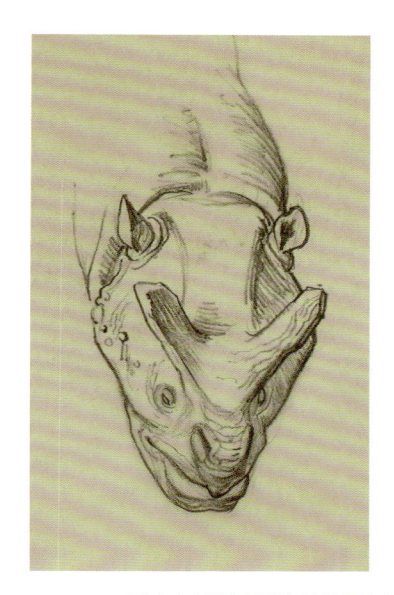

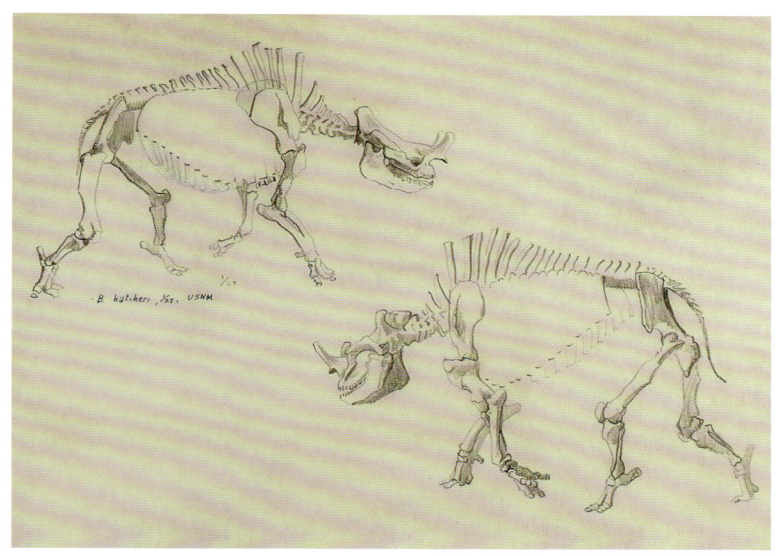

国立自然历史博物馆的巨角雷兽骨架化石，是马特内斯绘制壁画时的重要参考物（上右图），如今仍以当时样貌展出（见152—153页）。马特内斯从不同角度描绘了巨角雷兽怪异的鼻角（见上左图和对页上图）。

187

grasses

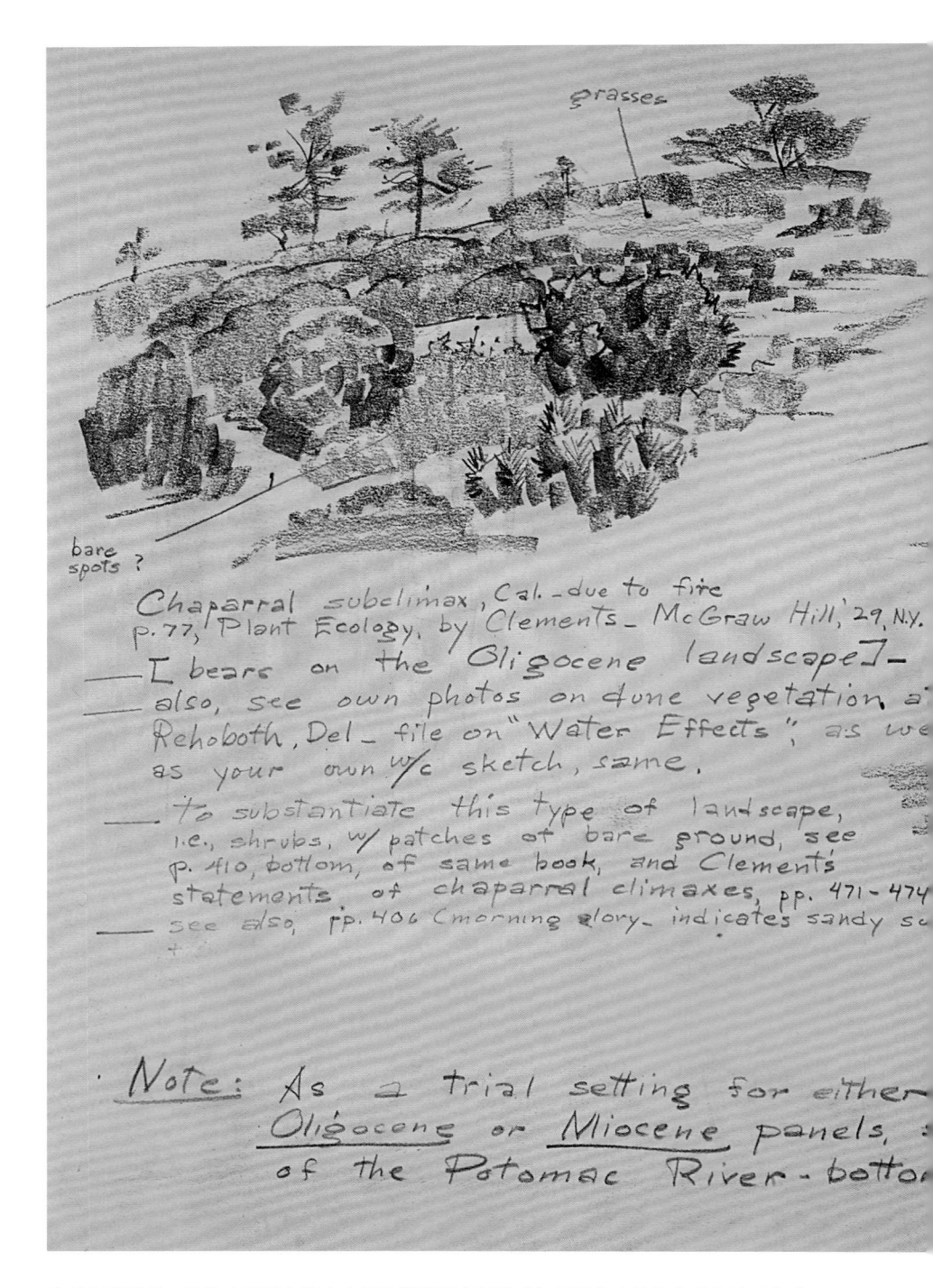

bare spots?

Chaparral subclimax, Cal. — due to fire
p. 77, Plant Ecology, by Clements — McGraw Hill, '29, N.Y.
— [bears on the Oligocene landscape] —
— also, see own photos on dune vegetation at Rehoboth, Del — file on "Water Effects", as well as your own w/c sketch, same.
— To substantiate this type of landscape, i.e., shrubs, w/ patches of bare ground, see p. 410, bottom, of same book, and Clements' statements of chaparral climaxes, pp. 471-474
— see also, pp. 406 (morning glory — indicates sandy so

· Note: As a trial setting for either Oligocene or Miocene panels, of the Potomac River — bottom

在绘制草图时，马特内斯尽力整合古植物学和现实环境（如早期的森林生态学）的研究成果，以打造可信的古代景观。请注意，马特内斯标注的"渐新世"和"中新世"分别指始新世晚期壁画和中新世中晚期壁画。

Erosion + deposit in young ravine, bad lands, Nebraska., p.81;[108] same
1. plant of unidentified kind (Juniper?)
2. apparently, silt + dust.
[applicable perhaps, to the Pliocene mural.] — usually this is a result of the human factor in ecology — denuding the soil, or sapping it of nutrients, + abandoning it to the devices of nature

color—slide
?]

— 'The Study of Plant Communities'
by H.J. Oosting W.H. Freeman + Co., San Fran

— 'Plants & Environment' — A Textbook of P
R.F. Daubenmire, 2nd ed., N.Y., John Wiley
London, Chapman & Hall, Ltd., 1947 © 1959

[Oligocene]

· 'Dynamics of Vegetation' by Clements
(H.W. Wilson Co., N.Y., 1949) *..+ Clements
— note the cover plant here is a thick carpe
  of <u>Chamaebatia foliosa</u>, an indicator
  of fire — note skeleton of burned conifer
  youngster — r.   Fire is common in chap
  areas, (most like what they specify the oli
  landscape to be), and this plant is a f
  indicator, so a cover plant like this
  might be one of the dominant cover p
  Oligocene panel. — see also p. 131. Top, sen

这是马特内斯对约塞米蒂国家公园所画的素描。虽然红杉如今主要生长在美国西海岸，但马特内斯将其画入这幅画是合理的，因为科罗拉多州弗洛里森特化石层中发现了红杉化石。然而，他最终还是没有将这一代表性树种绘入该壁画。

壁画初稿已经具备了景物、布局和颜色等重要元素，并且出现了明显的影子，覆上拷贝纸后仍可以看得很清楚。尽管初稿已经很细致，但与最终版的壁画还是有一些细节上的差别，如无角犀的尾巴和异颚鹿的数量等。

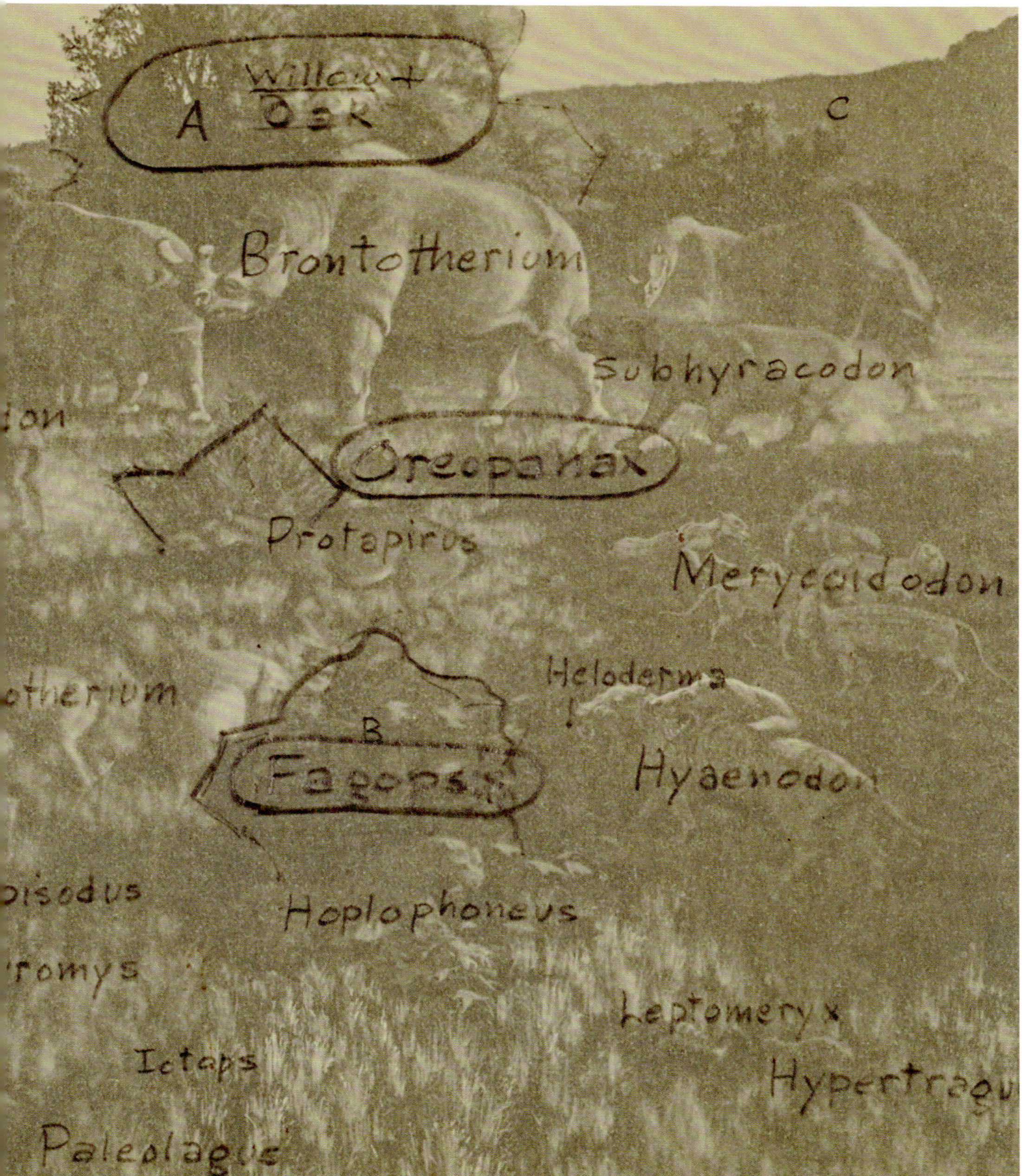

Willow + Oak
A
C
Brontotherium
Subhyracodon
Oreopanax
Protapirus
Merycoidodon
Heloderma
B
Fagopsis
Hyaenodon
Hoplophoneus
Leptomeryx
Ictaps
Hypertragu
Paleolagus

194

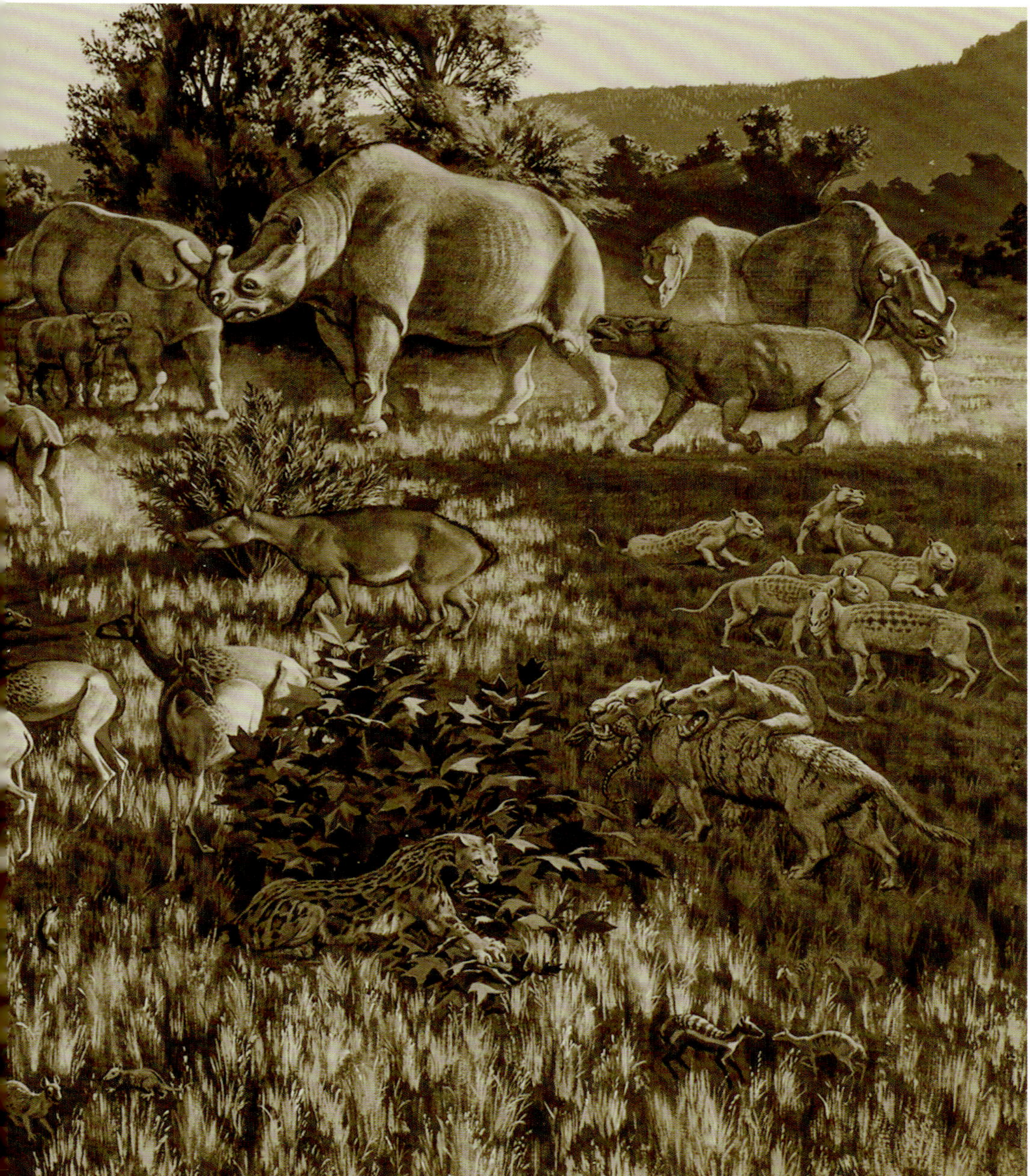

Shrubs

> This sketch, made subsequent to work on the upper left hand corner of my Oligocene sketch, shows what formation some of the cave-banks <u>should</u> have been like — because of the press of time, the correction was never made.

这幅蓝底黑白草图展示了预想中壁画左上角的河岸。但正如马特内斯在草图上注明的那样,这一预想"因为时间紧迫"并未实现。

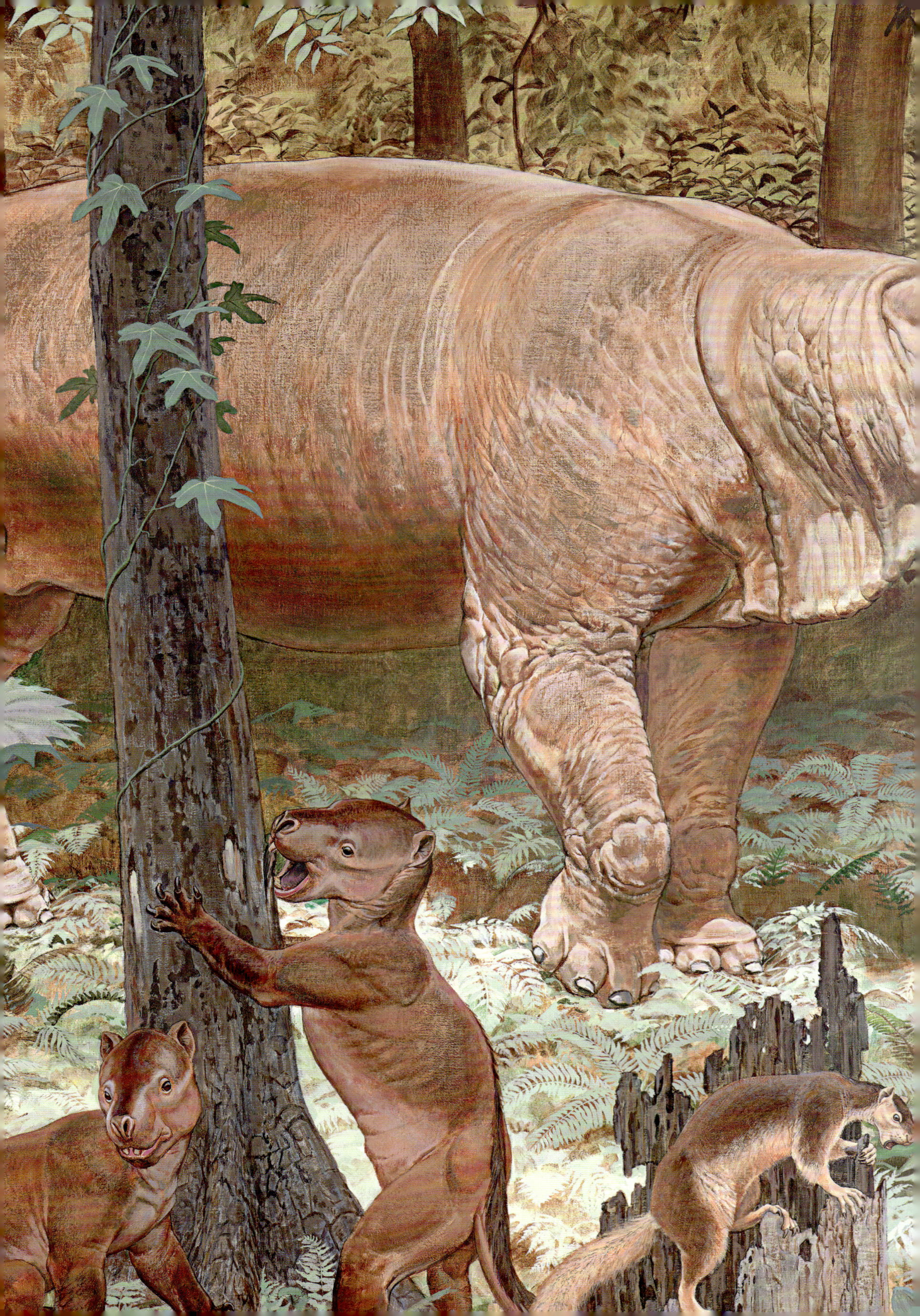

第六章
怀俄明州雨林：
始新世早中期

布里杰陆生哺乳动物时期
距今 5030 万年至 4620 万年

在约 4600 万年至 5000 万年前的始新世早中期，北美大陆远比现在温暖湿润。潮湿的雨林广泛分布在今美国西部的大部分地区，是灵长类动物、短吻鳄以及其他绝迹于此的动物共同的家园。由于落基山脉不断隆起，更为干燥的森林环境诞生，这极大地丰富了北美大陆生态系统的多样性。

哺乳动物不断进化，填补了 6600 万年前恐龙灭绝所留下的生态位，其体形开始变大。第一种真正意义上的巨型哺乳动物是犀牛大小的尤因它兽，于始新世早期在亚洲完成进化后，跨过白令陆桥迁移到北美洲。这些臀部宽大的食草动物，体形如犀牛，骨盆却宽如大象，它们与现代有蹄类哺乳动物的亲缘关系较远，且未能熬过始新世。它们那华丽的犄角和细长的犬齿既可以用来炫耀，也可以用作与其他同类搏斗的利器。

20世纪60年代，国立自然历史博物馆"北美哺乳动物时代"展厅中的始新世早中期壁画。

当时，大多数哺乳动物的体形比起尤因它兽都要小得多，但也各有特色，组成了一个新老物种混合的奇特生态系统。这个群体中某些物种已经灭绝，其外形可能类似猫、犬或其他动物，并在生态系统中扮演着类似的角色。但其他一些如裂齿目、纽齿目和古乏齿兽类的动物，则长相怪异，其习性难以捉摸。一些现代动物谱系中的早期成员仍存活至今，只是其中很多动物已在美国绝迹，如灵长类动物和貘。在始新世怀俄明州的雨林中，古灵长类动物在阔叶棕榈树间活动，树下的河水里不时有鳄鱼出没，此情此景，令人恍若置身于中美洲。

远古世界的遗迹

北美地区有两个组，尤以保存大量始新世化石而闻名。一个是格林河组，人们在此发现了蔚为壮观的始新世早期化石，该组是一个厚岩层，由犹他州、科罗拉多州和怀俄明州交界处三个远古大湖形成。得益于地层中的细颗粒沉积物，湖泊及其周边动物的化石得以完好保存，其中包括哺乳动物、爬行动物、鸟类和鱼

1933年，史密森学会的标本制作人诺曼·博斯正在安装萨尼瓦巨蜥的骨架。

类。另一个就是布里杰组，由以上大湖泊附近的溪流和洪泛区的沉积物形成，人们在这里发现了更为丰富的陆生动物化石。不仅如此，这两个组保存了多处植物化石，使得始新世早中期的植物被世人所知。基于此，人们方能对始新世的动植物有深入的了解。

最初，人们对这些地层的探索是沿着第一条横贯大陆的铁路线展开的。1869年之后，古生物学家沿着这条铁路前往西部。从怀俄明州的格林河和布里杰堡出发，就可以进入化石遍地的荒野之地。该地区随后成了爱德华·柯普和奥思尼尔·马什进行"化石战争"的分战场（见150页和267页）。他们的成功吸引大批学者陆续来到西部，其中包括美国自然历史博物馆的亨利·费尔费尔德·奥斯本和普林斯顿大学的威廉·贝里曼·斯科特，他们收集并仔细研究了布里杰组的哺乳动物化石。

怀俄明州凯默勒以西约24千米处的一个山谷中，在由乳白色泥灰岩形成的古化石湖里，人们发现了无数的鱼类化石，周边还有众多植物和其他动物的化石。1972年，化石峰国家保护区建成，用以保护这一珍贵的格林河组露头。

壁画的诞生

始新世早中期壁画是马特内斯最先开始也是最早完成的壁画。1957 年，他在时任馆长刘易斯·盖曾的指导下开始创作，刘易斯提供了一份哺乳动物标本清单并对壁画内容指明了大致框架。该壁画聚焦布里杰陆生哺乳动物时期的哺乳动物，特别展示了出土于布里杰组中的动物，呈现一幅傍水而居的陆生动物群像，水生样貌只出现在画面的右下角。

在国立自然历史博物馆，与这幅壁画配套展出的，是始新世早中期的各类哺乳动物化石，它们均为史密森学会的化石藏品。与始新世晚期（当时称为渐新世）的展览一样，博物馆展出了一系列化石头骨，以显示这些远古哺乳动物在体形和饮食上的多样性。一同展出的还有爬行动物的化石，特别是大鳄鱼和萨尼瓦巨蜥。1960 年，马特内斯完成了这幅壁画。

博物馆决定聚焦于布里杰组出土的化石所体现的生态系统，这意味着格林河组的化石几乎不会参与展出。后来，继任馆长决定重新布局，将展览重点聚焦于格林河组化石，包括始新世湖床发掘的鸟类、鱼类化石和一块巨大的棕榈叶化石。博物馆聘请罗伯特·海因斯绘制了一幅描绘远古湖岸线的新壁画。马特内斯创作的始新世早中期壁画则租给了位于阿尔伯克基的新墨西哥州自然历史科学博物馆，至今仍在那里展出。

目前于新墨西哥州自然历史科学博物馆展出的始新世早中期壁画。

怀俄明州雨林 始新世早中期

布里杰陆生哺乳动物时期，距今 5030 万年至 4620 万年

怀俄明州，布里杰组
绘于 1960 年
布面丙烯；368.3 cm × 553.72 cm

1. 悬铃木
2. 无患子
3. 海金沙
4. 麦吉尼蒂
（扇叶梧桐）
5. 尤因它兽
6. 球子蕨
7. 蒲葵
8. 古雷兽
9. 枫香树
10. 疏齿鼠
（啮齿类动物）
11. 假熊猴
（灵长类动物）
12. 犀貘
（早期奇蹄类动物）
13. 裂齿兽
14. 假鼠
15. 纽齿兽
16. 沼貘
17. 父猫
18. 荷马兽
（早期偶蹄类动物）
19. 始新马
20. 双锥齿兽
（早期偶蹄类动物）
21. 慈姑
22. 豕齿兽
23. 中爪兽
24. 始贫齿兽
25. 类剑齿虎
26. 紫萁
27. 古鬣齿兽
28. 萨尼瓦巨蜥
29. 淡水龟
30. 凤眼莲
31. 睡莲
32. 鳄

206

207

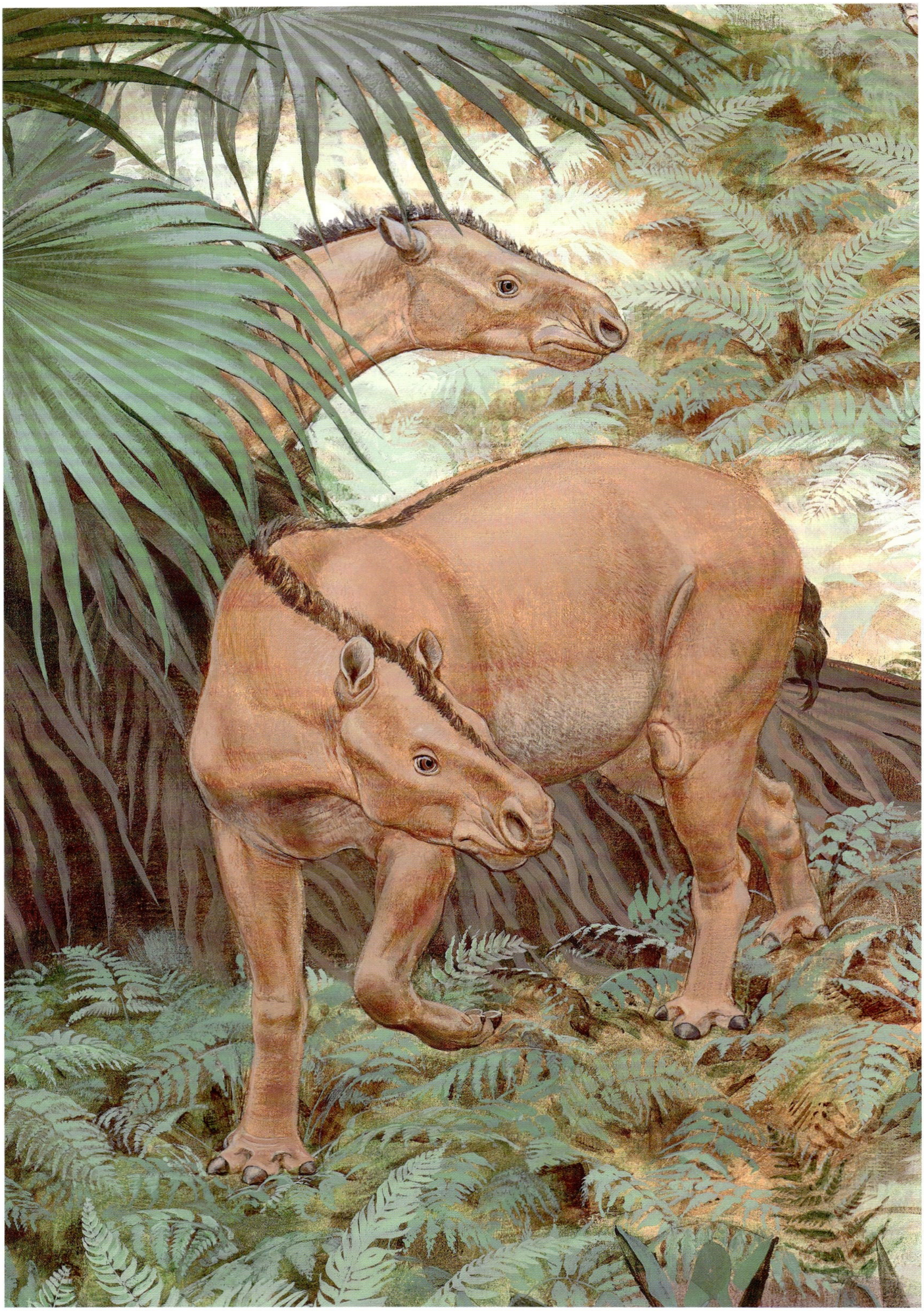

足与面

  壁画的种种细节表明马特内斯格外重视哺乳动物面和足的呈现。在对页图中，两头犀貘正穿过一片低矮的灌木丛，其中一头犀貘足中间的主脚趾十分清晰，展现了奇蹄类动物的典型特征。犀貘虽然长得像马，但与貘和犀牛有着更近的亲缘关系。

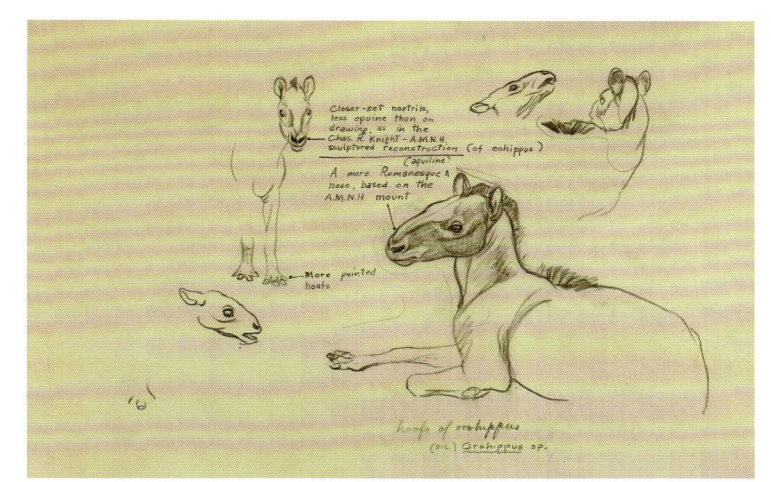

在这些研究草图中，始新马的面部表情和一系列动态姿势跃然纸上，马蹄也得以多角度展示。在最终完成的壁画中，马特内斯根据其中一些草图，绘制了沼貘。

209

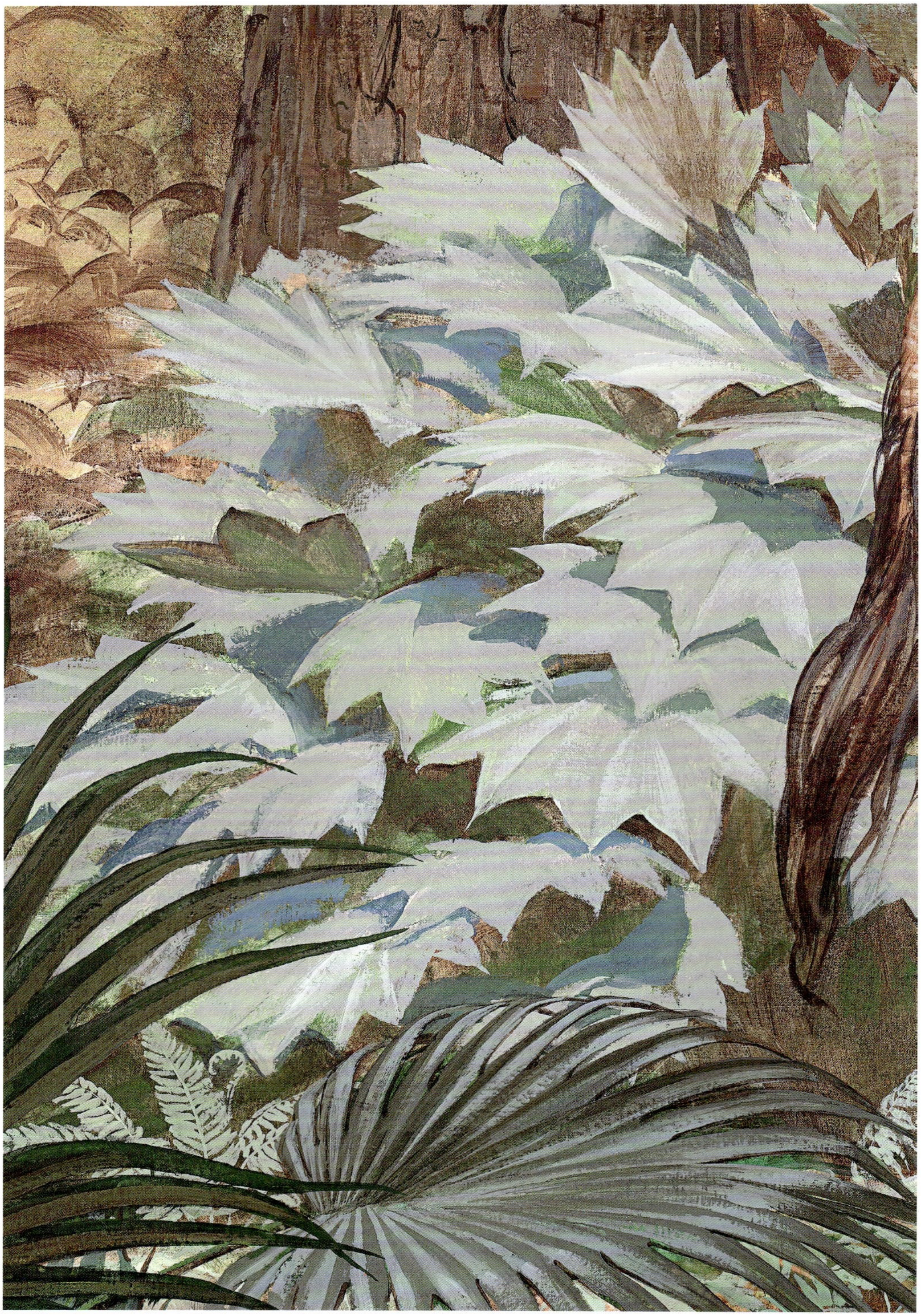

美洲西部的远古亚热带地区

化石峰湖床的化石记录了一个远古时期的亚热带常绿阔叶林带，那里长满了棕榈树、象耳植物和大型阔叶树。常见的一类化石是麦吉尼蒂（见对页图和本页左上图），这种现已灭绝的植物与梧桐树有亲缘关系，叶子呈扇形，名字源于任职于加利福尼亚大学伯克利分校的古植物学家哈利·麦吉尼蒂。另一类常见的化石是四出叶裂的蕨类植物海金沙（见本页右图）。海金沙存活至今，是一种热带藤蔓植物，通常缠绕在其他树木的主干上。马特内斯的壁画中，池塘边缘长着慈姑（见本页左下图），水面上点缀着睡莲和凤眼莲。绘制这些植物时，马特内斯依据的是相似环境下的现存植物，而非化石峰的化石。

神秘的早期巨兽

尤因它兽的头部有多处凸起，还有一对长牙，不免让人想起犀牛和河马，但尤因它兽属于早期巨型食草哺乳动物谱系中的一员。马特内斯从研究骨架化石开始（见214—215页），绘制了栩栩如生的尤因它兽形象。从某些方面来看，初期草图（对页）的表现力似乎更强。

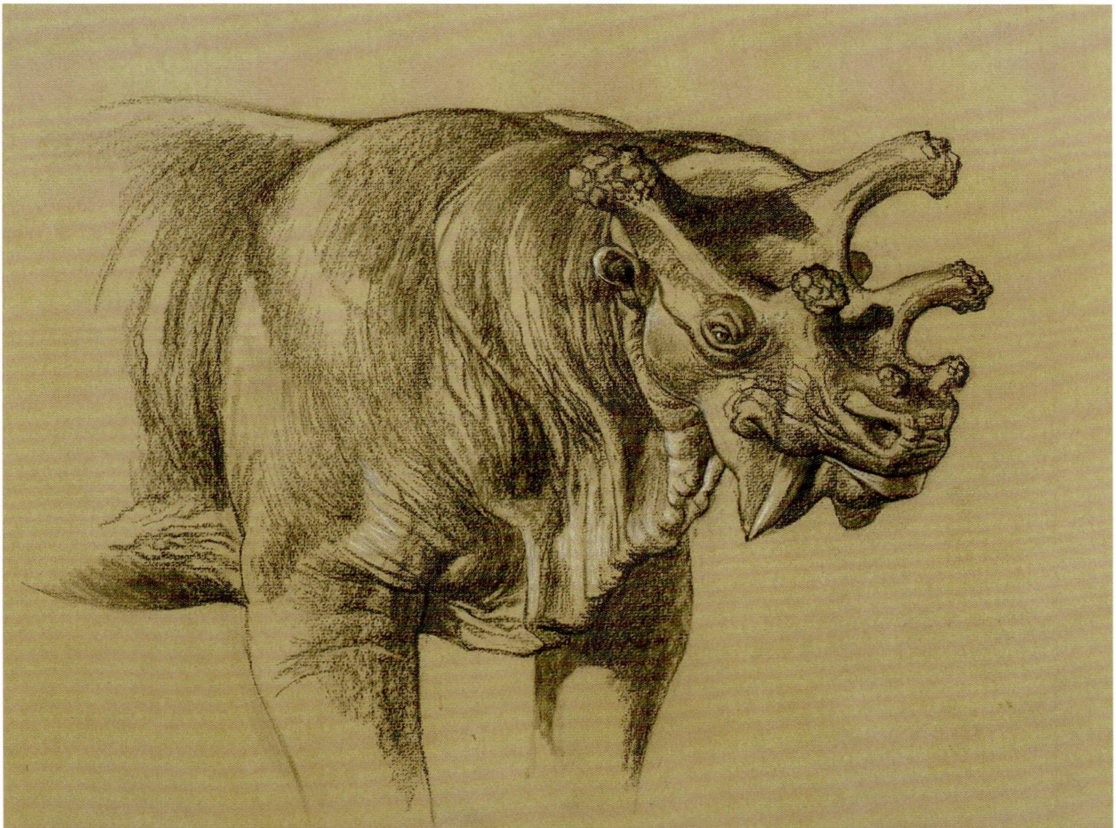

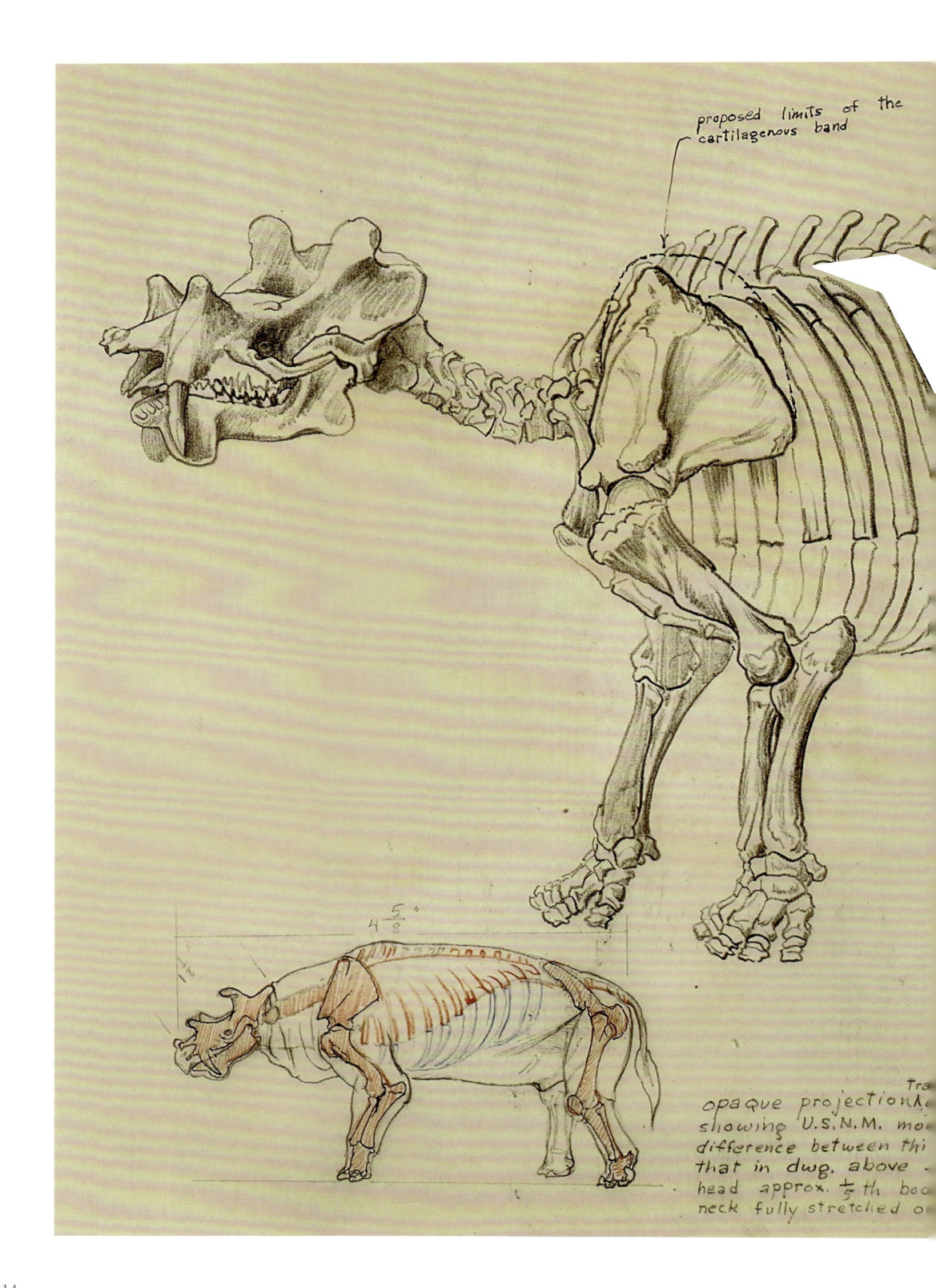

proposed limits of the cartilagenous band

4 5/8"

Tra
opaque projection
showing U.S.N.M. mo
difference between thi
that in dwg. above
head approx. 1/5 th boo
neck fully stretched o

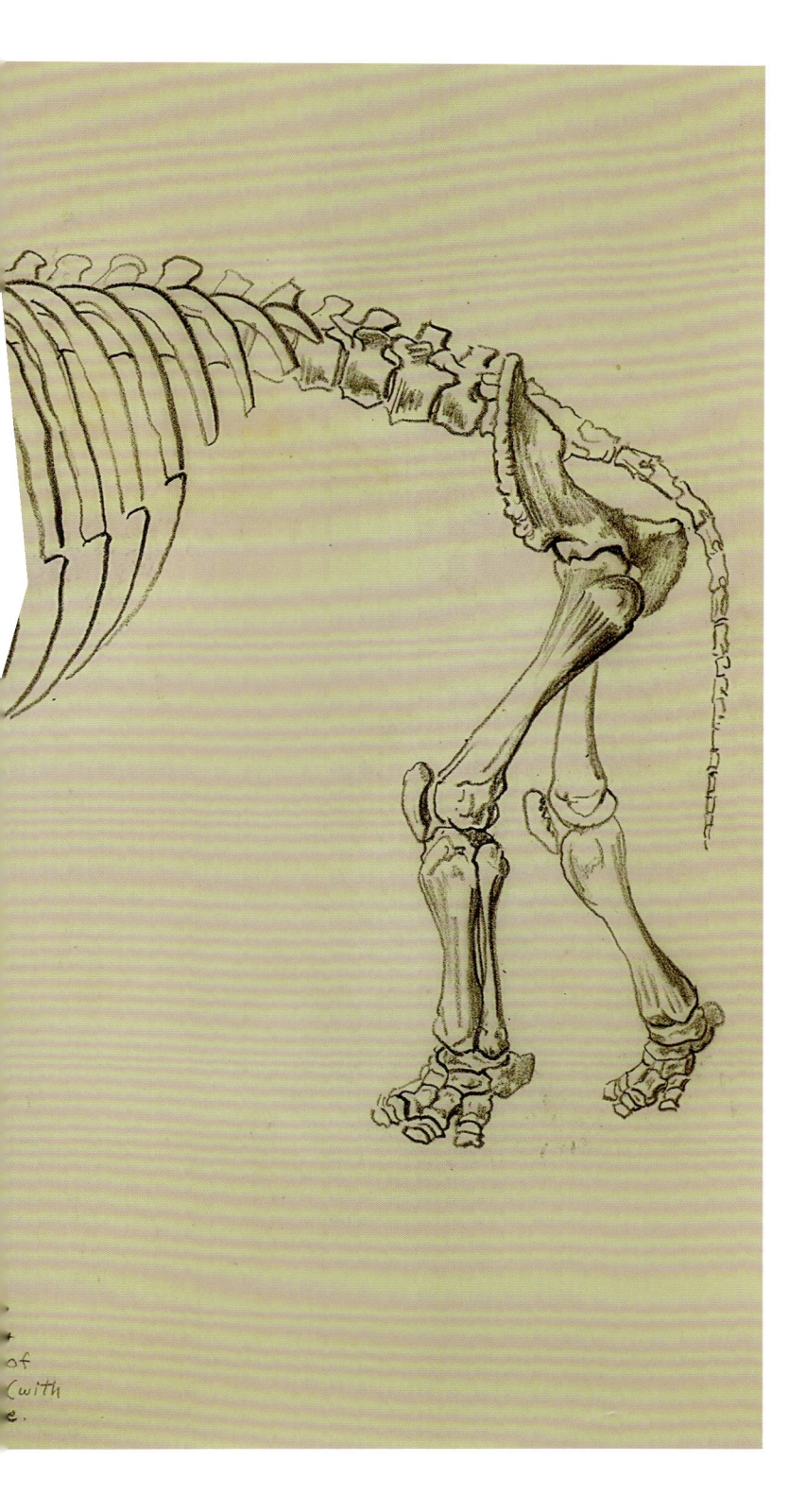

国立自然历史博物馆收藏的尤因它兽骨架，为马特内斯的绘制工作提供了许多重要细节（见212—213页）。

泥泞中的搏斗

对页图中，一只类剑齿虎正张嘴咆哮。类剑齿虎并不是猫科动物，而是一种古老的肉齿目牛鬣兽科的食肉型哺乳动物。此时，这只类剑齿虎正死死按住自己的猎物——萨尼瓦巨蜥。周围深深浅浅的足印，记录着它们之间的激烈搏斗。这正是马特内斯突显动物脚部特征的又一方法。在正式绘画之前，马特内斯先画出了搏斗双方的足印，本页图便是萨尼瓦巨蜥的足印。

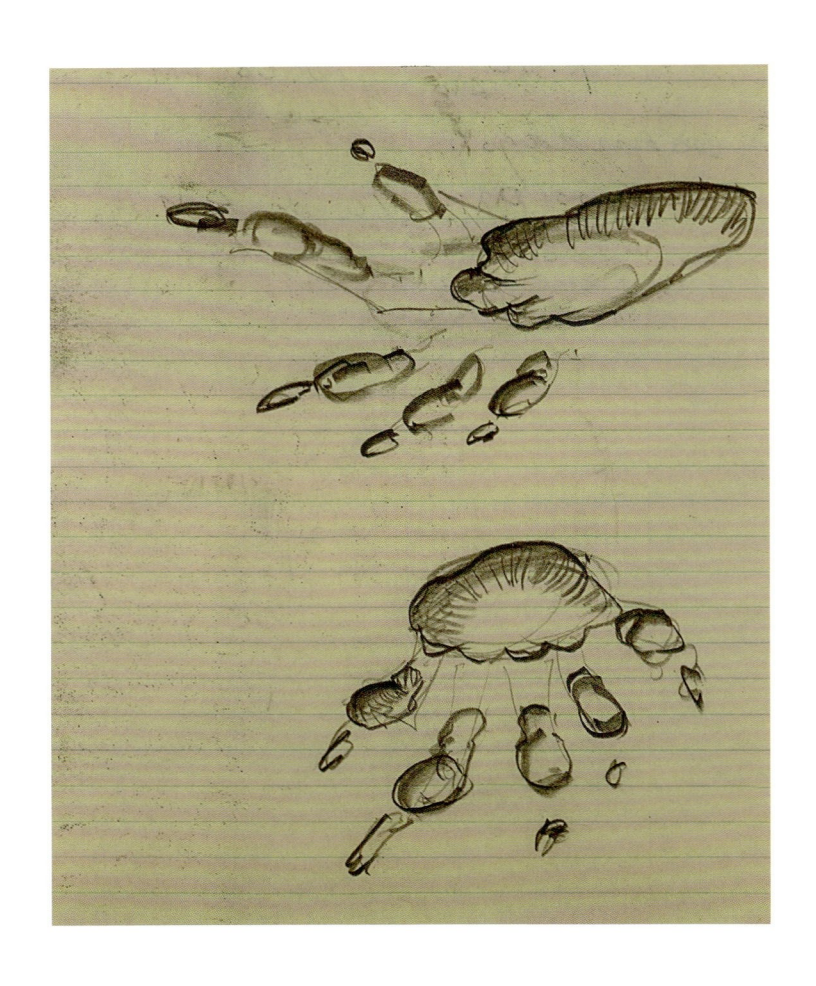

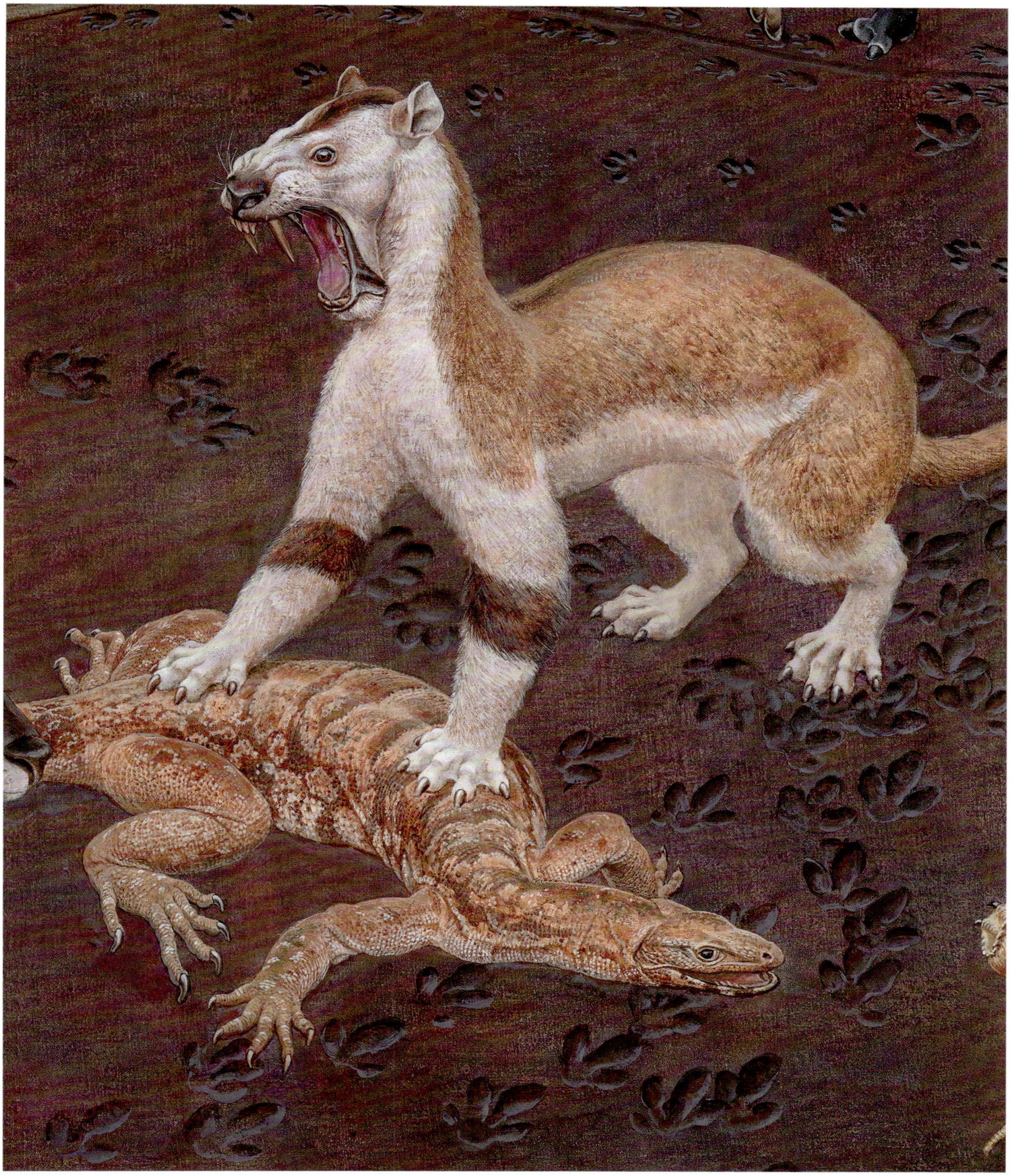

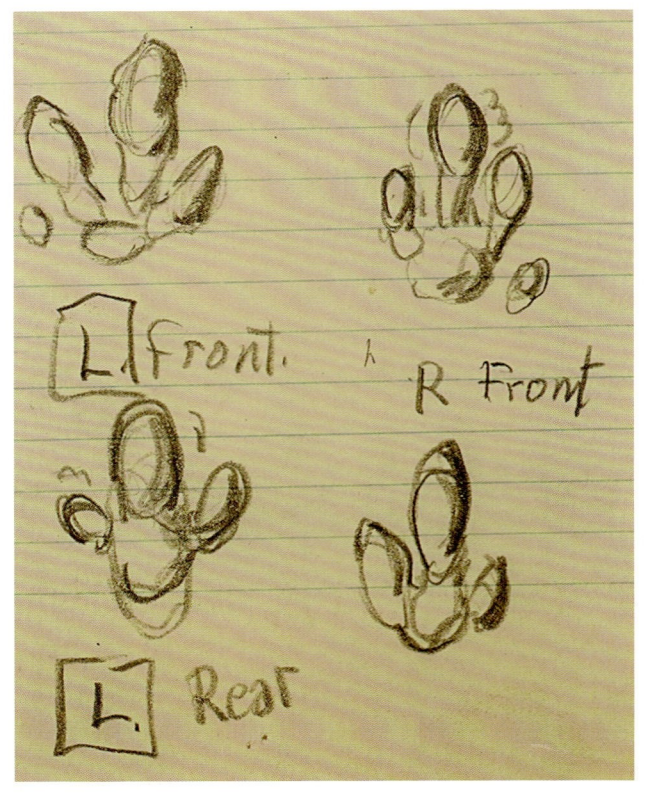

像犬爪的马蹄

上图是始新马的最终版本，对比之前的草图（见 209 页）可见，马特内斯对它们的姿势做了很大调整，但保留了其独特的面部表情。蹄印的草图（下图）与壁画上呈现的并无差别，展现了这些早期马的典型特征，即前蹄四趾，而后蹄三趾。

北美洲的灵长类动物

灵长类动物假熊猴外表酷似狐猴，极易辨认。上图中，两只假熊猴正在枫香树上东张西望。在一张前期绘制的草图（下图）中，一只假熊猴正闭眼小憩。在今日美国境内，始新世早中期生活着好几种灵长类动物，假熊猴只是其中之一；到了始新世晚期，随着气候变冷和亚热带森林面积不断减少，灵长类动物才逐渐在此地消失。

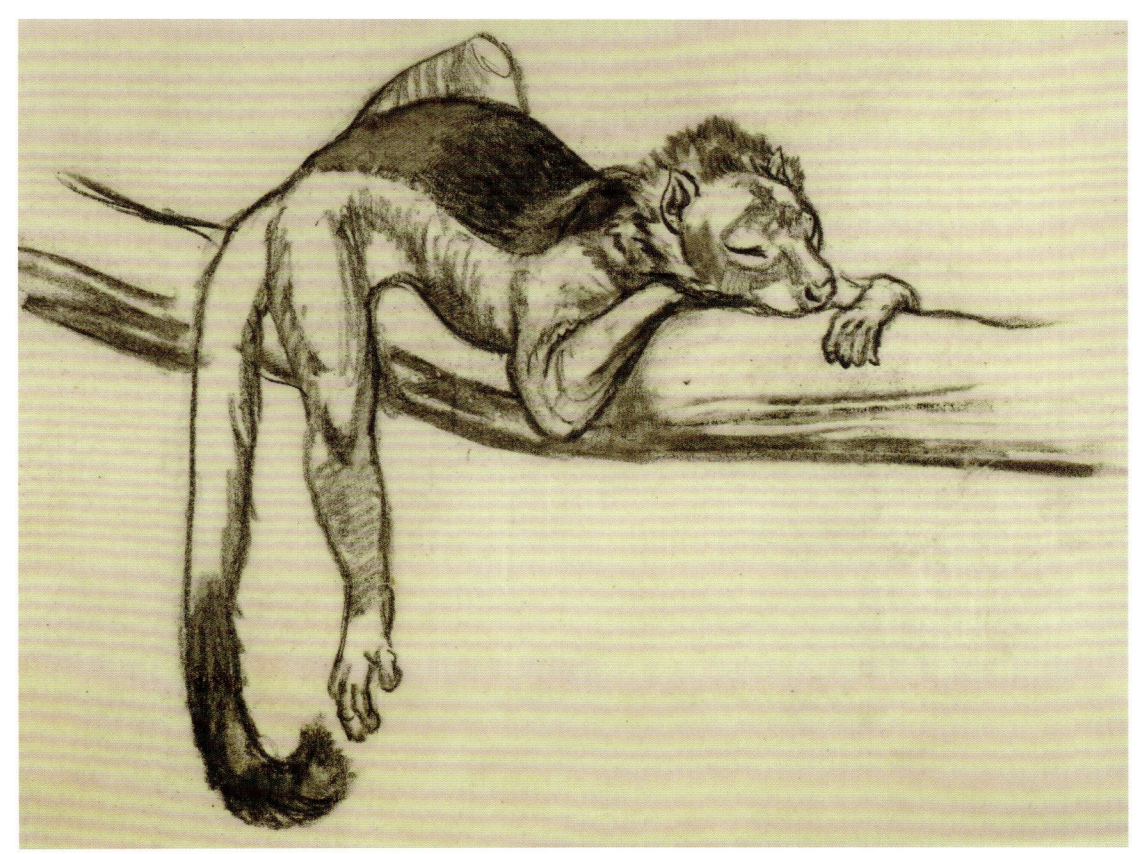

220

大号猫爪

父猫是一种食肉动物,外表类似美洲狮,但却不是猫科动物,它们的鼻子宽大,眼部外凸,爪子很钝、不能伸缩。和类剑齿虎(见217页)一样,父猫也属于肉齿目,在现代食肉型哺乳动物出现之前就已经完成了进化。在描绘这只正在跟踪猎物的父猫时,马特内斯仔细展示了其右前爪的细节。(见对页图)

在这幅草图中,马特内斯标注了父猫身上重要的解剖细节,还绘制了其全身肌肉复原图和完整复原图。草图中的父猫,其皮毛明显比壁画中的父猫蓬松,而且也不太像美洲狮。

早期的雷兽

古雷兽正在长满蕨类植物的空地上漫步，而啮齿类动物疏齿鼠则爬上了前方的树枝。在数百万年的时间里，雷兽进化出了巨大的体形（参见巨角雷兽，第186—187页），但在始新世早期，它们还只有貘一般大（尽管貘的体形并不是特别小）。从马特内斯精心绘制的脚掌（左图；另见187页）来看，雷兽具有奇蹄目动物的典型特征，即第三趾特别发达。

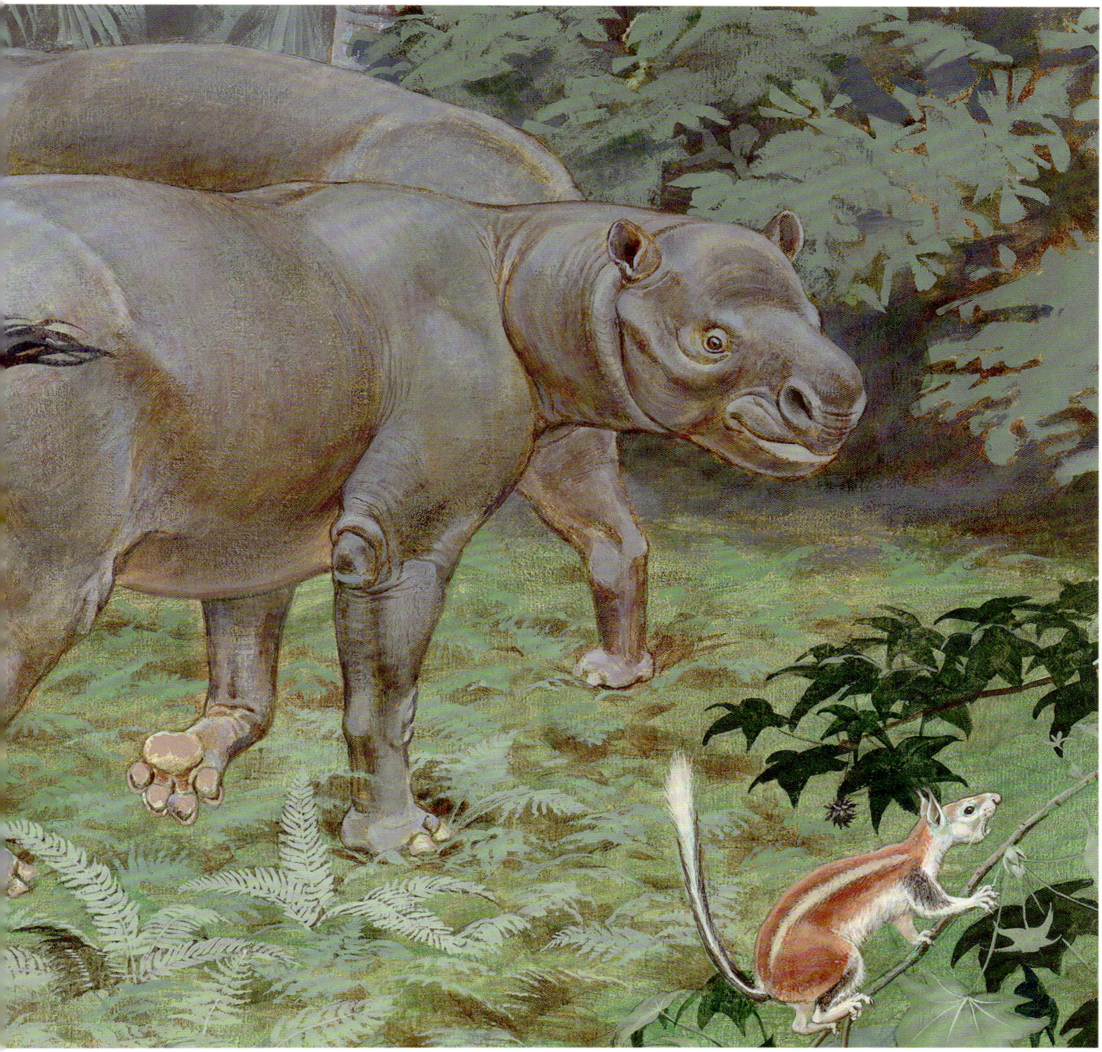

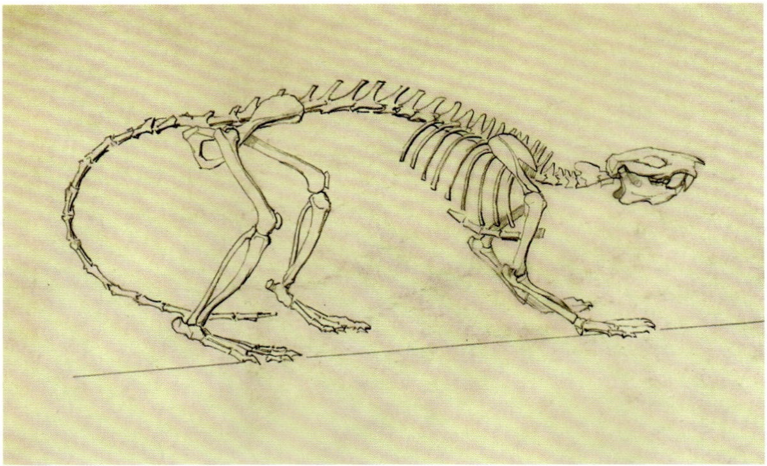

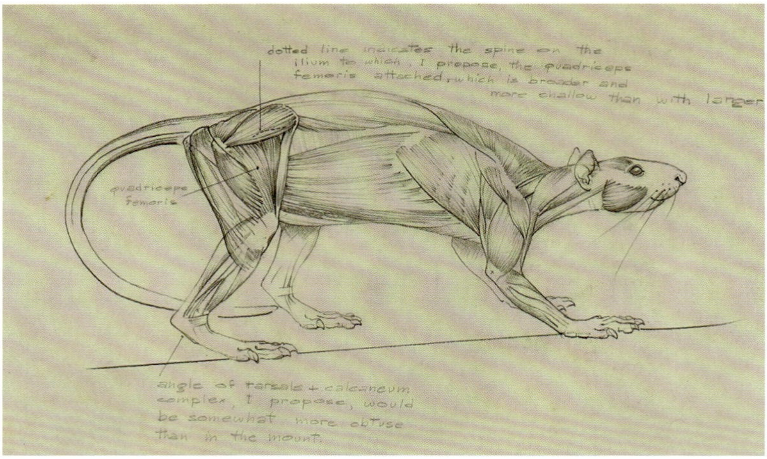
dotted line indicates the spine on the ilium to which, I propose, the quadriceps femoris attached, which is broader and more shallow than with larger
quadriceps femoris
angle of tarsals + calcaneum complex, I propose, would be somewhat more obtuse than in the mount.

I If the mount is correct, (U.S.N.M.)
The gait of the animal would be

在始新世，啮齿类动物进化出多个物种。壁画中展示了两种截然不同的啮齿类动物，它们都呈爬行姿势，有些像松鼠。疏齿鼠（上方）体形娇小、细长，在马特内斯笔下，疏齿鼠看起来毛茸茸的。而对页三幅草图中，假鼠看起来则更大，也更健壮，相较于爬行，它们可能更擅长挖掘。

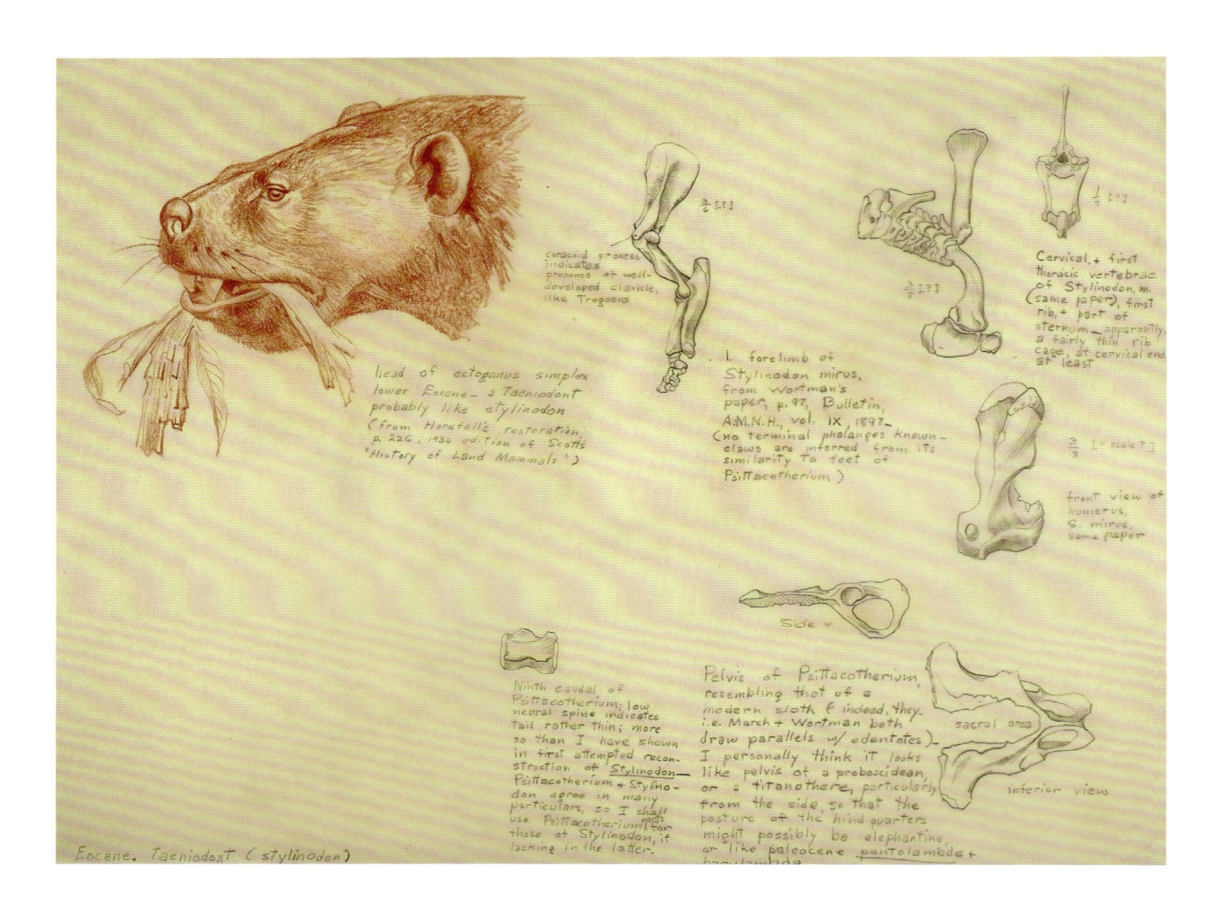

奇特的纽齿兽是早期胎生哺乳动物，以粗糙的根和块茎为食，它们的龅牙、门齿、犬齿以及不断生长的臼齿已经完全适应该习性。

纽齿兽的爪子大而扁平，四肢强壮，肘部强壮有力，这些特点表明它们擅长挖掘。纽齿兽的体形相当于一头强壮的猪。

始新世的鳄鱼与现代鳄鱼颇为相似，人们对其了解源自几块保存完好的化石标本。在这组姿态各异的鳄鱼草图中，马特内斯将颜色涂在了纸的背面（上图），这样，鳄鱼的肤色似乎是从外皮纹理的"下面"显现出来（下图）。

228

在这幅图中，马特内斯细致地描绘了早期奇蹄目动物豕齿兽的面部特征。新的研究表明，豕齿兽是一种具有回声定位能力的穴居动物，现在的鼩鼱和无尾猬（马达加斯加特有的小型哺乳动物）也拥有这种能力。

零星各异的始新世动物

裂齿兽与纽齿兽（见226—227页）有一些相似之处，这表明它也是以粗糙的植被和树根为食。它有凿子状的门牙、强壮的下颚和弯曲的爪子。裂齿兽重约136千克，模样像熊，在素描图中，姿态各异的裂齿兽栩栩如生（见对页上左图）。

始贫齿兽的四肢适合掘土，它只有少量的颊齿，可能类似于现在的食蚁兽，而且它与穿山甲是远亲。下图是马特内斯早期绘制的复原草图，但最终壁画中呈现的始贫齿兽更像獏。始贫齿兽属于古乏齿兽类动物，但其亲缘关系尚存争议。

这幅草图体现了壁画设计的最初理念，即按亲缘关系将动物分组，再将其置于不同背景前。相比之下，初稿（234—235页）的构图则更加自然，是将不同的动物放在同一背景中。这幅初稿就是马特内斯创作壁画之前的最终版本。

Carnivora

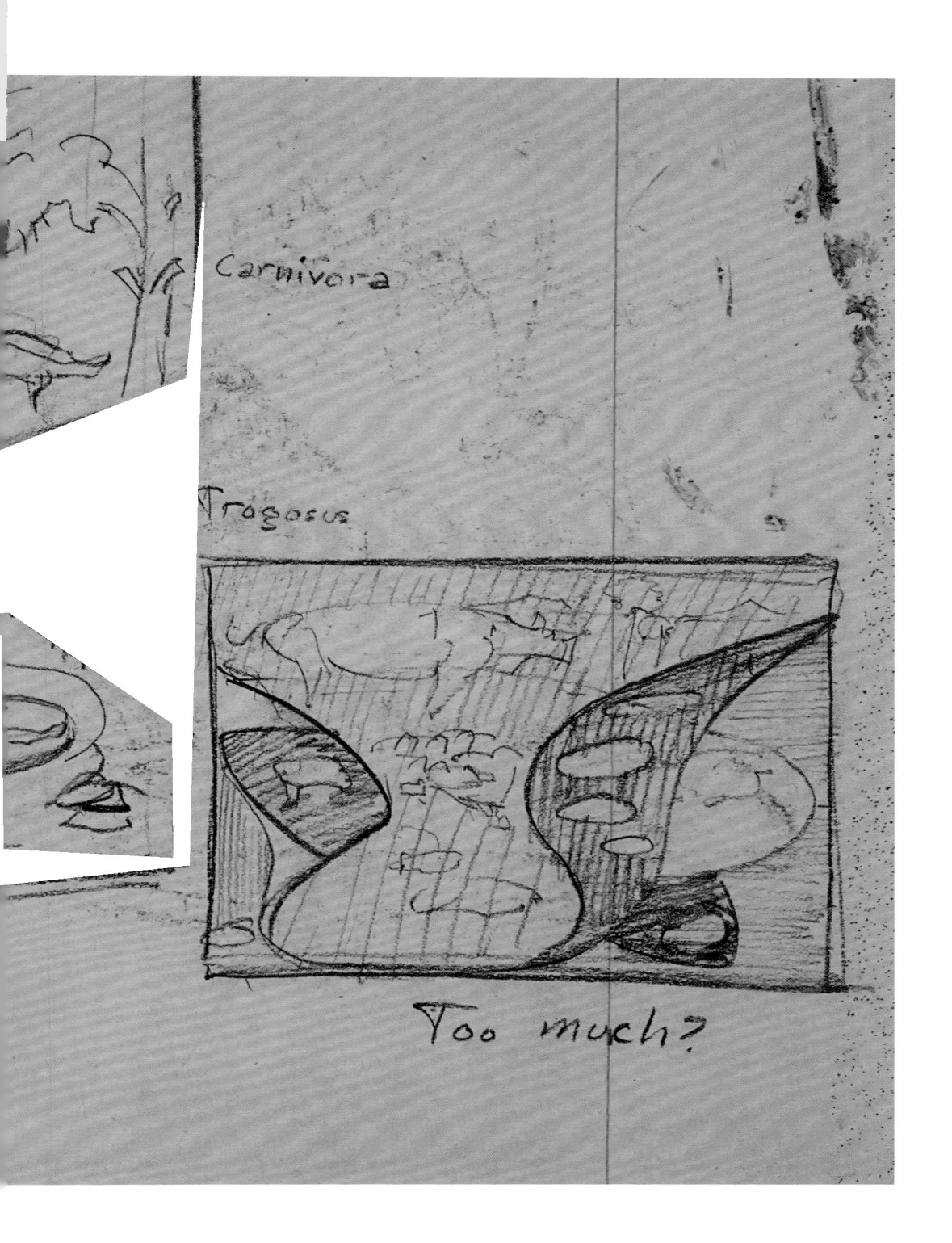

Trogosus

Too much?

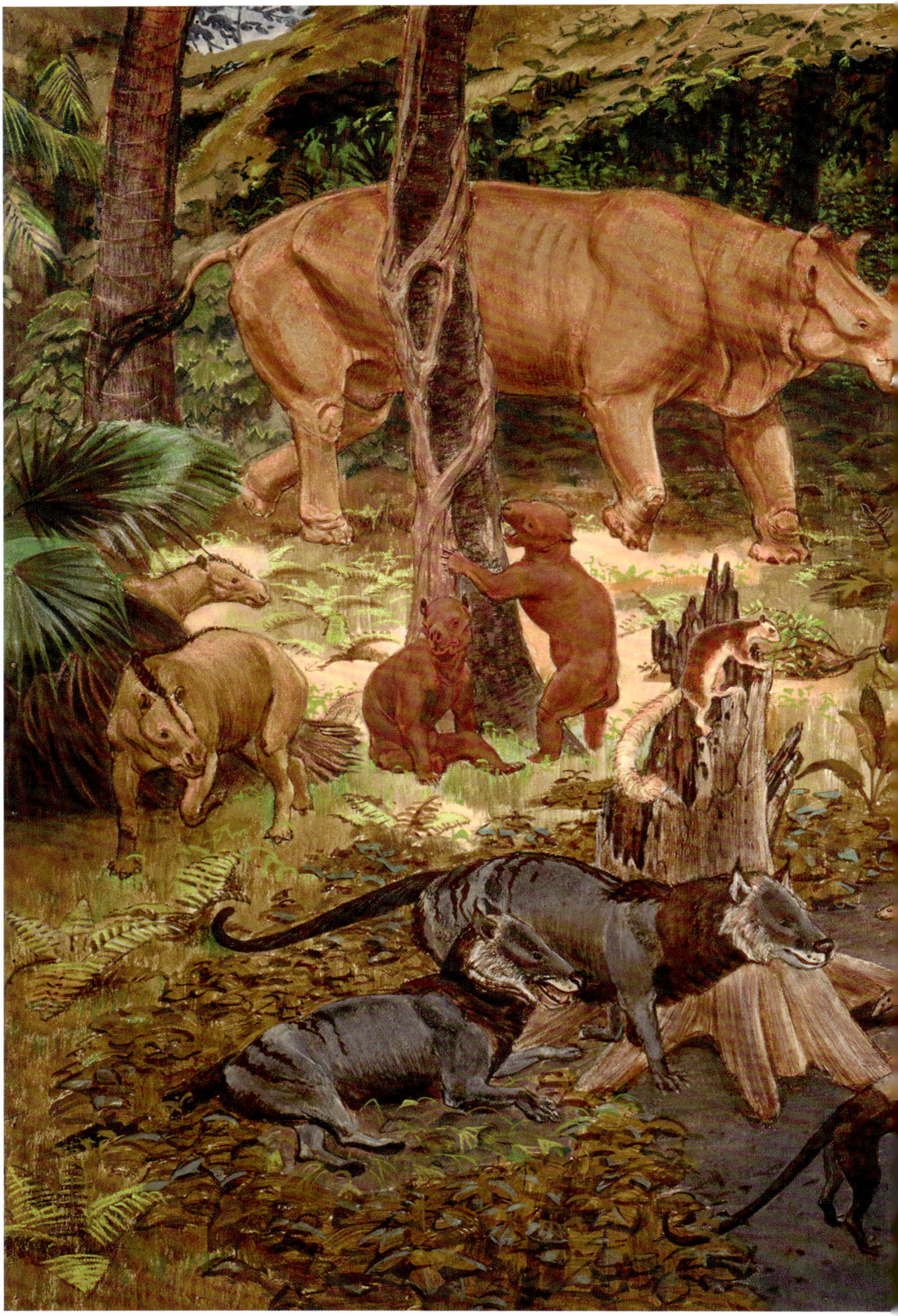

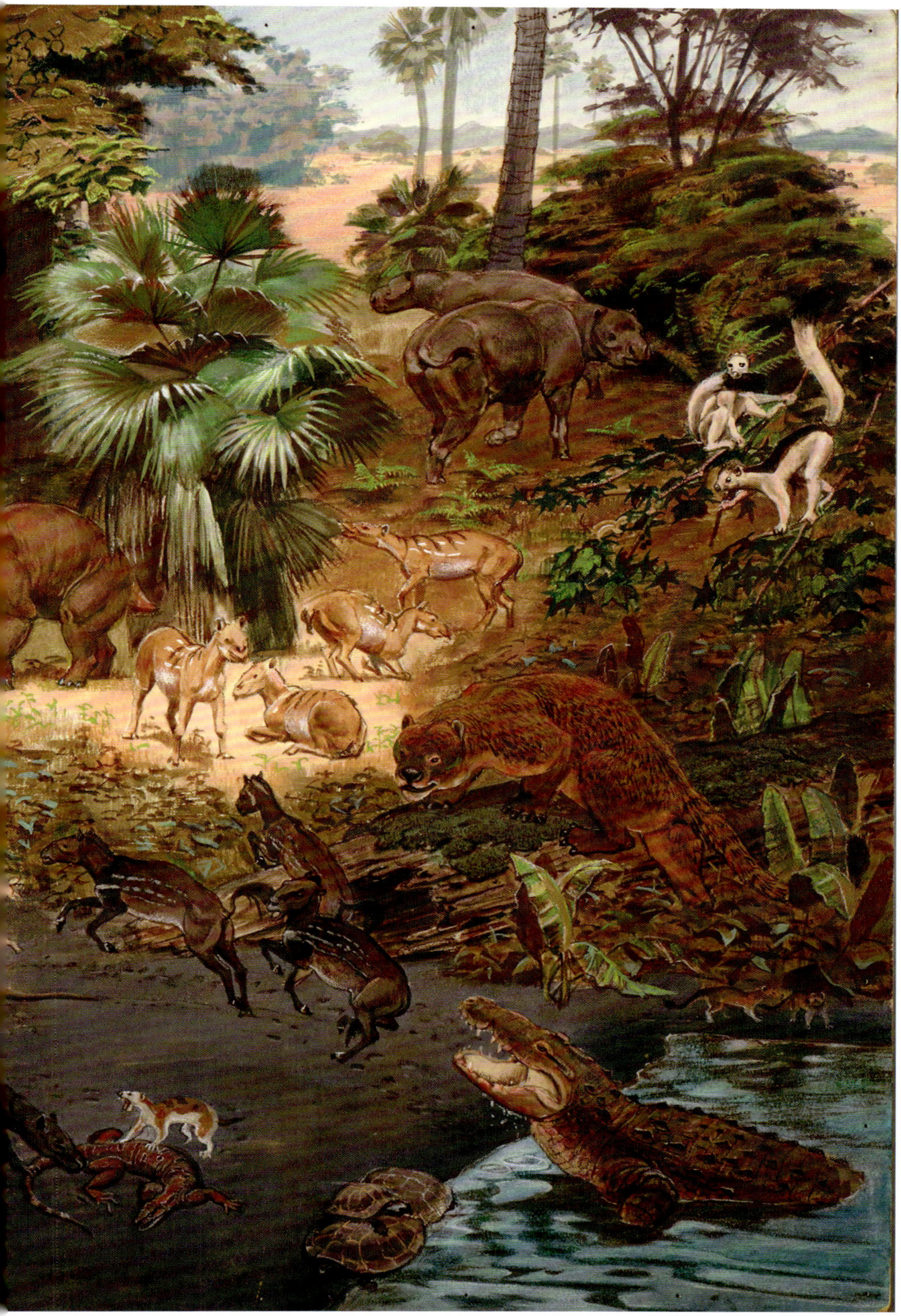

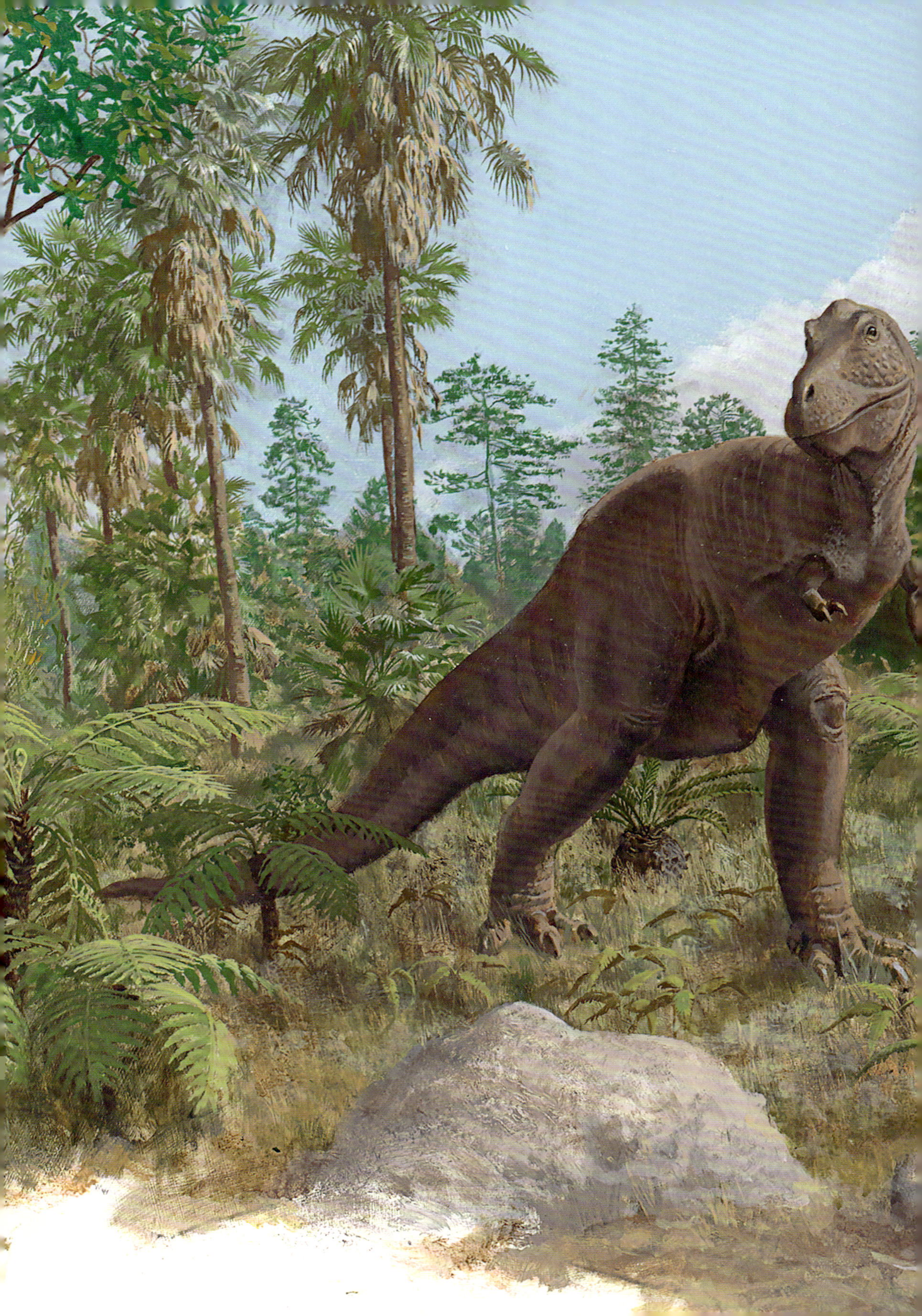

第七章
中生代透景画

晚白垩世、晚侏罗世、晚三叠世 — 早侏罗世

杰伊·马特内斯不仅绘制了前几章所展示的壁画，还受国立自然历史博物馆委托，绘制了四幅透景画，描绘中生代四个不同时空的动植物群。就像展现始新世早期到更新世晚期的壁画一样，四件透景画之间也跨越了近1.4亿年的时光。同壁画一样，透景画的绘制也是基于史密森学会收藏的化石标本，这些化石来自那些著名的、储量丰富的地层，常与透景画联袂展出。

这组透景画的绘制企划和发展过程也与壁画相似。自1962年起，时任馆长尼克·霍顿列出了每幅透景画中的物种清单，旨在表现恐龙和其他大型爬行动物。马特内斯负责透景画的整体布置和单个物种模型的设计，雕塑家诺曼·尼尔·迪顿则负责模型制作。不同于壁画创作时的哺乳动物复原，马特内斯在透景画的绘制中更多地参考公开发表的文献。他后来提到："我对爬行动物的解剖学知识知之甚少，因此，我必须在一定程度上依靠前人的研究。"

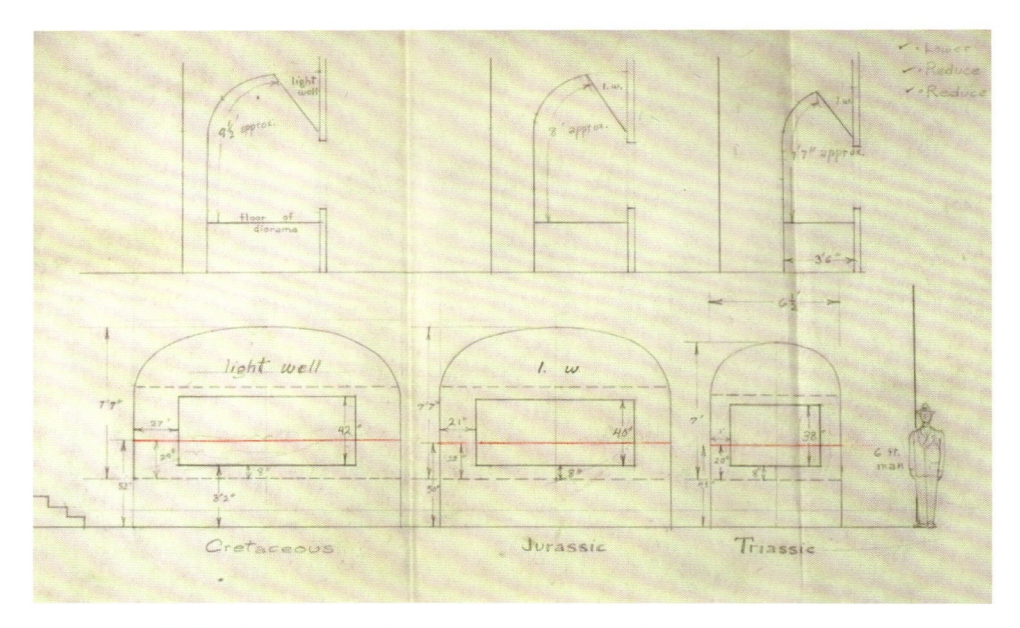

三件描绘陆地景观的透景画，原设计是并列安置在恐龙展馆的楼厅里。每件透景画都安装在一个半圆形的围罩装置中，其背景沿着弧形面展开，参观者可以通过一个平面窗口观赏。此图为透景画展区的侧面和正面图。

马特内斯按 1∶3 的比例制作动物的立体模型，并将其邮寄给迪顿。接着，迪顿在艾奥瓦州的工作室里制作出全比例的模型，再将其寄给霍顿审查。之后，马特内斯再根据霍顿的意见进行修改。

立体模型安装之前，最后一个步骤是由马特内斯绘制透景画的背景，他使用油画颜料，而先前为哺乳动物进化史绘制壁画时用的是丙烯颜料。为了弱化颜料的自然光泽，他运用从詹姆斯·佩里·威尔逊那里学来的绘画技术，后者曾为纽约的美国自然历史博物馆创作哺乳动物的透景画。马特内斯将不透明的"帕玛尔巴白"作为基础颜料，混合其他的颜料后用于背景的绘制。等油彩干透后，刷上薄薄一层脱脂乳与水 1∶2 的溶液，边刷边用大号点画刷轻拍，以防溶液往下流，直至表面变干。由此产生的哑光效果使颜料的光泽度降低，在绘制天空时尤其需要呈现这样的效果。最终形成气势恢宏、精美绝伦的背景（见 240—241 页）。

这些透景画是按 1∶12 的比例制作的，其宽度从约 2.5 米到 4.3 米不等，对应现实中约 32.9 米到 51.2 米宽的场景，可供艺术家完整画出如梁龙那样的大型恐龙。三幅描绘陆地景观的透景画各安置在一个半圆形的玻璃纤维罩中（由诺曼·尼

238

尔·迪顿制造），设有平面观察窗用于参观者欣赏。罩子内部装有顶灯，刚好避开参观者的视线。描绘海洋景观的白垩纪透景画则别出心裁：它被设计为俯视的欣赏角度，如同俯瞰水面一般，灯光则从玻璃纤维罩外缘向内照射。

按原本计划，这四件透景画要在1963年12月恐龙展厅完成翻新时展出。然而，这项始于1962年的工作，因其难度直到1967年才最终安装好。最先制作完成的是三叠纪透景画，之后是侏罗纪透景画和白垩纪陆地透景画。展现海洋生态的晚白垩世透景画，虽然进入了模型审批阶段，但最终还是没有进行制作，主要是考虑到这种自上而下的观看方式太过特别，且不能保证有效照明。

楼厅展出的三件透景画逼真地复原了该馆展出的各类化石。即便如此，这些透景画仍不可避免地遭遇了变故：20世纪70年代末，相关策展人移走了白垩纪陆地透景画中的莎草模型，他们担心游者会把莎草误当成草，而草在晚白垩世尚未进化出来，但仔细观察背景图，还可以看到莎草。1981年，当展厅再次翻修时，这些透景画被移到了主展厅，并与相应时期的化石联袂展出。2014年，这些透景画被拆除，由国立自然历史博物馆永久收藏。

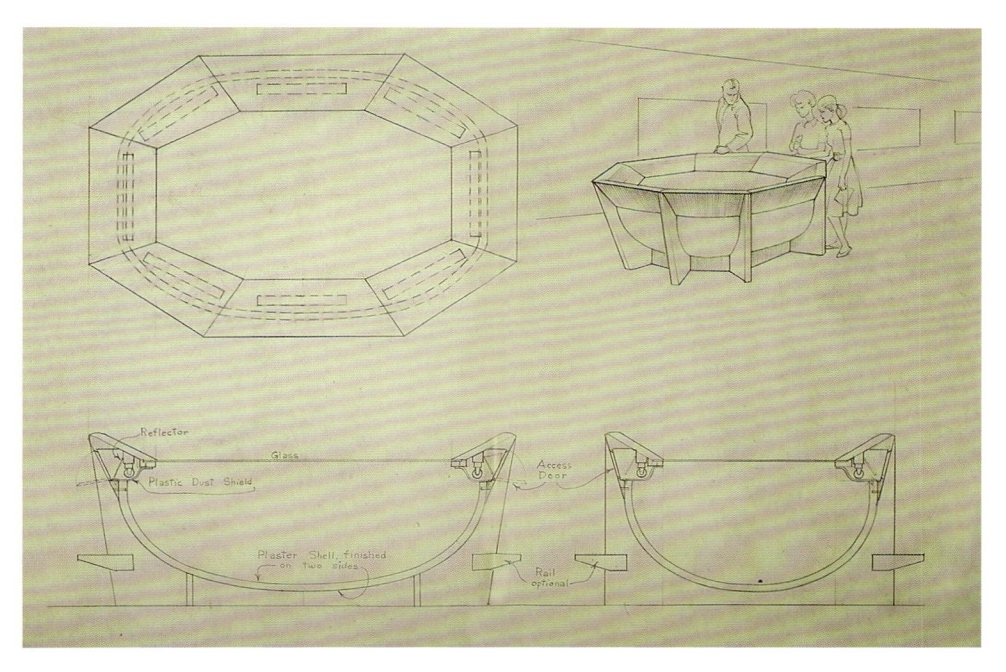

晚白垩世海洋透景画（未完成）与众不同的设计图，从中可以看出透景画整体呈碗状结构，参观者观看时犹如俯身看向水面。本图的右上角体现了另外三幅透景画于后墙上的位置。

239

西部内陆海岸线 晚白垩世陆地景观
距今 7800 万年至 6600 万年

加拿大艾伯塔省，老人组和恐龙公园组
怀俄明州和蒙大拿州，地狱溪组和兰斯组
设计并绘制于 1962 年至 1967 年
未标录画材；247.65cm 高 ×406.4cm 宽 ×20.32cm 深

　　晚白垩世透景画展示了中生代最后几百万年间北美洲西部的景观。事实上，晚白垩世北美洲西部有两个物种群：一个生活在现今加拿大的境内，距今 7800 万年至 7500 万年；另一个生活在现今美国北部的北美大草原，距今 6800 万年至 6600 万年。当时，这两个地区尚属沿海低地的环境，非常适合恐龙的繁衍，其品种和类型多有相似，诸如鸭嘴龙类、角龙类、甲龙类和暴龙类，它们是地球上最后一批恐龙。该区域地貌景观绵延至北美大陆中部的内陆海地区。与透景画所展示的环境相比，实地环境更潮湿，地势更低，岩石更少，但温暖湿润的气候足以让棕榈树茁壮成长，致使棕榈树和其他显花植物开始主导当地的生态系统。

北美洲西部的地层中保存着极为珍稀的晚白垩世化石，从中人们获得了远多于中生代其他时期的信息，这一切要归功于150多年来的化石收集热。19世纪80年代以来，古生物学家们就在考察怀俄明州的兰斯组，自20世纪初考察蒙大拿州和达科他州的地狱溪组，他们在那里收集了暴龙和三角龙等代表性恐龙物种化石，以及丰富的植物、鱼类和小型脊椎动物化石。加拿大艾伯塔省的老人组和恐龙公园组是真正的恐龙化石宝库，拥有分属不同群体的数百具恐龙化石遗骸，这里的地层年代比地狱溪组和兰斯组更为久远，某些方面的化石资源更为丰富。20世纪初，美国和加拿大的各大博物馆在巴纳姆·布朗和斯滕伯格家族的牵头下对这些地区进行了多次考察，前者为美国自然历史博物馆工作，后者则为许多不同的博物馆提供私人藏品。值得一提的是，这里发现了名目繁多的鸭嘴龙类和角龙类恐龙化石。

以这两组地层为基础，透景画融合了白垩纪最后1000万年至1500万年的场景。虽然画中动物并非都属同一时代，但它们确实成功地突显了角龙、鸭嘴龙和暴龙等恐龙物种的优势地位。透景画还重点展示了史密森学会收集的许多重要化石，包括蛇发女怪龙、三角龙、埃德蒙顿龙、冠龙和奇异龙的化石。霍顿希望强调恐龙的多样性，这也许能解释为什么透景画中没有白垩纪的其他动物，如翼龙、哺乳动物和蜥蜴，这些动物化石也都是史密森学会的藏品。

透景画的弧形背景图展现了天气晴朗、景观壮阔的白垩纪生态环境。左边浅水区里，可见一只鸭嘴龙和一只蜥脚类恐龙，而右边缓坡上则有一只警觉潜伏的暴龙。

水边的鸭嘴龙

鸭嘴龙是一类大型食草动物,其牙齿繁多,头冠各异。古生物学家最初对鸭嘴龙的"木乃伊"化石展开研究时,根据其体现出的蹼足和鳗鱼状尾巴等特点,认定鸭嘴龙属于半水生动物。实际上,鸭嘴龙现已被认定为陆生动物,它们后肢有蹄,前肢有爪,其尾巴是坚挺的,而并非图中的那样在泥中留下拖拽的痕迹(上图)。

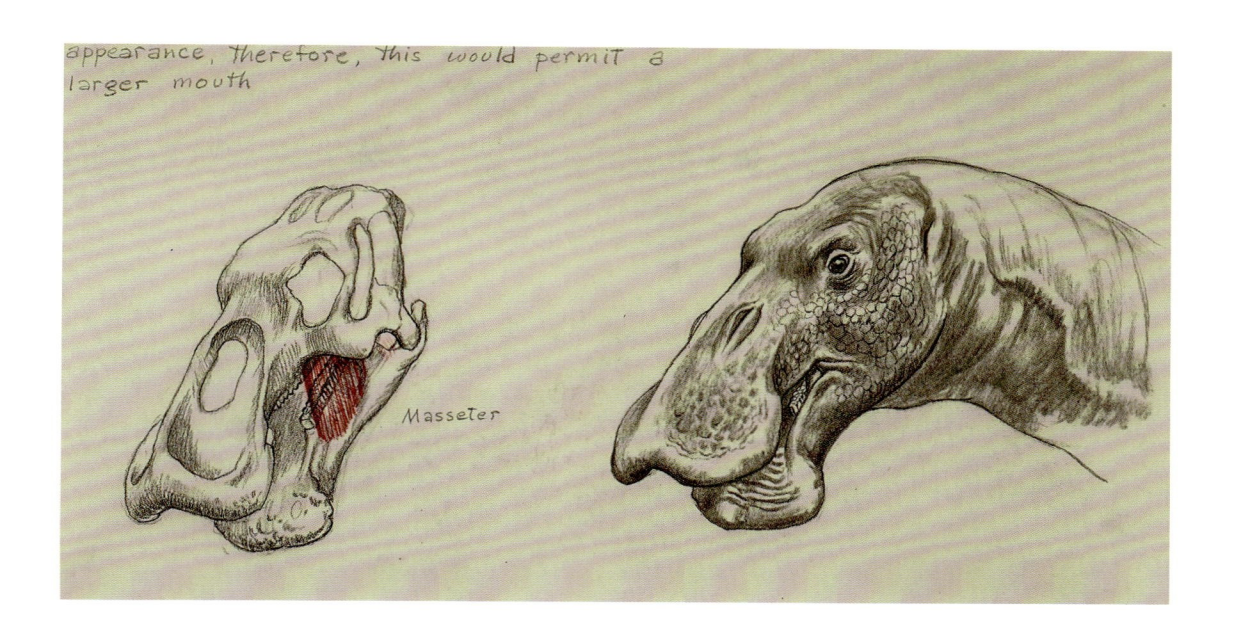

appearance, therefore, this would permit a larger mouth

Masseter

这些研究草图展现了鸭嘴龙的各种姿态，包括坐姿图（未采纳）、下颌肌肉的复原图，以及波纹状口腔内部结构复原图（按推测画出）。实际上，鸭嘴龙的嘴部长着角状喙，用于啃食植物，但通常不会被保存下来，它们的喙应比图中所示更为突出。

proposed typical Hadrosaurian seated position — Note: probably in error (Mar. '63)

Parasaurolophus, walking

Hadrosaurian swimming position (Corythosaurus)

Masseter
Corrugated gum to serve same function as incisors (no fossil evidence — merely speculation.)

243

Gorgosaurus
Tyrannosaurus
Thescalosaurus
Monoclonius
Triceratops

白垩纪恐龙一览

在这幅白垩纪恐龙的群像中,虽然没有体现出它们的身高比例,但却完美展现了它们的各种姿势、习性和形态,有些形态被应用到透景画的绘制中。此处,马特内斯用简单的线条体现出他研究所得的诸多细节(见248、252、258—259页)。

几十年来，人们一直以为蜥脚类恐龙在白垩纪结束前就已经灭绝。但在1922年，史密森学会的查尔斯·吉尔摩，在犹他州北角山白垩纪最晚期的岩石中发现了阿拉摩龙化石。它们虽然并不生活在透景画中所展示的北部地区，但马特内斯还是在画中绘制了一只蜥脚类恐龙。

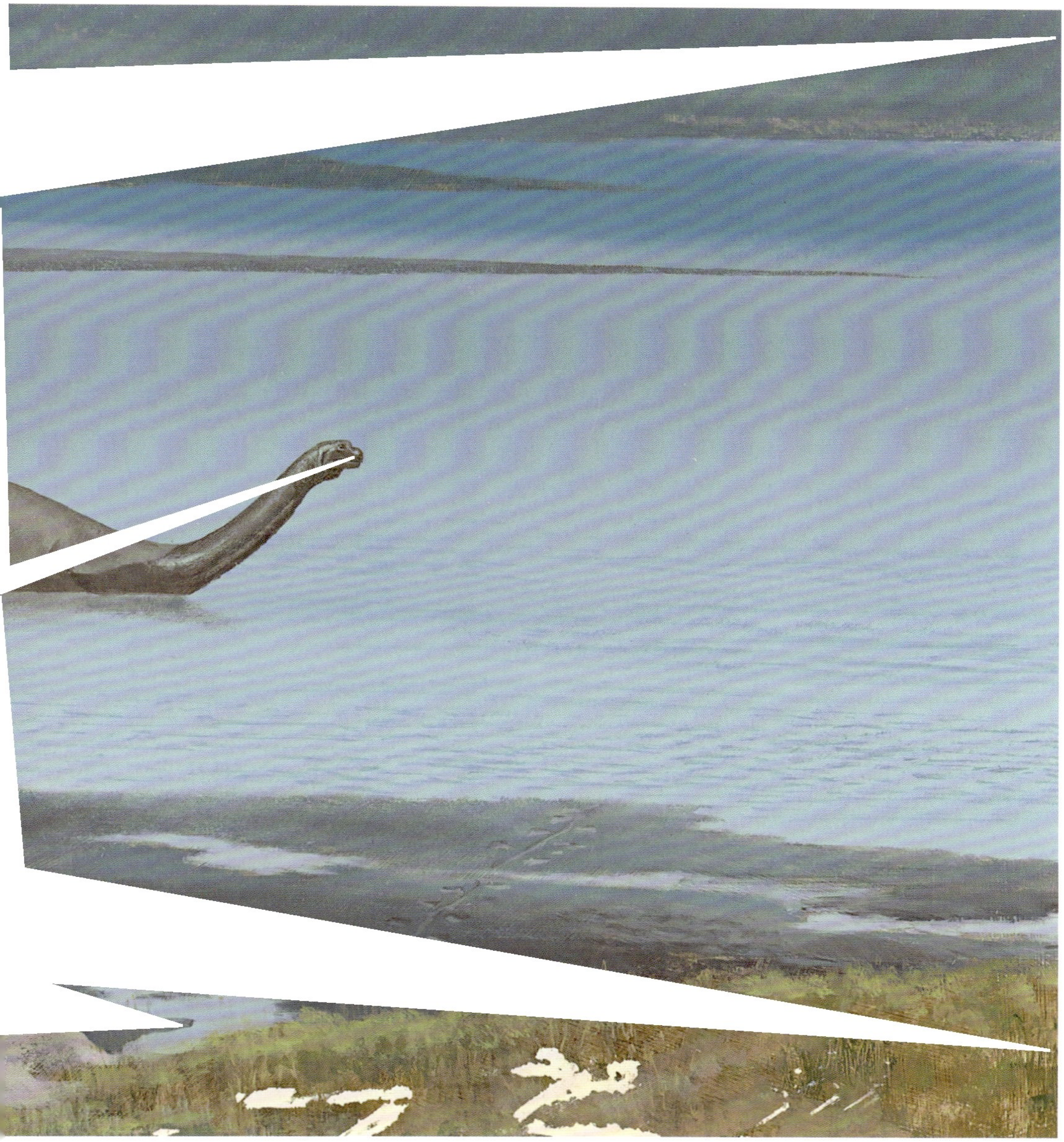

似鸵龙外形如同鸵鸟，没有牙齿，身躯纤细，行动可能十分敏捷。它的发现打破了人们对爬行动物的认知：起初，科学家们推测似鸵龙获取速度的方式是拍打一种类似皮肤的膜，这种膜称作翼膜，连接着动物的肘部和侧身。如今，人们了解到，很多恐龙即便没有这样的"加速器"也可以迅捷、灵活地行动。

末代恐龙的棕榈树

地狱溪组地层的上层中保存了很多棕榈叶化石，但更古老的加拿大地层中却没有。棕榈树生长之处，需气候温暖，地面在冬天也不能冻结，所以当时的北美地区一定比现在温暖。如今，美国北部已经没有棕榈树了。

晚白垩世植物群

北美大草原的北部在晚白垩世的时期，多地形成以阔叶植物和灌木为主的植物群，但也有几个地方出土了银杏化石（对页上图）。为了绘制透景画背景中的植物，马特内斯咨询了当时首屈一指的白垩纪古植物学家——普林斯顿大学的埃尔林·多夫。

透景画中展示的一些植物现在看来有些突兀，因为此地并没有它们在该时段生存的化石记录。例如，树干有花、长相近似苏铁的拟铁树属植物（下图），在早白垩世广泛分布，但在透景画所展示的晚白垩世已经灭绝。此外还有在晚白垩世广泛分布的蕨类植物，此地也没有出现相关的化石，尤其是树蕨类植物（对页下图）。

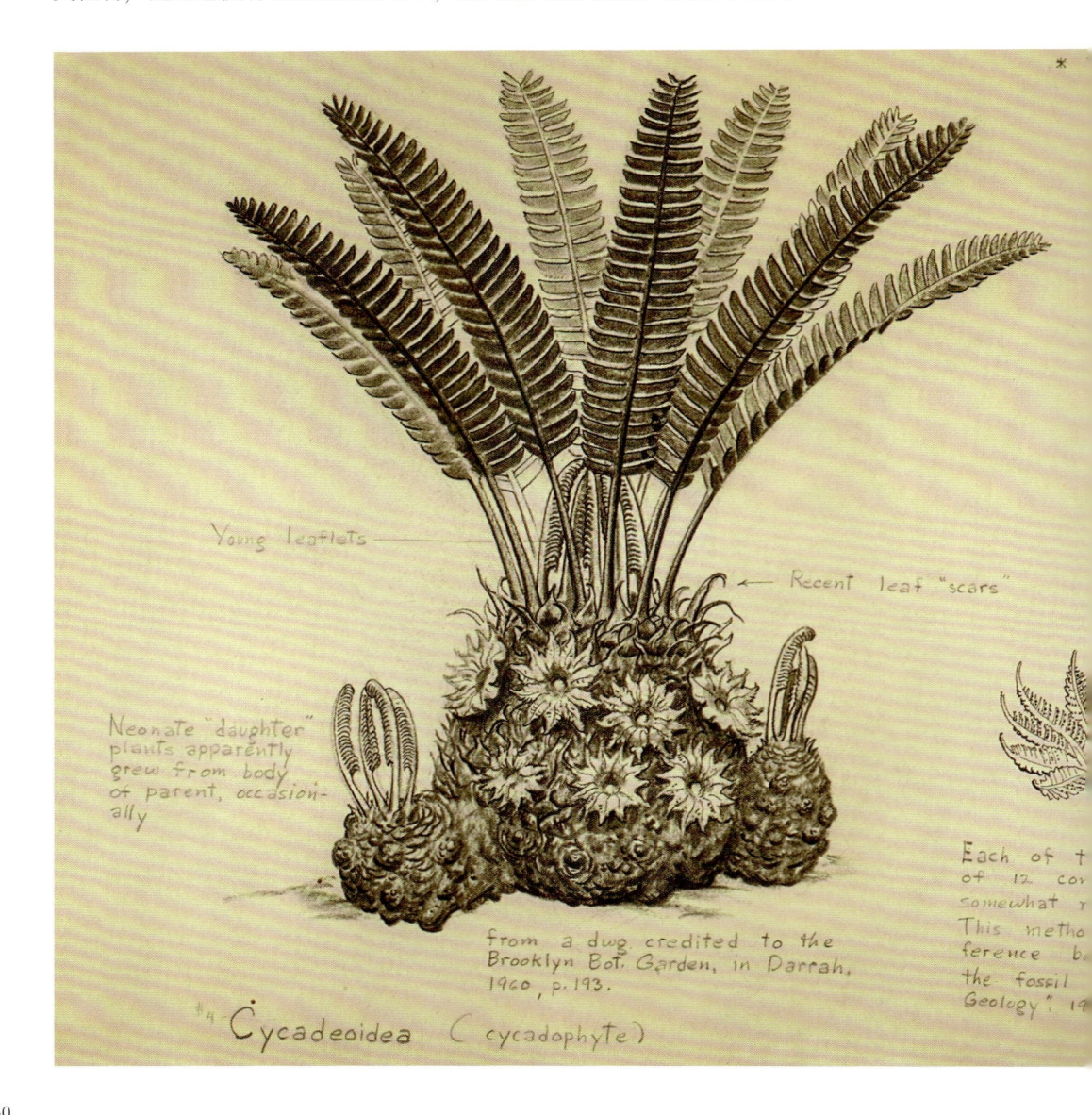

t cycads all produce cones.

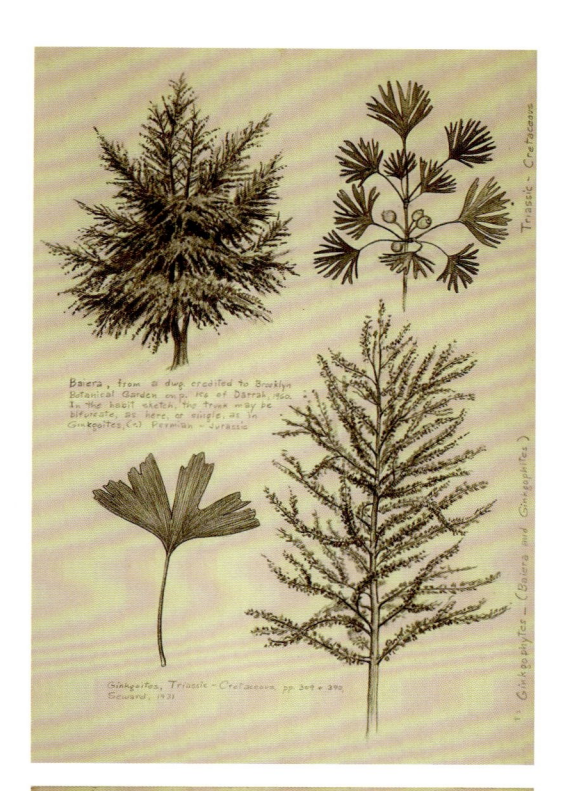

Baiera, from a dwg. credited to Brooklyn
Botanical Garden on p. 143 of Darrah, 1939.
In the habit sketch, the trunk may be
bifurcate, as here, or single, as in
Ginkgoites. (<) Permian - Jurassic

Ginkgoites, Triassic - Cretaceous, pp. 309 + 390
Seward, 1931

Ginkgophytes - (Baiera and Ginkgoites) — Triassic - Cretaceous

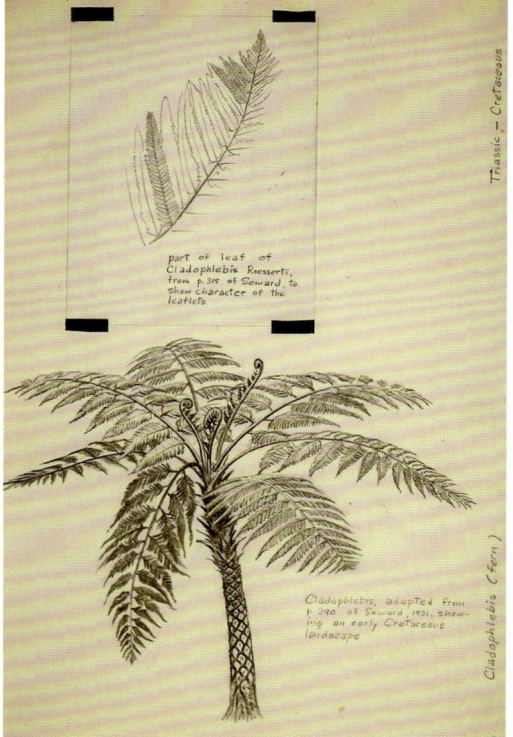

part of leaf of
Cladophlebis Roesserti,
from p. 315 of Seward, to
show character of the
leaflets

Cladophlebis, adapted from
p. 290 of Seward, 1931, show-
ing an early Cretaceous
landscape

Cladophlebis (Fern) — Triassic - Cretaceous

coid "flowers" was composed
pore-producing elements, each
a fern-frond, in miniature.
production is the chief dif-
xtant cycads* (Cycadels) and
s. from Moore's "Historical

Jurassic - Cretaceous

奇异龙是一种相当罕见的小型食草类恐龙，它们首次被发现时便被如此命名，国立自然历史博物馆展出的化石标本是该物种的重要参考。马特内斯对奇异龙进行了十分细致的描绘，并推测其皮肤上可能有瘤状的表皮衍生物，但这种瘤状物也有可能不存在于奇异龙身上。

角龙科的不同恐龙有着形态各异的角和颈盾。在上右图所示的角龙大家族中，马特内斯用棕色标示体长约1.8米的原角龙，用蓝色标示体长约9米的三角龙。从比例图（下图）可以看出，无论是姿态细节还是皮肤纹理，马特内斯绘制的角龙与立体模型（上左图）保持严格的一致。请注意，角龙模型所踩的莎草丛，已在20世纪70年代末被移除。

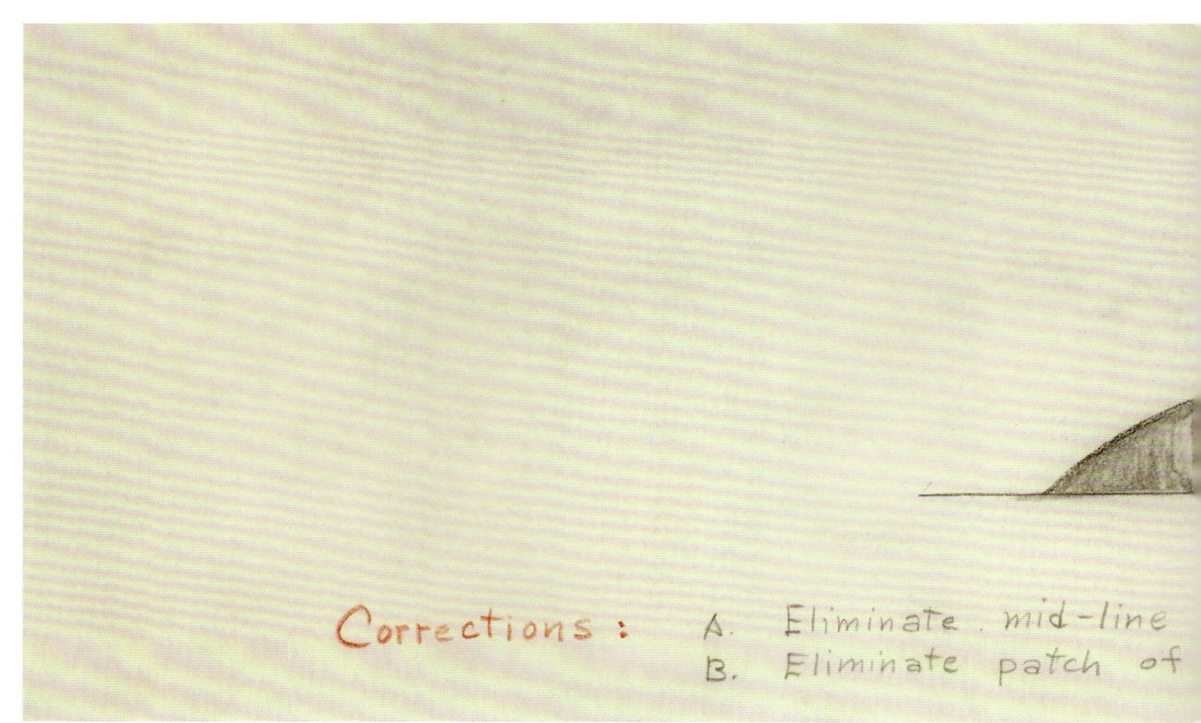

Corrections: A. Eliminate mid-line
B. Eliminate patch of

254

为可怕的掠食者磨皮

蛇发女怪龙体长约7.6米,它们虽不及其亲属暴龙那般庞大,但仍是当时顶级的掠食者。人们通过保存完好的骨骼标本对其掌握了大量的信息,但就其外形仍有待研究。此处可以看到马特内斯最初的猜测,他起先认为蛇发女怪龙头部有刺,背脊长有竖鳞(上图),然而时任馆长霍顿则认为刺和鳞是"毫无根据的"。之后,马特内斯重新为其绘制了较为光滑的表皮,并将修改后的草图叠加到原来的草图之上(下图)。

在最终制成的模型中，蛇发女怪龙的头部表皮更为平滑，反映出马特内斯所做的修正。仔细观察可以发现，蛇发女怪龙与其右边的暴龙有许多细节上的差异。这两只恐龙正在争夺一只刚被杀死的埃德蒙顿龙。

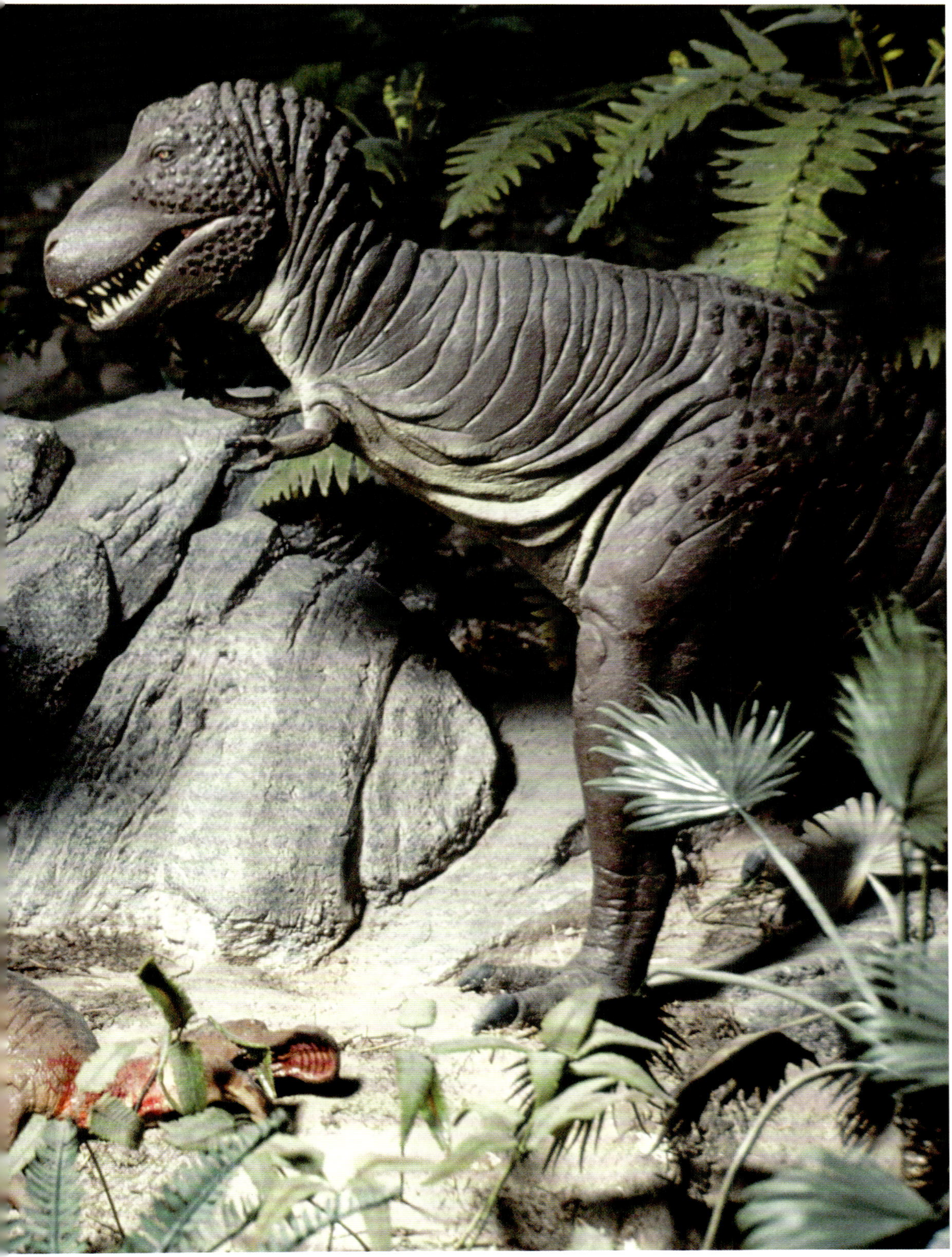

剑角龙，曾被认作伤齿龙，是肿头龙下目食草恐龙，体长约 1.8 米，头骨又厚又圆。根据恐龙园组中发现的一具完整骨架以及许多不完整的头骨化石，人们得以对其形成清晰的认知。剑角龙模型几乎完美呈现了马特内斯的复原图。

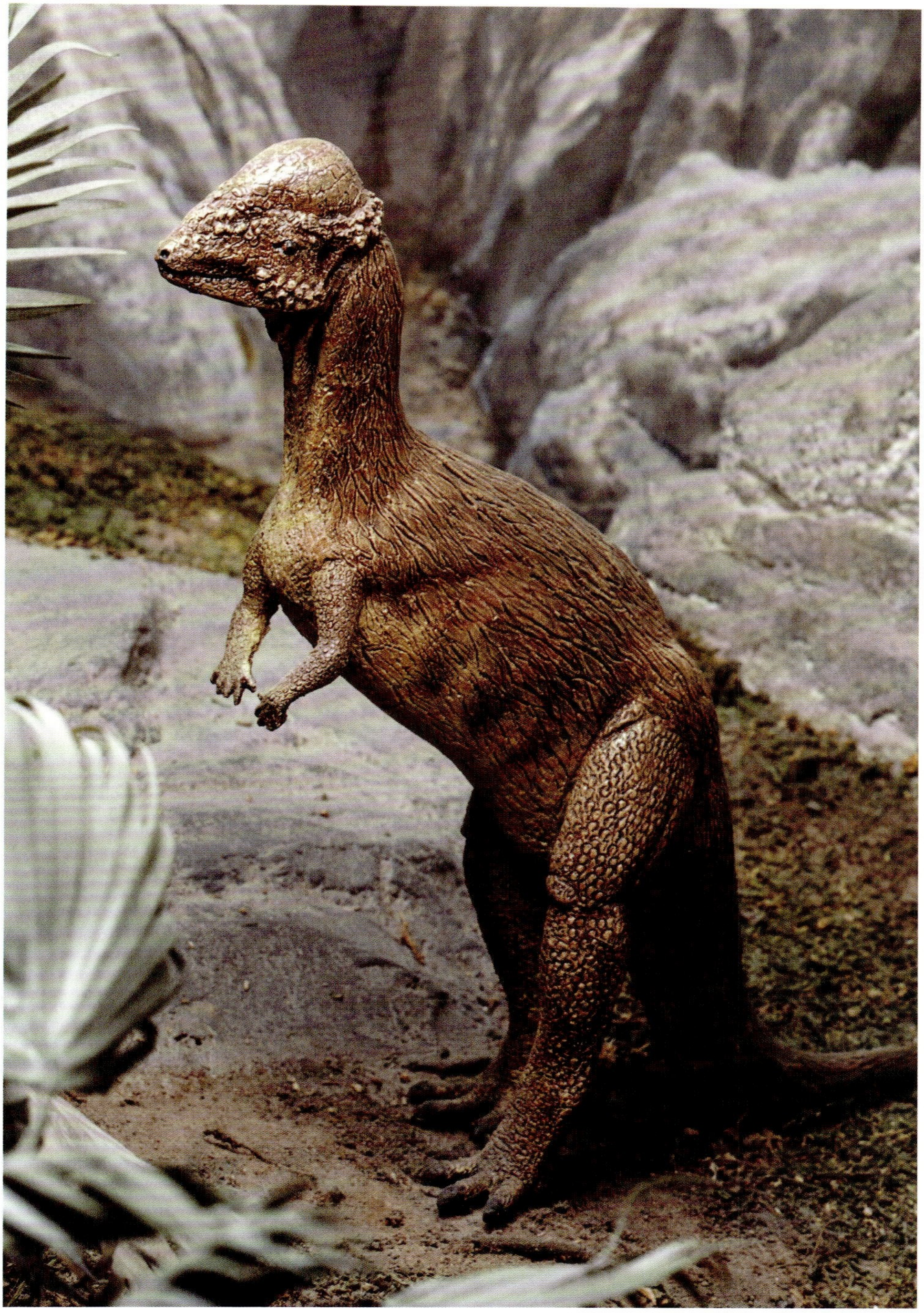

mon-o-KLON-e-us

Thickened boss of tough, horny skin over eye, as evinced by rugosity in skull

The skull of this species is extremely narrow

Monoclonius (2 of 2)

马特内斯详细绘制了尖角龙的研究草图（对页下图），这种恐龙当时被认作独角龙。该图不仅用来制作立体模型（本页图），还作为马特内斯绘制《恐龙》（《国家地理》出版，1972年）一书插图时的参考（对页上图）。

堪萨斯州海道 晚白垩世（海洋生态）
距今 8500 万年至 8100 万年

堪萨斯州，尼奥布拉拉组
设计于 1962—1965 年；未完成

在晚白垩世的大部分时间里，北美洲广阔的内海连接着北冰洋和墨西哥湾。内海海水较浅、温度适宜、光照充足，是各种鱼类、海洋爬行动物和菊石的家园。与大多数类似的海洋环境一样，这片内海中也交织着弱肉强食的食物链网络，整个食物链的底层是通过光合作用生长繁殖、四处漂荡的浮游生物。距今 8500 万年到 8100 万年，占绝对主导地位的是海洋爬行动物，其中包括海蜥蜴（俗称沧龙）、长颈型蛇颈龙、短颈型蛇颈龙以及巨型海龟。一些会飞的爬行动物，如翼龙，其翼展开足有 3 米长，常以大型海洋鱼类为食。

北美大草原地势平坦，有数条河流穿过，河岸经常露出晚白垩世的内海海床，那是沉积在广袤的内陆海海底的沉积层。沉积层中有细粒沉积物，动物死后，如果其遗体沉入海底，就有机会被完整保存下来。人们已经在尼奥布拉拉组的斯莫基希尔白垩段中发现了许多此类化石。也是在这里，著名的斯滕伯格家族（见241页）收获颇丰，采集了数百件精美的化石标本，极大地丰富了北美各地博物馆的藏品。

马特内斯为这件最终没有完成的晚白垩世海洋透景画绘制背景，旨在描绘国立自然历史博物馆展出的诸多物种，包括沧龙科的海王龙、蛇颈龙目的长喙龙、海龟一类的原盖龟和会潜水的黄昏鸟。以堪萨斯州西部为背景，马特内斯得以将如此广泛的物种呈现于画中。这一地区的众多化石中，尤为珍贵的是斯滕伯格家族发现的剑射鱼化石。这只剑射鱼体长超过4米，骨架内仍存有其最后一餐——体长1.5米的鳃腺鱼的化石。由于碗状的设计太具挑战性，该透景画并未制作完成；如今只能借助微缩模型和复原画，想象一下晚白垩世海洋景观中的各类物种。

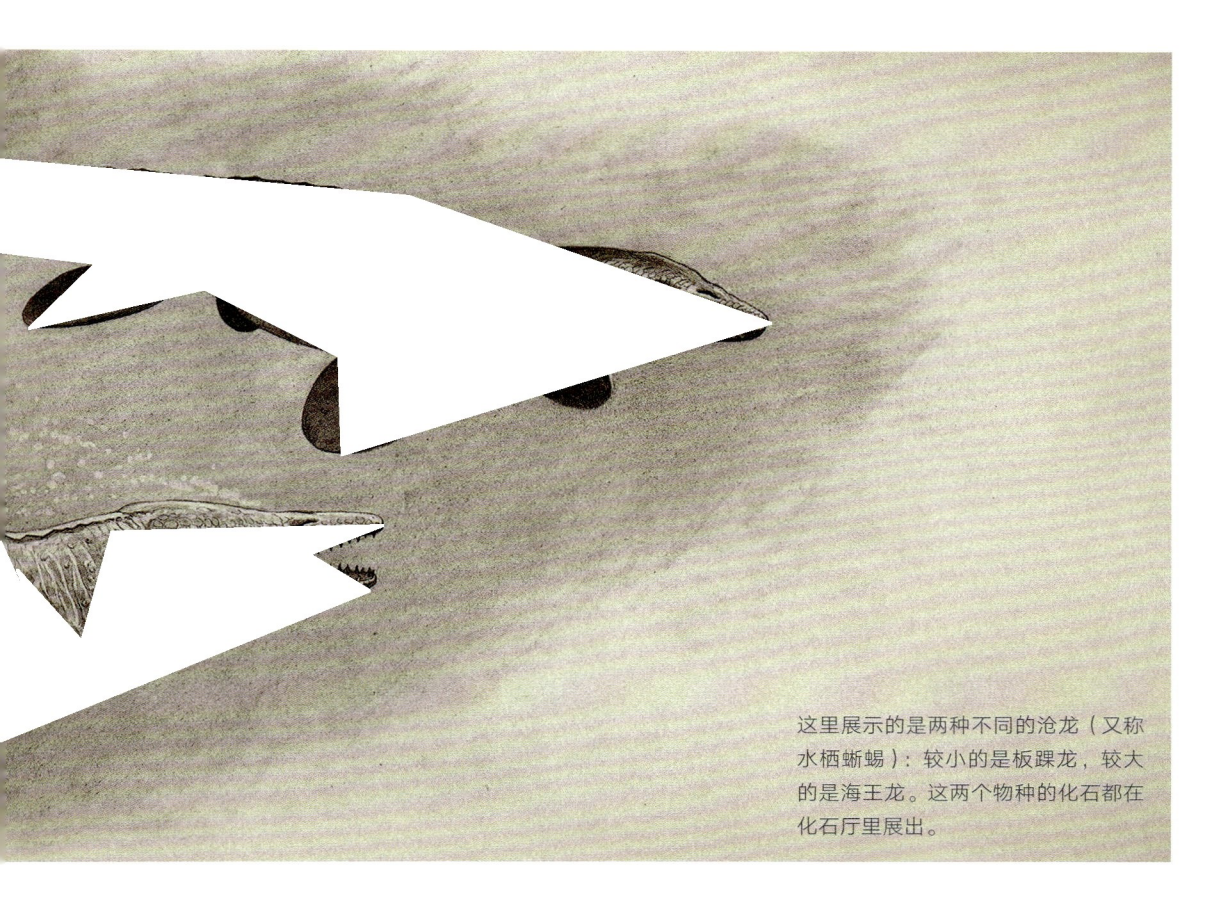

这里展示的是两种不同的沧龙（又称水栖蜥蜴）：较小的是板踝龙，较大的是海王龙。这两个物种的化石都在化石厅里展出。

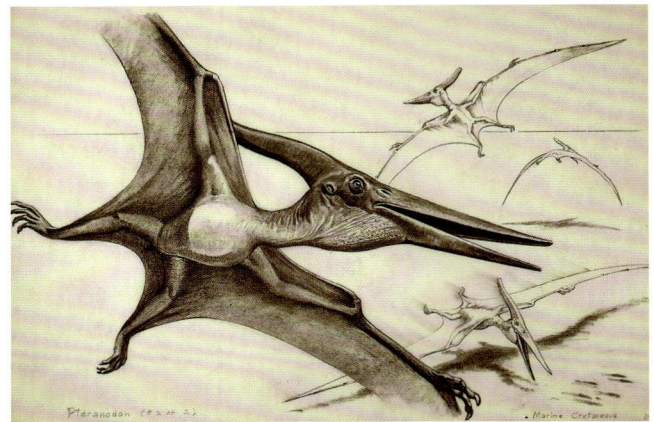

Protostega (#2 of 2) Marine Cretaceous

Elasmosaurus (upper), and Brachauchenius; Porthe[us]

Pteranodon (#2 of 2) Marine Cretaceous

这几幅画作栩栩如生地展示了各类动物：原盖龟（上左图），会飞的爬行动物——翼龙（中图），不会飞但会潜水并长有牙齿的黄昏鸟（下图）。

Correction: In all probability, the action of swallowing a fish would be accomplished on the surface, rather than as shown here.
Hesperornis (#2 of 2) Marine Cretaceous

从最初的草图（下图）到成品图（上图），可以明显地看出动物在外形和细节上的变化。在这幅图中，两只剑射鱼正在躲避攻击，猎食者是短颈龙及其长颈近亲薄片龙。

犹他州和科罗拉多州灌木带 晚侏罗世

距今 1.52 亿年至 1.5 亿年

犹他州和科罗拉多州，莫里逊组
设计并绘制于 1962 年至 1967 年
未标录画材；247.65cm 高 × 347.98cm 宽 × 142.24cm 深

  晚侏罗世出现了一些最具代表性的恐龙，诸如剑龙、梁龙、异特龙和角鼻龙的化石均在美国西部有所发现。1.52 亿年至 1.5 亿年前，这些恐龙生活的区域呈现出季节性、区域性干旱的迹象，但其间的湖泊和大河为这些巨大生物的种群提供了充足的水源。

  多年来，人们一直认为巨型蜥脚类恐龙大部分时间生活在水中。如今，人们认识到它们主要在陆地上生活。在早白垩世出现开花植物之前，晚侏罗世的植被主要是针叶树、苏铁、形似苏铁的本内苏铁、银杏和蕨类植物。

莫里逊组是世界上最为高产且著名的恐龙化石地层之一，出土了前文提到的四种重要恐龙的化石。从新墨西哥州到蒙大拿州都分布有莫里森组的露头，犹他州的美国国立恐龙公园、干台地采石场，怀俄明州的科摩断崖，科罗拉多州的花园公园、莫里逊镇，这些地方的化石含量尤其丰富。19世纪七八十年代，以耶鲁大学的奥思尼尔·马什和自然科学院的爱德华·柯普为首，第一次恐龙化石热，即所谓的"化石战争"在这些地区拉开序幕。马什是受雇于美国地质调查局的古脊椎动物学家，他约有一半的化石收藏最初被带到了耶鲁大学，这批化石最终又在19世纪末被移交至史密森学会，是该馆现今恐龙化石的核心藏品。

在晚侏罗世透景画中，湖边聚集了多种著名的恐龙，但与晚白垩世透景画一样，其他物种也被省略了。这个场景虽然略显拥挤，但所展示的动物的确都生活在同一时期，且每种动物都能在史密森学会里找到一具或多具近乎完整的骨架化石，给马特内斯的绘制工作提供诸多助益。在20世纪60年代的化石展厅以及名为"恐龙：主宰陆地的爬行动物"（后更名为"侏罗纪生物"）的主题展览中，晚侏罗世透景画与相应的恐龙化石相伴相随。

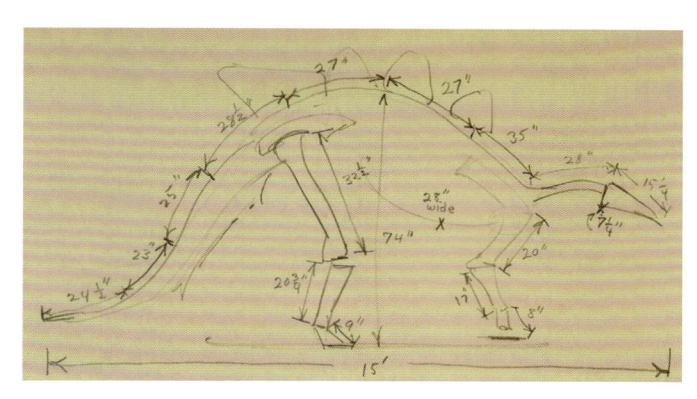

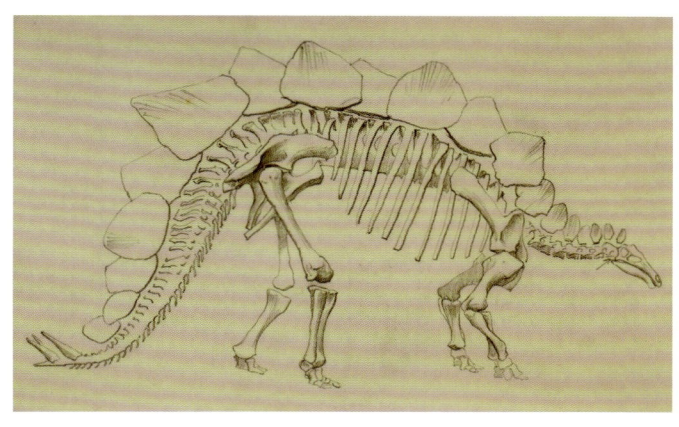

马特内斯详细研究了计划在透景画中出现的各种动物。这是他参照史密森学会的剑龙骨架绘制的草图（下图），并为模型的制作提供相关数据（上图）。马特内斯在绘制复原图时（对页图）还就动物外形增加了多视角的肌理和细节。

这是 2014 年该透景画被拆除之前的样貌，其中展示了莫里森组出土的所有重要的恐龙，它们聚集的湖畔长满了蕨类植物、苏铁和针叶树。

由左至右，分别是角鼻龙（两只）、弯龙、异特龙、剑龙、弯龙、梁龙、圆顶龙（三只）。

大小各异的巨兽

该馆曾展出一具模拟动物"死亡姿态"的化石骨骼,由查尔斯·吉尔摩和诺曼·博斯组装,那是一只体长6米左右的"小型"圆顶龙(上左图)。该馆还展出过一块琼斯家族捐赠的肱骨(上臂骨),它属于庞大的腕龙。在下方彩色丙烯画中,可以直观看出这两个物种的大小。

角鼻龙是一种罕见且奇特的食肉恐龙，前肢很短，长有一只鼻角。史密森学会收藏的角鼻龙骨架体长约 5 米，是近一个世纪以来已知的唯一标本。马特内斯在这幅粉彩画中描绘了两只或站立或行走的角鼻龙，其中行走的姿态是他依据展览期间标本的姿势绘制而成。

多样的展陈

蜥脚类恐龙梁龙（见274—275页图）体长约24米，是所有模型和壁画中出现的体形最大的动物。体形较小的鸟足类恐龙弯龙（上图）则被角鼻龙围捕，而小型掠食性恐龙嗜鸟龙（对页上图）则没有出现在透景画中。诺曼·尼尔·迪顿制作的弯龙（下图）和嗜鸟龙（对页下图）模型，生动呈现了马特内斯绘制的复原图。

273

#2053 Diplodocus (see sheet of corrections)

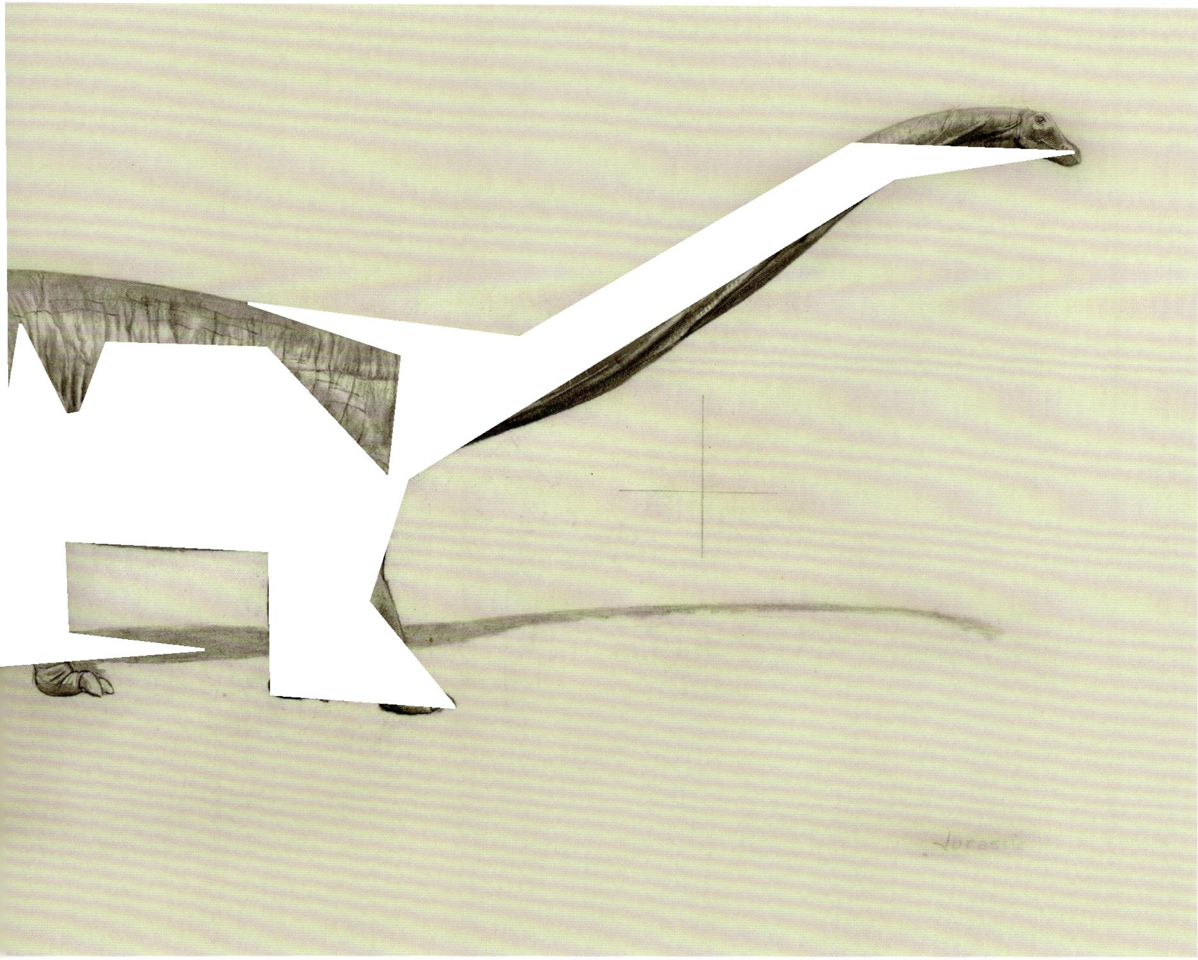

东海岸湿地 晚三叠世 — 早侏罗世
距今 2.27 亿年至 1.99 亿年

马萨诸塞州、康涅狄格州、新泽西州及宾夕法尼亚州，纽瓦克超级群
设计并绘制于 1962 年至 1966 年
未标录画材；185.42cm 高 ×205.74cm 宽 ×114.3cm 深

  在距今两亿多年的晚三叠世，恐龙正在朝着多样的方向进化，且渐渐成为中生代未来时期的陆地霸主。在晚三叠世，与恐龙一起生活的还有其他大型脊椎动物，其中包括植龙类动物、二齿兽类动物和离片椎类两栖动物。此时仍是泛大陆时期，因而所有大陆"相连"一体；由此一来，现今看来相隔遥远的不同地区就有可能分布着相似的物种。

欧洲西部、美国西南部和中国南部发掘的晚三叠世化石最为著名。这幅透景画的背景是靠近美国的大西洋沿岸平原，那里虽然较少发现骨骼化石，但纽瓦克超级群的岩石中保存着大量的恐龙足印。大西洋沿岸平原有众多的湖泊和湿地，它们因一个古老的裂谷而形成。如今，人们认为这里的大部分岩石成形于早侏罗世。透景画中复原的许多动植物，则是基于发现自美国西南部的晚三叠世化石。

在史密森学会的全部化石藏品中，晚三叠世和早侏罗世的只占很小一部分，这种情况在本幅透景画制作时便是如此。而在博物馆的展陈中，这一时期的化石也非常少，本幅透景画也是所有同类作品中最小的。马特内斯的参考资料主要有美国西南部钦利和多克姆组出土的化石，美国东部常见的足印化石，以及当时展出的弗吉尼亚州北部古道发现的足印化石。该透景画的成品是唯一被制作成水生形态的，展示了一个泥泞的湖滨湿地景观，其中恐龙只占出现生物的一半左右。其背景的左边是滚滚而来的积雨云；右边则是南洋杉遍生的山谷谷底。

这是该透景画于19世纪80年代留下的影像特写，其中展示了大型食草动物板龙（两只）、长得像蜥蜴的三棱龙和长得像鳄鱼的剑鼻鳄。

石化林中的植物

美国西部最有名的三叠纪植物化石大多发现于亚利桑那州的温斯洛附近，该地于1906年建成石化森林国家保护区，现为石化森林国家公园。该公园以其色彩鲜艳的南洋杉型木化石而闻名，这些化石往往长达数米，宽可接近1米。此类树木化石的微观结构类似于生长在今天南美洲和澳大利亚的南洋杉科植物猴迷树。马特内斯曾就智利南洋杉绘制过精美的研究草图（本页图及对页图）。

Tall, mature tree from Darrah, 1960, p. 193, from a dwg. credited to the Brooklyn Botanical Garden — the juvenile tree and sprig are my own offering — the sprig is taken from the primitive Lebachia (carboniferous) on p. 179, assumedly ancestral to the Voltzialeans (The genus Araucaryoxylon is artificial, since nothing more diagnostic than the wood has been preserved e.g. — The Petrified Forest, Arizona)

(over)

Triassic

Araucaryoxylon (conifer)

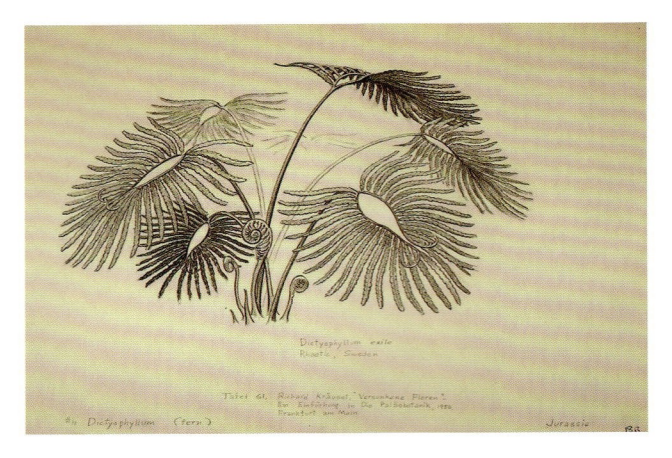

石化森林国家公园出土的三叠纪蕨类植物化石也很出名。根据三叠纪蕨类化石，马特内斯复原了放射状的网叶蕨（上图）、双扇蕨（下图）和异脉蕨（对页图）。

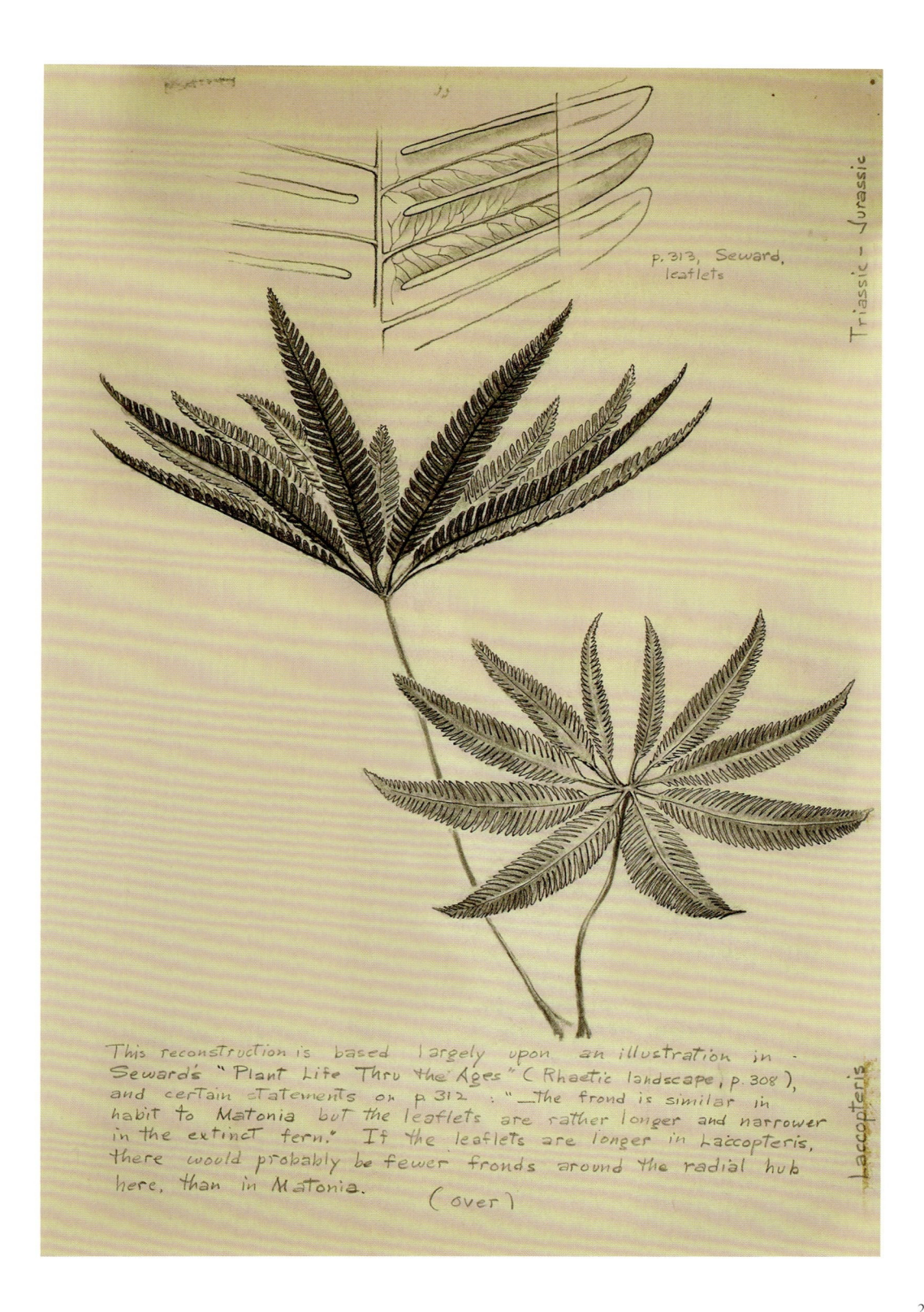

p. 313, Seward, leaflets

Triassic – Jurassic

Laccopteris

This reconstruction is based largely upon an illustration in Seward's "Plant Life Thru the Ages" (Rhaetic landscape, p. 308), and certain statements on p 312 : "...the frond is similar in habit to Matonia but the leaflets are rather longer and narrower in the extinct fern." If the leaflets are longer in Laccopteris, there would probably be fewer fronds around the radial hub here, than in Matonia.

(over)

在新墨西哥州幽灵牧场发现的腔骨龙化石，让这种小型两足掠食性恐龙广为人知。此处（对页上图）展示的腔骨龙正在攻击一种同时代的形似蜥蜴的爬行动物 —— 三棱龙（精细样貌见下图）。请注意，马特内斯在绘制奔跑中的动物时，极其关注其姿态和平衡（对页下图）。

Coelophysis   Triassic

Corrections: A   Position of ear.
                 B   Teeth inside lips, when mouth closed.
                 C   Body more nearly horizontal, when in full flight. (see corr)
Note that here, the arms are swinging with lateral
movements of the body, in running. The small
sketch shows this more clearly, from behind. In thrust-
ing the body forward, the hind foot also throws the
forequarters to the right of the median, a condition
that would be counteracted by this brachiation (as
well as a swinging of the tail to the left.)
Perhaps this balancing action of the arms

L over I

← Median line

Triassic

二齿兽类动物并不属于恐龙，而是哺乳动物的远亲——类哺乳爬行动物。它们长有两枚发达的犬齿和喙状的嘴，虽然以草为食但通常都很壮硕。扁肯氏兽曾遍布美洲西南部。相较于原图（下图），修正图（上图）中的扁肯氏兽有着更光滑皮肤，也更像哺乳动物。

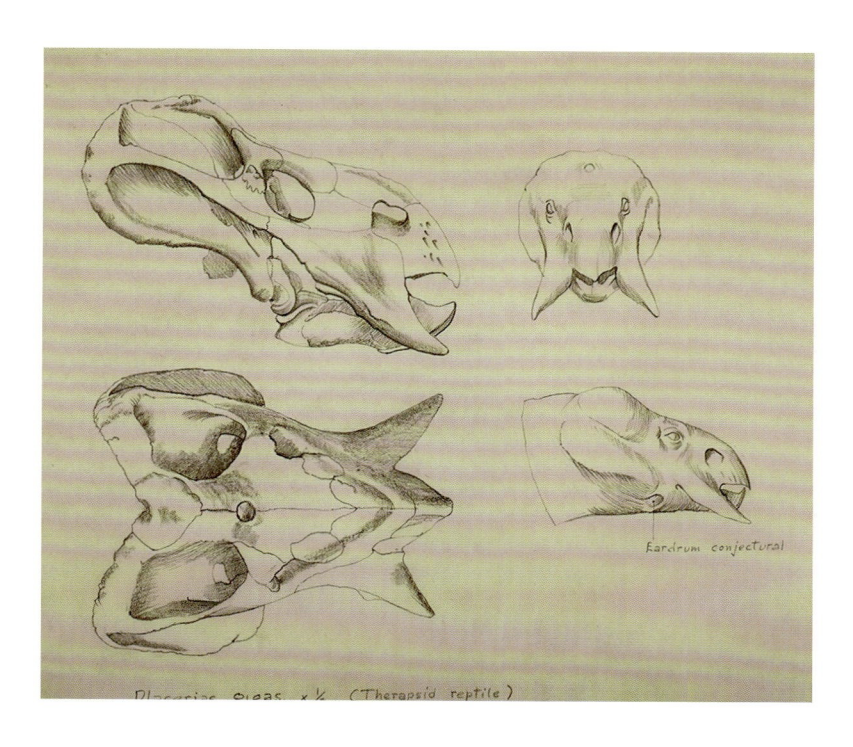

Placerias gigas x ⅙ (Therapsid reptile)

Eardrum conjectural

下方这幅透景画草图展现了一个相当开阔的湿地场景。其中的主角是一对四处张望的原蜥脚类恐龙（下图中心位置）——它们是最早的大型恐龙之一。绘制原蜥脚类恐龙时，马特内斯主要参考了欧洲出土的板龙（上图）化石，后者身长超过7米，重达3吨。然而，这类恐龙是否生活在三叠纪的北美洲，至今仍有颇多争议。

长期以来，人们对于巨齿龙（下图）的了解仅限于其颚骨化石，认为它是早期掠食性恐龙的代表。如今，它被归入四足行走的劳氏鳄目。相比恐龙，它与鳄鱼有更近的亲缘关系。在马特内斯为《恐龙》一书所绘插图中，巨齿龙正偷偷接近两只原蜥脚类恐龙（上图）。

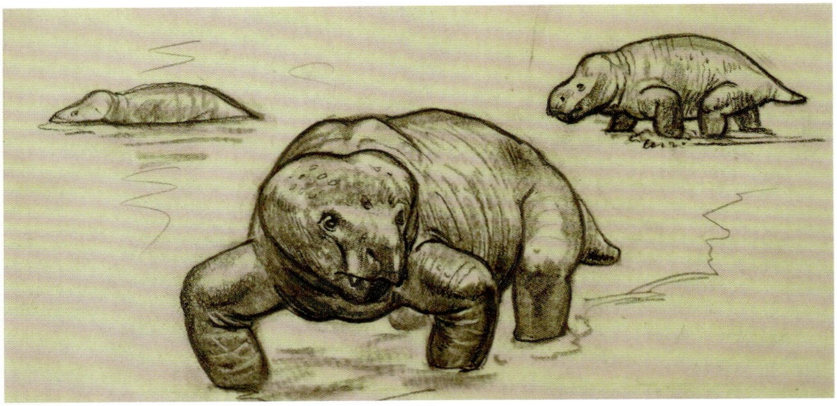

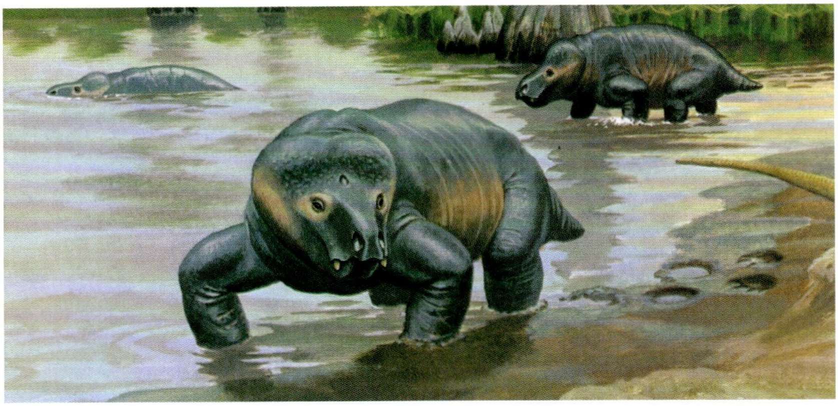

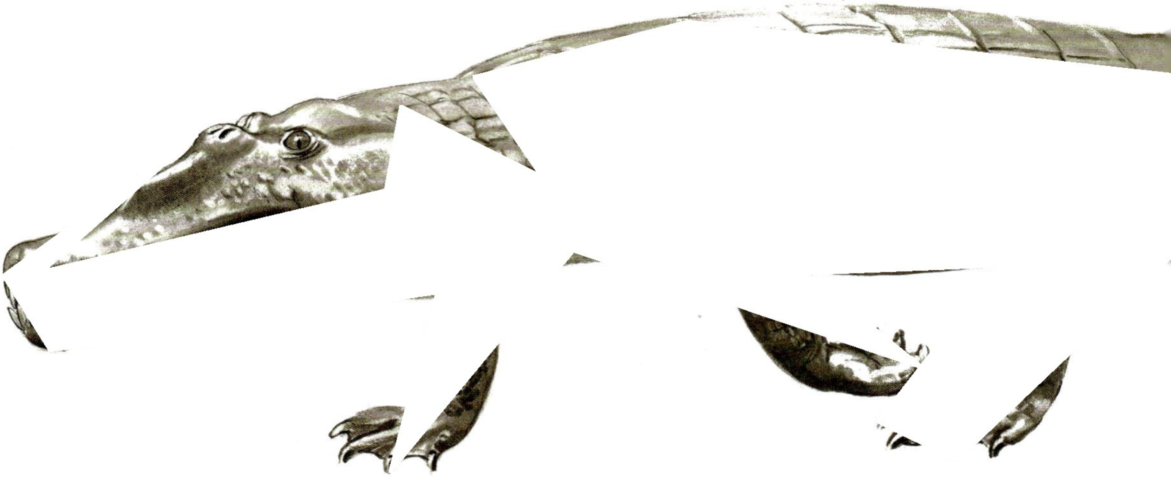

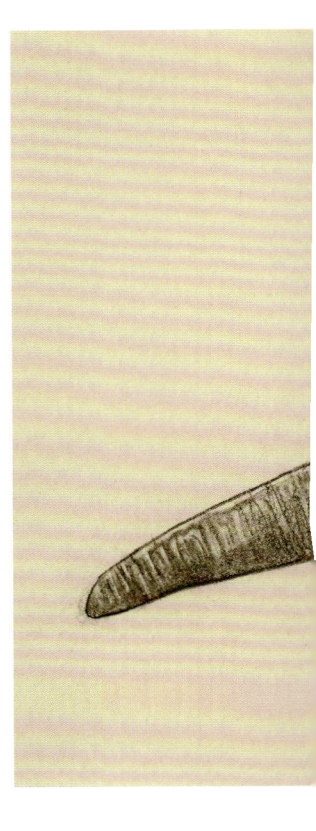

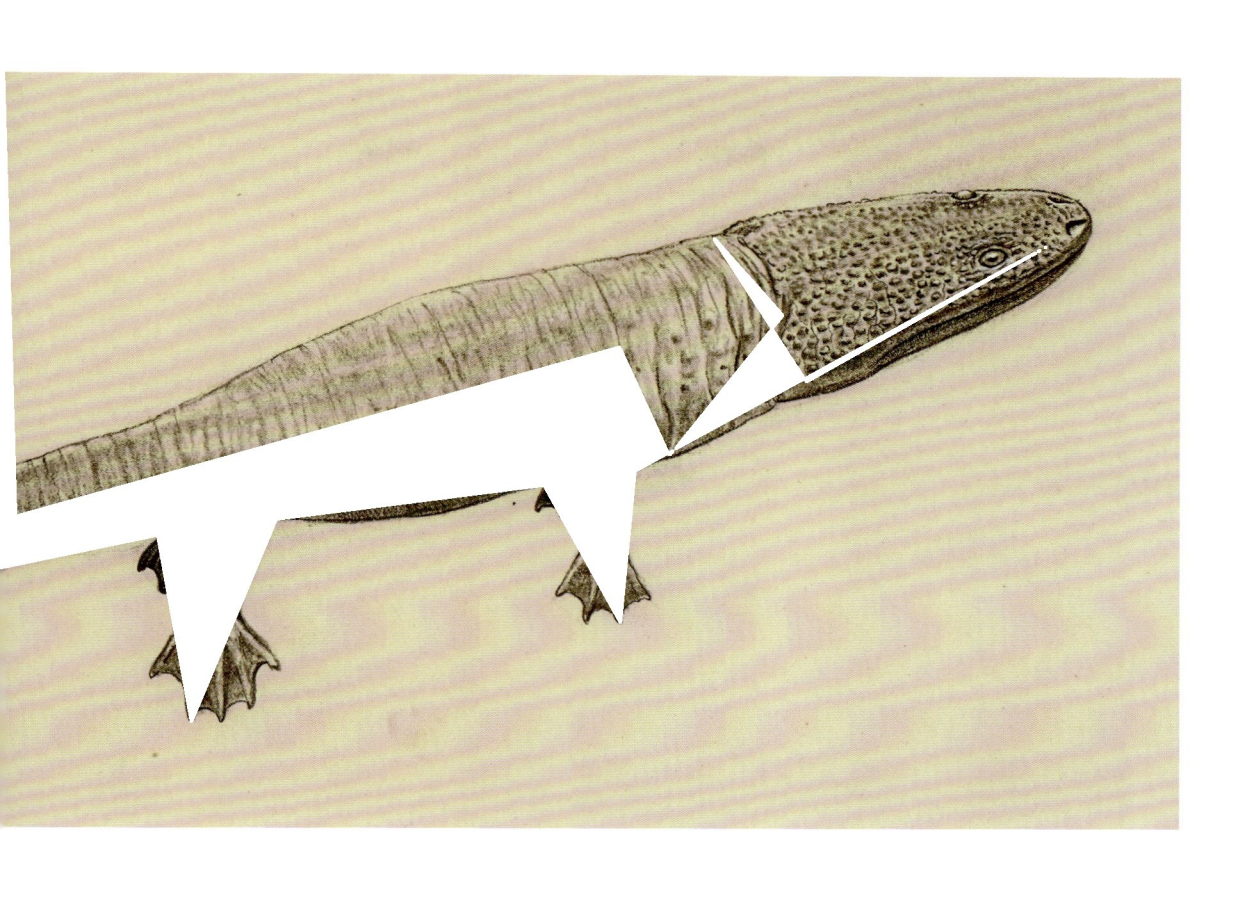

三叠纪是一个物种进化革新的时期,不单是恐龙,其他许多物种也都在此时达到繁盛。这一时期出现了长有发达犬齿和喙状嘴的二齿兽类动物,如肯氏兽(对页上、中图);长得像鳄鱼的植龙类动物,如剑鼻鳄(下图);巨大的离片椎类两栖动物,如可辛顿螈,它曾被称作布特耐龙或尤佩洛龙(上图)。

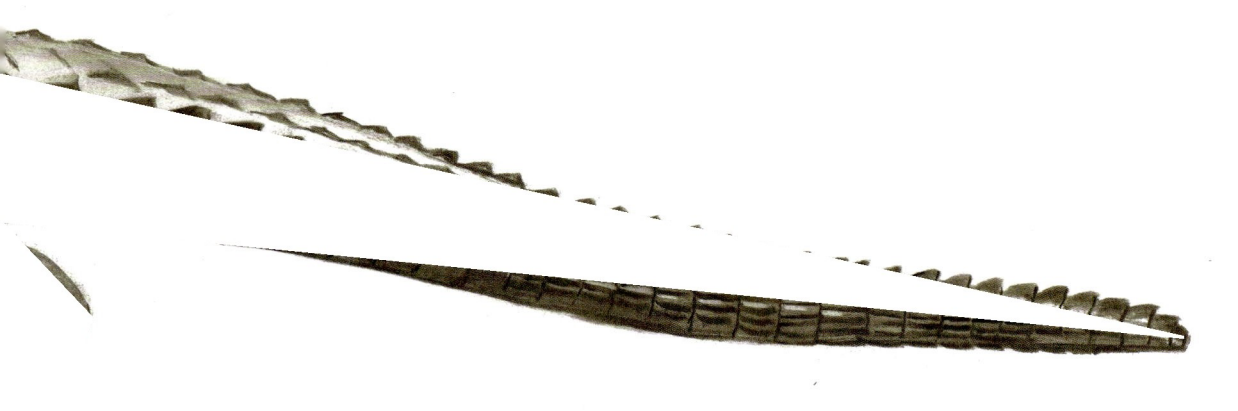

后 记

　　回顾杰伊·马特内斯为国立自然历史博物馆创作的壁画和透景画，我们就能清楚理解，这些作品为何能拥有如此长久的生命力、如此巨大的影响力、如此受人珍视。相较于许多现代的"计算机生成图"，马特内斯的作品更有力地展现了其对象的细节，并在多方面增强了那些失落世界的"真实性"，从而更能激发观者的想象力。这些作品细致描绘了远古的生态环境，直到问世 50 年后的今天，也依旧令人回味无穷，且意义非凡。

　　这一切都源于马特内斯为每幅壁画和透景画的创作所进行的深入调查与研究。当代艺术家大多不会从真正的化石开始着手，逐步绘制出完整的野兽形象；马特内斯则是鲜少这样做的艺术家。不单如此，马特内斯作品的魅力还源于其本身的艺术内涵，即光与影的布置，整体和局部的构图，以及对动植物本身那令人叹为观止、栩栩如生的描绘。当然，我们会对壁画和透景画进行"更新"，以反映科学界对于知识的更新，诸如古植物群的组成和植被的结构、特定物种的外形、特定生态环境中的共生生物等。但若想对马特内斯的设计、建构和成品表现力进行完善，那是极为艰难的。

2015年，杰伊·马特内斯（右）与马修·T.卡里诺（左）、柯克·R.约翰逊（中）在更新世晚期壁画前的合影。

从某些方面来看，过去近半个世纪以来科学界最大的变化，是科学家们自身对古生物的看法。1960年，人们仍普遍认为恐龙只不过是"令人着迷的失败者"，与现代世界并没有真正的联系，其生理和习性几乎无人知晓。哺乳动物则得益于保存完好的化石记录、物种的延续以及与今日世界（包括人类自身）的联系，受到了更多关注。但是现在，"恐龙复兴"的浪潮已经过去了几十年，恐龙已然（并将持续）占据古生物科研的中心。科学界对恐龙前所未有的关注，带动了公众对于科学探索的兴趣。我们希望出现更多的当代"马特内斯"，创作出独有的中生代系列巨幅壁画，展现出像马特内斯新生代作品中那样的丰富细节和艺术内涵。

马特内斯的壁画和透景画虽已不再展出，但它们已被博物馆永久收藏，并有可能再次出现在公众面前。他为创作壁画和透景画而绘制的全部草图和细节图，都将捐赠给国立自然历史博物馆，继续启人心智、发人灵感。同时，我们希望本书因收录的不曾公开的绘画及研究细节，而成为展示马特内斯成就的一份有意义的记录，并让更多的读者在将来能通过本书有幸欣赏到这些作品。

致　谢

我们非常感谢杰伊·马特内斯，感谢他在本书编写过程中抽出时间，慷慨地分享其艺术思想。

我们也感谢许多同事为这项工作付出的时间和努力。

在卡罗尔·巴特勒的借阅管理和指导下，尼克·德鲁拍摄了马特内斯的研究草图。

在国立自然历史博物馆，唐·赫尔伯特、吉姆·迪洛雷托和克里斯滕·夸尔斯现场拍摄了马特内斯的壁画。国立自然历史博物馆内壁画拆除工作，由梅格·里弗和西奥班·斯塔尔斯负责项目管理与规划，由卡拉·布隆德和卡罗尔·巴特勒负责组织协调，凯茜·霍克斯和贝姬·卡奇科夫斯基提供咨询。壁画拆除之后，交由佩奇资产保护公司保管。凯西·霍利斯和凯茜·霍克斯规划了存储空间并确保设备的安全运行。感谢玛吉·马里诺和新墨西哥州自然历史与科学博物馆的工作人员，他们提供了参观该馆始新世早期壁画的机会。

感谢汤姆·乔斯塔德、西奥班·斯塔尔斯、克里斯滕·夸尔斯、戴安娜·马什和史密森学会档案馆的工作人员，他们在档案照片方面给予了重大帮助。感谢汤姆·乔斯塔德、多米尼克·怀特和国立自然历史博物馆的图书馆工作人员在历史和分类学研究方面的鼎力相助。感谢戴安娜·马什慷慨地分享了自己的历史研究成果。

最后，感谢劳拉·哈格和乔迪·比勒特，感谢他们在书稿编辑和排版方面付出的辛苦劳作。

参考资料和扩展阅读

Debus, Alan A., and Diane E. Debus. "Jay Matternes: Cenozoic Paleoartist." In Dinosaur Memories, 518–22. San Jose, CA: Author's Choice Press, 2002.

Farb, Peter. The Land and Wildlife of North America. New York: Time-Life Books, 1966.

Flannery, Tim. The Eternal Frontier: An Ecological History of North America and Its Peoples. New York: Grove Atlantic, 2002.

Jackson, Kathryn, with paintings by Jay Matternes. Dinosaurs. Washington, DC: National Geographic Society, 1972.

Marsh, Diana E. Extinct Monsters to Deep Time: Conflict, Compromise, and the Making of the Smithsonian's Fossil Halls. New York: Berghahn Books, 2019.

Matternes, Jay, and Richard Milner. "Jay Matternes: Self-Portrait." Natural History 120, no. 9 (2012): 30–41.

Mayor, Adrienne. Fossil Legends of the First Americans. Princeton, NJ: Princeton University Press, 2007.

Milner, Richard. "Jay Matternes." In Fantastic Fictioneers, Volume 2, 522–29. P. Von Sholly, ed. East Yorkshire: PS Publishing, 2019.

Muybridge, Eadweard. Muyrbridge's Complete Human and Animal Locomotion: All 781 Plates from the 1887 Animal Locomotion. New York: Dover Publications, 1979.

National Geographic Society. Our Continent: A Natural History of North America. Washington, DC: National Geographic Society, 1976.

Osborn, Henry Fairfield, with restorations by Charles R. Knight. The Age of Mammals in Europe, Asia, and North America. New York: Macmillan, 1921.

Scott, William Berryman. A History of Land Mammals in the Western Hemisphere. New York: Macmillan, 1913.

名词对照表[1]

第一章

说明页名词（保留原序号）

1. Falco rusticolus（gyrfalcon）/ 矛隼
2. Castor（beaver）lodge / 河狸（巢穴）
3. Megalonyx（ground sloth）/ 巨爪地懒
4. Homo sapiens（human）/ 智人
5. Alces（moose）/ 驼鹿
6. Bos grunniens（yak）/ 牦牛
7. Mammuthus primigenius（woolly mammoth）/ 真猛犸象
8. Ovibos moschatus（musk ox）/ 麝牛
9. Cervus elaphus（elk）/ 马鹿
10. Cervalces latifrons（stag moose）/ 宽额罕角驼鹿
11. Homotherium serum（scimitar-toothed cat）/ 晚锯齿虎
12. Camelops（camel）/ 拟驼
13. Mammut Americanum（mastodon）/ 美洲乳齿象
14. Bootherium bombifrons（Symbos；helmeted muskox）/ 林地麝牛
15. Bison priscus（bison）/ 西伯利亚野牛
16. Gulo gulo（wolverine）/ 貂熊
17. Arctodus simus（short-faced bear）/ 巨型短面熊
18. Ursus arctos（brown bear）/ 棕熊
19. Panthera atrox（American lion）/ 美洲拟狮
20. Lynx canadensis（lynx）/ 加拿大猞猁
21. Canis lupus（wolf）/ 灰狼
22. Lepus othus（Arctic hare）/ 阿拉斯加兔
23. Alopex lagopus（Arctic fox）/ 北极狐
24. Ovis dalli（thinhorn sheep）/ 戴氏盘羊
25. Saiga tatarica（saiga）/ 高鼻羚羊
26. Mustela nigripes（black-footed ferret）/ 黑足鼬
27. Equus sp.（horse）/ 马属动物
28. Vulpes vulpes（red fox）/ 赤狐

---

[1] 本表涉及词汇主要包括原版书中第一章至第六章壁画全景页之后说明页上的动植物名称，并增加第七章中提及的部分名词。其中，说明页上的物种名称构成为：当前公认的学名和括号内的旧称、俗称。

29. Taxidea taxus（badger）/ 美洲獾
30. Salix arctica（Arctic willow）/ 北极柳
31. Lemmus sibiricus（lemming）/ 西伯利亚旅鼠
32. Rangifer（caribou）/ 驯鹿
33. Urocitellus undulatus（ground squirrel）/ 地松鼠

第二章

说明页名词（保留原序号）

1. Populus（cottonwood）/ 杨树
2. Phalacrocorax auritus（double-crested cormorant）/ 双冠鸬鹚
3. Trigonictis macrodon（Trigonictis idahoensis; grison）/ 灰鼬
4. Stegomastodon（Trilophodon or Mammut sp.; gomphothere elephant）/ 剑乳齿象
5. Salix（willow）/ 柳树
6. Olar hibbardi（swan）/ 天鹅
7. Ciconia maltha（La Brea stork）/ 拉布雷亚鹳
8. Hemiauchenia（Procamelus or Tanupolama sp.; camel）/ 原驼
9. Arctodus sp.（short-faced bear）/ 短面熊
10. Puma lacustris（Felis lacustris; puma）/ 湖猫
11. Megalonyx（ground sloth）/ 巨爪地懒
12. Pelecanus halieus（pelican）/ 鹈鹕
13. Equus simplicidens（Plesippus shoshonensis; horse）/ 克文马
14. Ceratomeryx prenticei（pronghorn）/ 叉角羚
15. Gallinula sp.（moorhen）/ 黑水鸡
16. Anser pressus（goose）/ 大雁
17. Platygonus pearcei（peccary）/ 平头猯
18. Alilepus vagus（Pratilepus vagus; rabbit）/ 北美兔
19. Anas platyrhynchos（mallard）/ 绿头鸭
20. Nymphaea（water lily）/ 睡莲
21. Podilymbus（Colymbus; grebe）/ 䴙䴘
22. Rana cf. pipiens（leopard frog）/ 豹蛙
23. Pseudemys idahoensis（Chrysemys idahoensis; cooter）/ 爱达荷伪龟
24. Castor californicus（Castor canadensis; beaver）/ 美洲河狸
25. Megantereon hesperus（Machairodus hesperus; saber-toothed cat）/ 巨颏虎
26. Satherium piscinarium（Lutra piscinaria; giant otter）/ 巨型水獭
27. Ictalurus vespertinus（catfish）/ 鲶鱼
28. Ondatra minor（Pliopotamys minor; muskrat）/ 麝鼠
29. Rallus lacustris（rail）/ 秧鸡

30. Paracryptotis gidleyi（Cryptotis gidleyi or Blarina; shrew）/ 鼩鼱
31. Mustela rexroadensis（Mustela gazini; weasel）/ 鼬鼠
32. Mimomys sp.（Cosomys sp.; vole）/ 田鼠
33. Stellaria（chickweed）/ 繁缕
34. Schoenoplectus（tule bulrush）/ 蔺草
35. Lemna（duckweed）/ 浮萍

第三章

说明页名词（保留原序号）

1. Populus（cottonwood）/ 杨树
2. Aphelops（rhinoceros）/ 光头犀
3. Torynobelodon（Amebelodon; shovel-tusked elephant）/ 匙门齿象
4. Teleoceras（short-legged rhinoceros）/ 远角犀
5. Megatylopus（giant camel）/ 大巨足驼
6. Pliohippus（one-toed horse）/ 上新马
7. Procamelus（camel）/ 原驼
8. Synthetoceras tricornatus（protoceratid）/ 奇角鹿
9. Neohipparion（three-toed horse）/ 新三趾马
10. Hemicyon（dog-bear）/ 半熊
11. Cranioceras（dromomerycid）/ 颅鹿
12. Prosthennops（peccary）/ 西猯
13. Pseudaelurus（cat）/ 假猫
14. Ceratogaulus（Epigaulus; horned rodent）/ 有角囊地鼠
15. Merycodus（pronghorn）/ 叉角羚科动物
16. Hypolagus（rabbit）/ 次兔
17. Borophagus（Osteoborus; bone-crushing dog）/ 恐犬

第四章

说明页名词（保留原序号）

1. Populus（poplar）/ 杨树
2. Salix（willow）/ 柳树
3. Typha（cattail）/ 香蒲
4. Daeodon shoshonensis（Dinohyus hollandi; entelodont）/ 凶齿豨（恐颌豨，完齿兽）
5. Menoceras（Diceratherium; two-horned rhinoceros）/ 双鼻角犀（并角犀）
6. Celtis（hackberry）/ 朴树
7. Oxydactylus（camel）/ 尖趾驼

8. Moropus elatus（chalicothere）／石爪兽

9. Promerycochoerus（hippolike oreodont）／原岳齿兽

10. Stenomylus hitchcocki（gazelle camel）／窄齿驼

11. Daphoenodon（bear-dog）／达福兽

12. Merychyus（oreodont）／中岳齿兽

13. Desmatippus（Parahippus; three-toed horse）／副马

14. Syndyoceras（protoceratid）／四角鹿

15. Steneofiber（Paleocastor; burrowing beaver）／古河狸

16. Ribes（currant）／红醋栗

第五章

说明页名词（保留原序号）

1. Populus（poplar）／杨树

2. Ailanthus（tree of heaven）／臭椿

3. Salix（willow）／柳树

4. Megacerops coloradensis（Brontotherium; brontothere）／科罗拉多巨角雷兽

5. Subhyracodon（hornless rhinoceros）／副跑犀

6. Trigonias（hornless rhinoceros）／无角犀

7. Perchoerus（peccary）／獾

8. Hyracodon（rhinoceros）／跑犀

9. Oreopanax（aralia）／五加科植物

10. Protapirus（tapir）／原貘

11. Mesohippus（three-toed horse）／渐新马

12. Archaeotherium zygomaticus（entelodont）／古巨豨

13. Merycoidodon（oreodont）／岳齿兽

14. Poebrotherium（camel）／先兽

15. Helodermoides tuberculatus（glyptosaurine lizard）／瘤蜥蜴

16. Hyaenodon horridus（hyaenodont）／恐鬣齿兽

17. Protoceras（protoceratid）／原角鹿

18. Hypisodus minimus（hypertragulid）／微型鼷鹿

19. Hoplophoneus（false saber-toothed cat）／伪剑齿虎

20. Bothriodon（anthracothere）／沟齿兽

21. Hesperocyon（dog）／黄昏犬

22. Ischyromys（rodent）／壮鼠

23. Palaeolagus（rabbit）／古兔

24. Leptictis（Ictops; placental mammal）／丽猬

25. Mahonia（Oregon grape）／十大功劳

26. Leptomeryx（artiodactyl）/ 细鼷鹿
27. Hypertragulus（hypertragulid）/ 异鼷鹿

第六章

说明页名词（保留原序号）

1. Platanus（sycamore）/ 悬铃木
2. Sapindus（soapberry）/ 无患子
3. Lygodium（climbing fern）/ 海金沙
4. Macginitiea（fan-leaf sycamore）/ 麦吉尼蒂（扇叶梧桐）
5. Uintatherium（uintathere）/ 尤因它兽
6. Onoclea（sensitive fern）/ 球子蕨
7. Palmacites（fan palm）/ 蒲葵
8. Palaeosyops（brontothere）/ 古雷兽
9. Liquidambar（sweetgum）/ 枫香树
10. Sciuravus（rodent）/ 疏齿鼠（啮齿类动物）
11. Smilodectes（primate）/ 假熊猴（灵长类动物）
12. Hyrachyus eximius（early perissodactyl）/ 犀貘（早期奇蹄类动物）
13. Trogosus grangeri（tillodont）/ 裂齿兽
14. Pseudotomus（rodent）/ 假鼠
15. Stylinodon mirus（taeniodont）/ 纽齿兽
16. Helaletes（tapir）/ 沼貘
17. Patriofelis ferox（catlike creodont）/ 父猫
18. Homacodon（early artiodactyl）/ 荷马兽（早期偶蹄类动物）
19. Orohippus（four-toed horse）/ 始新马
20. Helohyus（early artiodactyl）/ 双锥齿兽（早期偶蹄类动物）
21. Sagittaria（arrowhead plant）/ 慈姑
22. Hyopsodus（condylarth）/ 豕齿兽
23. Mesonyx（condylarth）/ 中爪兽
24. Metacheiromys（palaeanodont）/ 始贫齿兽
25. Machaeroides eothen（saber-toothed creodont）/ 类剑齿虎
26. Osmunda（royal fern）/ 紫萁
27. Sinopa grangeri（hyaenodont）/ 古鬣齿兽
28. Saniwa（monitor lizard）/ 萨尼瓦巨蜥
29. Echmatemys（freshwater turtle）/ 淡水龟
30. Eichhornia（water hyacinth）/ 凤眼莲
31. Nymphaea（water lily）/ 睡莲
32. Crocodilus（crocodile）/ 鳄

第七章

按照出现顺序排列

Hadrosaurs / 鸭嘴龙类
Ceratopsians / 角龙类
Ankylosaurs / 甲龙类
Tyrannosaurs / 暴龙类
Gorgosaurus / 蛇发女怪龙
Triceratops / 三角龙
Edmontosaurus / 埃德蒙顿龙
Corythosaurus / 冠龙
Thescelosaurus / 奇异龙
Pterosaurs / 翼龙
Alamosaurus / 阿拉摩龙
Struthiomimus / 似鸵龙
Flora / 植物群
Cycadeoidea / 拟铁树属
Protoceratops / 原角龙
Stegoceras / 剑角龙
Troödon / 伤齿龙
Centrosaurus / 尖角龙
Monoclonius / 独角龙
Aquatic Lizards（mosasaurs）/ 水栖蜥蜴（沧龙）
Long-necked Plesiosaurs / 长颈型蛇颈龙
Short-necked Plesiosaurs / 短颈型蛇颈龙
Pteranodon / 翼龙
Tylosaurus / 海王龙
Dolichorhynchops / 长喙龙
Protostega / 原盖龟
Hesperornis / 黄昏鸟
Xiphactinus / 剑射鱼
Gillicus / 鳃腺鱼
Platecarpus / 板踝龙属
Brachauchenius / 短颈龙
Elasmosaurus / 薄片龙
Stegosaurus / 剑龙
Diplodocus / 梁龙
Allosaurus / 异特龙

Ceratosaurus / 角鼻龙

Cycads / 苏铁

Bennittitales / 本内苏铁

Ginkgoes / 银杏

Ferns / 蕨类

Coniferous trees / 针叶树

Camptosaurus / 弯龙

Camarasaurus / 圆顶龙

Brachiosaurus / 腕龙

Ornitholestes / 嗜鸟龙

Phytosaurs / 植龙

Dicynodonts / 二齿兽

Temnospondyl amphibians / 离片椎类两栖动物

Araucaria / 南洋杉

Araucarioxylon / 南洋杉型木

Plateosaurus / 板龙

Trilophosaurus / 三棱龙

Machaeroprosopus / 剑鼻鳄

Chilean Araucaria araucana / 智利松（猴迷树）

Dictyophyllum / 网叶蕨

Diptens / 双扇蕨

Phlebopteris / 异脉蕨

Coelophysis / 腔骨龙

Placerias / 布拉塞龙（扁肯氏兽）

Prosauropods / 原蜥脚类恐龙

Teratosaurus / 巨齿龙

Rauisuchian / 劳氏鳄目

Kannemeyeria / 肯氏兽

Koskinonodon / 可辛顿螈

Buettneria / 布特耐龙

Eupelor / 尤佩洛龙

原版图片来源说明

Jay Matternes:

6; 7: Delphine Matternes; 145t; 203t, 223t, 224m: Reprinted from Jackson, Kathryn, and Jay H. Matternes. Dinosaurs. Washington: National Geographic Society, 1972.

Smithsonian Institution Archives:

12l:Image # OPA-1635R1-11; 12r: Image # OPA-27-19; 124: Image # SIA2009-1797; 125t:Image # MNH-725; 156-157: Image #NMNH-728; 157r: Image # SIA2012-2790; 214br: Image SIA2019-004264; 215br; Image SIA2019-004265.

Smithsonian Museum of Natural History:

2: photograph by James Di Loreto, Matternes_20150317_0019; 3: NMNH Exhibits Department; 4: photograph by Chip Clark, Department of Photography Services, 80-5681; 67r: Department of Photography Services, image 88-18231; 98: photograph by Chip Clark, Department of Photography Services, 80-6262; 99l: photograph by Chip Clark, Department of Photography Services, 93-2907; 125b: photograph by Chip Clark, Department of Photography Services, 90-9513; 157b: photograph by James Di Loreto and Brittany M. Hance, Department of Photography Services, NHB2017-01083; 201: photograph by Chip Clark, Department of Photography Services, image 80-14069; 202: photograph by Chip Clark, Department of Photography Services, image 88-19759; 203: photograph by Chip Clark, Department of Photography Services, image 88-19758; 210-211: photograph by James Di Loreto and Brittany M. Hance, Department of Photography Services, image NHB2014-02064; 216-217: photograph by Chip Clark, Department of Photography Services, image 80-5697.

Smithsonian Museum of Natural History, Paleobiology Department Photography Archive:

5; 13; 38; 39l; 39r;66; 67l: image MNH-930; 99r: image MNH-929; 199: image 73-13172.